·高等学校计算机基础教育教材精选·

数据库原理及应用(Access)
(第2版)

姚普选 编著

清华大学出版社

北京

内 容 简 介

本书对数据库原理最基础的部分进行深入浅出的论述，并结合 Access 2003 数据库管理系统，对数据库应用系统的设计、基本操作和程序设计进行系统的讲解。主要内容包括数据库技术概论、关系数据库、Access 用户界面、创建数据库、查询、窗体、VBA 程序设计、模块与宏、报表与数据访问页，每章均附有习题。为配合教学，作者还编写了与本书配套的电子课件，以及《数据库原理及应用题解与实验指导(Access)》(第 2 版)。

本书力求理论与实践紧密结合，兼顾系统学习与实际应用，除可作为高等学校相关课程的教材外，也可供从事计算机开发与应用的工程技术人员自学与参考。

图书在版编目(CIP)数据

数据库原理及应用：Access/姚普选编著. —2 版. —北京：清华大学出版社，2006.8(2020.2重印)
(高等学校计算机基础教育教材精选)
ISBN 978-7-302-13131-1

Ⅰ. 数…　Ⅱ. 姚…　Ⅲ. 关系数据库—数据库管理系统，Access—高等学校—教材
Ⅳ. TP311.138

中国版本图书馆 CIP 数据核字(2006)第 057185 号

责任编辑：焦　虹　徐跃进
责任印制：杨　艳

出版发行：清华大学出版社
　　　　网　　址：http://www.tup.com.cn,http://www.wqbook.com
　　　　地　　址：北京清华大学学研大厦 A 座　　　　邮　　编：100084
　　　　社 总 机：010-62770175　　　　　　　　　　邮　　购：010-62786544
　　　　投稿与读者服务：010-62776969,c-service@tup.tsinghua.edu.cn
　　　　质 量 反 馈：010-62772015,zhiliang@tup.tsinghua.edu.cn
印 装 者：涿州市京南印刷厂
经　　销：全国新华书店
开　　本：185mm×260mm　　　　印张：23.25　　　　字　数：545 千字
版　　次：2006 年 8 月第 2 版　　　　　　　　　　印　次：2020 年 2 月第 17 次印刷
定　　价：39.50 元

产品编号：021846-04/TP

出版说明

高等学校计算机基础教育教材精选在教育部关于高等学校计算机基础教育三层次方案的指导下，我国高等学校的计算机基础教育事业蓬勃发展。经过多年的教学改革与实践，全国很多学校在计算机基础教育这一领域中积累了大量宝贵的经验，取得了许多可喜的成果。

随着科教兴国战略的实施以及社会信息化进程的加快，目前我国的高等教育事业正面临着新的发展机遇，但同时也必须面对新的挑战。这些都对高等学校的计算机基础教育提出了更高的要求。为了适应教学改革的需要，进一步推动我国高等学校计算机基础教育事业的发展，我们在全国各高等学校精心挖掘和遴选了一批经过教学实践检验的、优秀的教学成果，编辑出版了这套教材。教材的选题范围涵盖了计算机基础教育的三个层次，包括面向各高校开设的计算机必修课、选修课以及与各类专业相结合的计算机课程。

为了保证出版质量，同时更好地适应教学需求，本套教材将采取开放的体系和滚动出版的方式（即成熟一本、出版一本，并保持不断更新），坚持宁缺毋滥的原则，力求反映我国高等学校计算机基础教育的最新成果，使本套丛书无论在技术质量上还是文字质量上均成为真正的"精选"。

清华大学出版社一直致力于计算机教育用书的出版工作，在计算机基础教育领域出版了许多优秀的教材。本套教材的出版将进一步丰富和扩大我社在这一领域的选题范围、层次和深度，以适应高校计算机基础教育课程层次化、多样化的趋势，从而更好地满足各学校由于条件、师资和生源水平、专业领域等的差异而产生的不同需求。我们热切期望全国广大教师能够积极参与到本套丛书的编写工作中来，把自己的教学成果与全国的同行们分享；同时也欢迎广大读者对本套教材提出宝贵意见，以便我们改进工作，为读者提供更好的服务。

我们的电子邮件地址是：jiaoh@tup.tsinghua.edu.cn；联系人：焦虹。

清华大学出版社

前言

本书第 1 版出版以来，高等学校大部分专业对数据库技术的教学要求以及数据库技术本身都有变化。根据这种情况，笔者在原书及教学实践的基础上，参照教育部高等学校非计算机专业计算机基础课程教学指导分委员会提出的《关于进一步加强高校计算机基础教学的意见》中的教学基本要求，对本书第 1 版的内容进行了一定程度的调整、修改和增删，编写了第 2 版。

本书在保持第 1 版基本结构和风格不变的前提下，主要进行了以下修改：

（1）调整了某些章中各节的顺序，将内容较多的节分为几节，方便用户通过目录查找。

（2）以 Access 2003 为依据进行修改。

（3）将第 1 版中的第 1 章（基础）和第 6 章（VBA）各分为两章，改写了部分内容，添加了 SQL 语言、VBA 数据库操作的基本方法等重要内容。

（4）改写了"创建数据库"（原书第 3 章）和"查询"（原书第 4 章）部分的内容。

本书基于 Access 来介绍数据库原理及应用的基本方法，全书共有 9 章。

- 第 1 章　数据库技术概论：系统地讲解数据库技术的基础知识。
- 第 2 章　关系数据库：系统地讲解关系数据库的基本概念。
- 第 3 章　Access 用户界面：介绍 Access 数据库的结构与性能、Access 2003 的用户界面以及 Access 中各个组成部分的创建和使用的一般方法。
- 第 4 章　创建数据库：讲解数据库设计的原则和步骤、创建数据库的方法和步骤以及创建表的方法和步骤。
- 第 5 章　查询：讲解查询的概念与查询种类、查询设计器的使用与查询条件的构造以及 Access 中各种查询的设计方法和步骤。
- 第 6 章　窗体：讲解窗体的功能与构造、创建 Access 自动窗体的方法和步骤，使用窗体向导创建窗体的方法和步骤、使用窗体设计器创建窗体的方法和步骤以及一些重要的窗体设计技巧。
- 第 7 章　VBA 程序设计：讲解程序设计的基本常识和 VBA 程序设计语言的用户界面、VBA 所支持的数据类型、VBA 的常用语句以及 VBA 程序的一般结构。
- 第 8 章　模块与宏：讲解模块的创建与调试方法、VBA 数据库应用程序的一般设计方法以及宏的创建和使用。
- 第 9 章　报表和数据访问页：讲解报表与数据访问页的用途和设计方法。

本书所涵盖的范围比第 1 版略有扩充,教学时可根据学生、专业情况及实际需求酌情取舍。例如,可以不讲或少讲 2.2 节"关系运算"、2.3 节"关系数据库的数据定义与操纵"、7.6 节"VBA 程序设计举例"、8.2 节"对象的使用"、8.3 节"VBA 代码的调试"以及 8.4 节"使用 ADO 的数据库程序"。

与本书配套的《数据库原理及应用(Access)题解与实验指导》)(第 2 版)提供了本书习题的参考解答和实验指导。本书第 1 版出版之后,全国多所高等院校将本书用作教材,有不少读者提出了宝贵的意见和建议,在此向他们以及关注本书的其他读者表示衷心感谢!

姚普选

2006 年 7 月

第1版前言

数据库原理及应用是高等学校中大多数非计算机专业,尤其是经济类、管理类专业的一门公共课程。根据这门课程的特点,大体上可以将其内容分为数据库原理与数据库管理系统的应用两大部分。其中,前者是后者的理论基础,只有在正确理论的指导下,才能设计出较好的数据库应用系统。因此,应该选用一种方便实用,又能够完整体现关系型数据库思想的数据库管理系统来组织教学。有鉴于此,笔者将多年来在西安交通大学讲授数据库原理及应用课程的讲义进行整理、改编成教材,以适应教学的需要。

本书结合 Access 2000 介绍了数据库原理及应用的基本方法。全书共有 7 章,各章内容简介如下:

第1章　数据库基本概念　系统地讲解数据库技术的基础知识。

第2章　Access 2000 开发环境　介绍 Access 数据库的结构与功能以及用户界面,并介绍创建和使用 Access 数据库的一般方法。

第3章　创建数据库　讲解数据库设计的原则和步骤、创建数据库的方法和步骤、创建表的方法和步骤。

第4章　查询　讲解查询的概念与查询种类、查询设计器的使用与查询条件的构造,以及各种查询的设计方法和步骤。

第5章　窗体　讲解窗体的功能与构造、创建自动窗体的方法和步骤、使用窗体向导创建窗体的方法和步骤、使用窗体设计器创建窗体的方法和步骤,以及一些重要的窗体设计的技巧。

第6章　VBA 编程　讲解编程的基本常识和 VBA 的用户界面、VBA 所支持的数据类型、VBA 的常用语句、模块的创建与调试方法、宏的创建与使用,并给出了几类重要的VBA 程序的实例。

第7章　报表和数据访问页　讲解报表和数据访问页的用途与设计方法。

本书的讲解方式既照顾到了初学者的实际情况;又考虑到了已懂得其他数据库管理系统的使用方法,而想要利用 Access 的读者的需求。

数据库技术博大精深,其内容绝非一本书所能包括。因此,本书选择了数据库原理和Access 核心的内容和常用的技术,由浅入深地进行了详细讲解,力求使读者在最短的时间内以最快捷的方式掌握基本的数据库原理及应用技术。一本书的编写不可避免地要受到作者的学术水平、时间、篇幅等种种限制,因此,书中的表述是否到位或者是否得体,必须要经过读者的检验。衷心希望广大读者批评指正。

　　本书的出版得益于冯博琴教授的悉心指导,仇国巍老师提出了许多宝贵意见,在此向他们表示衷心的感谢。

姚普选

2002 年 2 月

目录

第 1 章 数据库技术概论

电子计算机的应用,为高效、精确地处理数据创造了条件。利用计算机进行管理工作,能够方便地保存大批量的数据,并能快速地向管理人员提供必要的信息,以便他们及时做出判断,从而解决生产、生活中发生的各种问题。

数据库技术是目前使用计算机进行数据处理的主要技术。数据库技术广泛地应用于人类社会的各个方面,在以大批量数据的存储、组织和使用为其基本特征的仓库管理、销售管理、财务管理、人事档案管理以及企事业单位的生产经营管理等事务处理活动中,都要使用数据库管理系统(data base management system, DBMS)软件来构建专门的数据库系统,并在 DBMS 的控制下组织和使用数据,执行管理任务。不仅如此,在情报检索、专家系统、人工智能、计算机辅助设计等各种非数值计算领域以及基于计算机网络的信息检索、远程信息服务、分布式数据处理、复杂市场的多方面跟踪监测等方面,数据库技术也都得到了广泛应用。时至今日,基于数据库技术的管理信息系统、办公自动化系统以及决策支持系统等,已经成为大多数企业、行业或地区从事生产活动乃至日常生活的重要基础。

1.1　数据处理技术的发展

随着计算机应用的不断深入,作为一种资源,数据的重要性越来越显现出来。为了妥善地存储、科学地管理和充分地利用这种资源,数据处理技术应运而生。伴随着计算机硬件、软件技术的发展以及计算机应用的不断扩充,计算机数据处理技术也经历了从低级到高级的发展阶段。

1.1.1　人工处理阶段

数据处理一般总是以某一种管理为目的。例如,商店用计算机来记账、开发票,人事部门用计算机来建立和管理职工档案等。利用计算机进行数据处理,就是将初始数据和处理过程(算法)输入计算机,由计算机及其支撑软件进行处理,得到并以某种形式输出结果数据,如打印成报表等,提供给用户使用。

在早期(20世纪50年代中期以前),计算机主要用于数值计算,只能使用卡片、纸带、磁带等存储数据。对数据的处理是由程序员考虑和安排的。他们往往把数据处理纳入程序设计的过程中,数据是程序的组成部分,需要引用数据时,必须直接按内存单元地址(或者外设的物理位置加内存单元地址)存取。数据的输入输出和使用都由程序控制,使用时随程序一起进入内存,用完后完全撤出计算机。

由于每个程序都有属于自己的一组数据,各程序之间的数据不能互相调用,因此,经常要在处理同一批数据的几个程序中重复存储这些数据,数据冗余很大。另外,存取数据是根据设备的物理地址进行的,迫使程序员直接与物理设备打交道,数据的存储格式、存取方式、输入输出方式等,都要由程序员自行设计。

对于某一特定的数据处理任务来说,"处理过程"是相对稳定的,即在某一时期内(如一个月、一年等)是不变的,但要求进行这一处理的原始数据和产生出来的结果却会随时间的流逝而不断变化。数据处理所涉及的数据量一般都很大,即使是一个规模不大的商店的日常数据处理工作,考虑到销售管理、客户服务管理、采购管理、仓库管理等各个环节,数据量之大、变化速度之快也已经十分可观了,如果要处理的是一个行业、一个城市的日常数据,数据量的庞杂和复杂程度更会超出人们的想象。因而,通过取决于程序员个人水平的将数据和程序结合在一起的管理方式进行数据处理显然不能满足绝大多数数据处理任务的要求。

1.1.2 文件系统阶段

到了20世纪60年代中期,出现了磁带、磁盘等大容量的外存储器和操作系统,高级语言中增加了数据文件语句,数据处理便可利用数据文件语句调用操作系统中的文件管理功能来进行。在这一阶段,数据不再是程序的组成部分;而是按一定规则将成批数据组织成数据文件,存放于外存储器上,为每个文件各取一个名字,并在程序中通过文件名将文件调入内存而使用其中的数据。传统的高级程序设计语言,如BASIC、FORTRAN、Pascal、C等,以及目前流行的可视化软件开发工具,如Visual Basic、Delphi、Visual C++等,都提供了创建、存取和更新文件的语句或其他手段,可用于编写文件的管理和操纵程序。

用文件形式来保存和操作数据,使程序和数据有了一定的独立性。数据文件长期保存在外存储器上,可以多次存取,进行查询、修改、插入、删除等操作,并出现了多种文件组织形式,如顺序文件、索引文件、随机文件等。

数据文件使数据的逻辑结构(用户所看到的数据结构)和物理结构(数据在物理设备上的存储结构)可以有一定的差别。例如,用户看到的数据文件是顺序排列的一连串记录,实际上这些记录却是分散存储在磁盘的不同扇区里,用链接方式组织在一起的。在访问文件时,只需要给出文件名和逻辑记录号,而不必关心记录在存储器上的地址以及内存和外存交换数据的过程。

采用数据文件是数据处理技术的进步,但除了对记录的存取由文件系统完成之外,记录的内部结构仍由应用程序自身定义,数据的维护也由程序来完成。因而,数据文件与使用数据的程序之间仍存在着密切的依赖关系。基本上是一个数据文件只能被一个或几个专门的程序所调用,某一用户只能操作指定的数据文件。这样,各个用户的数据文件中就不可避免地会有大量重复的数据。更为严重的是,由于不能统一修改数据,可能造成一批数据因重复存储而出现的不一致性。另外,对文件中数据的操作也是很粗糙的,只能对记录进行操作,无法对记录中的字段实施操作。

例 1-1 一所大学的数据文件系统。

假设一所大学的数据处理业务是由分别属于各个部门的、相互独立的数据文件管理系统来完成的,如图 1-1 所示。

【注】 为了便于比较,这里给出的文件系统中的"文件"是与关系数据库中的"表"的形式相似的"数据文件",即由多个记录组成,每个记录又由多个数据项(字符串)组成的文件。利用高级程序设计语言的文件操作功能,以及字符串分离等各种操作手段,可以操作到每个数据项。

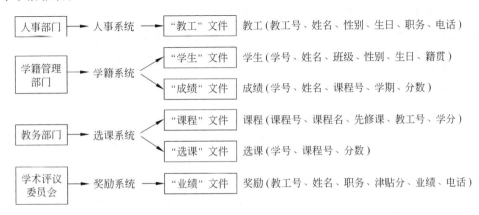

图 1-1　分别执行不同数据处理任务的文件系统

可以看出,该学校的数据处理业务由分别属于 4 个部门的 4 个文件系统分管。

(1)人事部门的"人事系统":存储和管理"教工"文件,其中包含本校教师及其他工作人员的基本情况数据。

(2)学籍管理部门的"成绩系统":存储和管理两个文件,一个是"学生"文件,其中包含本校学生的基本情况数据;另一个是"成绩"文件,其中包含学生的学习成绩数据。

(3)教务部门的"选课系统":存储和管理两个文件,一个是"课程"文件,其中包含开设课程的数据;另一个是"选课"文件,其中包含学生选课及成绩数据。

(4)学术评议委员会的"奖励系统":存储和管理"奖励"文件,其中包含本校教师及其他工作人员获奖情况的数据。

由于该学校各方面的数据分散存放在几个文件系统中,而这些系统都是互相独立工作的,因此,如果一个部门在进行数据处理时所用到的某些数据保存在另一个部门的文件系统中,数据的提取就会发生困难。例如,如果教务部门在处理学生的课程申请时需要了解学生是否已通过了选修课程的学习,就必须先得到保存着"成绩"文件的学籍管理部门的协助,然后编写复杂的程序来提取必要的数据。

数据分散存放所引起的另一个问题是数据的不一致性。例如,在人事部门和学术评议委员会的文件系统中都包含了有关的教师数据,如果一个教师的电话有变化,人事部门得知后立即做了修改,而学术评议委员会却未能进行相应的修改,就出现了数据不一致的错误。

产生这些问题的原因是:每个部门都使用自己的程序来存取与该部门有关的文件中的数据。这不仅使程序访问不同文件获取的数据难以结合在一起,而且会因数据重复而产生数据的不一致。因此,应该将数据和使用数据的程序隔离开来,使数据能按照统一的格式组织在一起,并使任何有关的程序都能操纵这些数据。

1.1.3 数据库系统阶段

到了 20 世纪 60 年代后期,计算机数据处理的应用范围越来越广,规模越来越大,多种应用、多种语言共享数据集合的要求越来越强烈。同时,由于计算机硬件的价格大幅度下降且采用了大容量磁盘(数百 MB 以上)系统,使大批量数据的联机存储成为可能。因而产生了数据库技术,出现了专门用于统一管理数据的数据库管理系统软件。

1. 数据库技术的产生和发展

1969 年,美国 IBM 公司研制成功了层次模型的数据库管理系统(information management system,IMS);1969 年美国 CODASYL(数据系统语言协会)的 DBTG(数据库任务组)小组发表了关于网状模型的 DBTG 报告;1970 年,IBM 公司的 E. F. Codd 发表论文,将数据库的主要概念加以形式化描述,提出了以关系的数学理论为基础的关系模型,并设计了用于关系模型的两种主要数据操纵语言,即关系运算和关系演算。这 3 个事件奠定了数据库技术的基础。

20 世纪 70 年代,网状数据库、层次数据库得到了广泛应用。从 20 世纪 80 年代初起,关系数据库从理论到实践都取得了重大进步。在理论上,确立了完整的关系理论、数据依赖理论以及关系数据库的设计理论等;在实践上,开发了许多著名的关系数据库系统,如 System R、INGRES、ORACLE 等。从而使数据库技术成为计算机学科的一个重要研究领域。后来,经过数据库专家的潜心研究,以及大型计算机企业,如 IBM 和 Oracle 公司的参与和商业投入,数据库技术已经成为相当成熟的计算机软件技术,应用范围也越来越广。

数据库技术原本是针对事务处理中的大量数据管理而发展起来的,这种技术适应了人类社会从工业社会向信息社会的转变的需求。在现代社会里,信息资源已成为各行各业的重要资源和财富,建立满足各方面需求的信息管理系统已成为企业、行业、政府部门乃至个人生存和发展的重要条件。因此,作为信息管理系统的核心和基础的数据库技术的应用越来越广泛。对于个人来说,人们每天都或多或少地要与数据库发生联系。例如,检索图书馆的图书目录,去银行存款、取款,预定飞机票,到超市购物等,所有这些活动都会涉及对数据库中数据的查询、存取或更新操作。

在应用范围不断扩充的同时,数据库技术本身也在不断发展。例如,早期的数据库系统为了适应当时的集中式主机体系结构,将数据库、DBMS 和操纵数据库的应用程序紧密集成在一台主机上,所有用户都使用终端(无本地处理能力)向主机发送存取和操纵数据库中数据的命令,然后由主机中的 DBMS 执行来自终端的命令,并将结果送到发出了命令的终端。随着计算机网络的普及,数据库系统也演变成由提供数据库及各种服务的"服务器"和使用数据库的"客户机(有独立的本地处理能力)"构成的"客户机-服务器"系统,以及逻辑上统一、物理上分布(数据库分散存放在网络上不同计算机中,但由分布式 DBMS 统一管理)的"分布式"数据库系统。

2. 什么是数据库系统

简单地说,数据库是按照一定的方式来组织、存储和管理数据的"仓库"。在事务处理过程中,常常需要把某些相关的数据放进这样的"仓库",并根据管理的需要进行相应的处理。在数据库系统中,所有数据都由 DBMS 统一管理。因而,按照某种要求提取相关的数据十分方便。从原则上讲,所有数据都能为每个用户所使用,不同部门之间共享数据自然不成问题。DBMS 实现了程序和数据的隔离。操纵数据的程序必须与 DBMS 接口才能对数据库中的数据进行查询、插入、删除、更新等各种操作。因而可以由 DBMS 来集中实施安全标准,以保证数据的一致性和完整性。另外,用户不必考虑数据的存储结构,可以将注意力集中在数据本身的组织和使用上。

例 1-2 一所大学的数据库系统。

为了解决例 1-1 中提到的文件系统特有的不便操作、数据不一致等问题,可以将分散在各个部门的数据文件中的数据集成在一起,综合各个部门的需求,创建如图 1-2 所示的数据库系统。

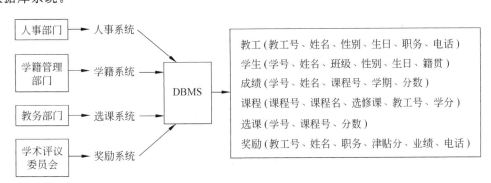

图 1-2 由 DBMS 统一管理的数据库系统

在这个数据库系统中,原来分别由各个部门管理的数据文件中的数据分别存放在一个统一的数据库的不同"表"中,各个部门可以共享数据库中的数据,减少了数据冗余,且各个部门对数据库的插入、删除、更新等各种修改操作都是在同一个数据库中进行的,不会出现数据不一致现象。

3. 数据库系统的特点

数据库系统的出现,使数据处理方式从以存储和操纵数据的程序为中心转向以数据库为中心的新阶段,与文件系统比较,数据库系统实现了数据的结构化、最小的冗余度以及多个用户对数据的共享。

1) 数据结构化

数据结构化是数据库与文件系统的根本区别。在文件系统中,受操作方式的限制,一般采用等长且格式相同的记录集合。例如,一个学校的"学生登记表"文件可以采用如图 1-3 所示的记录格式。

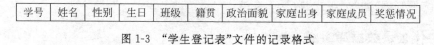

图 1-3 "学生登记表"文件的记录格式

其中前 8 项对任何学生来说都要填充而且基本上等长的,后两项却因学生的具体情况而有很大差别,按等长记录格式的要求,存储每个学生数据的记录的长度要等于信息量最多的记录的长度,这就要浪费很多存储空间,故在创建数据文件时可采用变长记录或主-细(主记录与详细记录相结合)记录的方式。例如,将"学生登记表"文件的前 6 项作为主记录,后两项作为详细记录,记录的格式如图 1-4 所示。

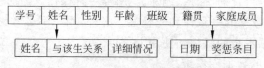

图 1-4 "学生登记表"文件的主-细记录格式

这样创建的文件虽然在结构上有一定的灵活性,但仅考虑了学生基本情况登记这一个方面。在将这种结构的文件用于选课管理、后勤管理等其他方面时,仍有使用不便、难以插入必要的数据项等缺陷。

相对而言,数据库系统在组织数据时,考虑的是满足多方面应用的需求的整体数据结构。例如,可以按如图 1-5 所示的形式来组织学生数据。

图 1-5 数据库系统中"学生登记表"的数据组织

这种数据组织方式实现了整体数据的结构化,这就要求在描述数据时不仅要描述数据本身,还要描述数据之间的联系。这是数据库系统与文件系统的一个本质区别。不仅如此,数据库系统中存取数据的方式也很灵活,可以存取数据库中的某个数据项、一组数据项、一个记录或一组记录等,而在文件系统中,数据的最小存取单位是记录。

2) 数据共享程度高、冗余度低且易于扩充

数据库系统从整体的观点出发组织和描述数据,数据不再面向某个应用而是面向整个系统,因此数据可以提供给多个用户、多个应用系统共享使用。数据共享不仅减少了数

据冗余,而且解决了重复存储时经常发生的因不同应用修改数据的不同副本而造成的数据不一致问题。另外,数据库系统的弹性大、易于扩充,可以抽取整体数据的各种子集用于不同的应用系统,当需求改变时,只要重新抽取不同的子集或增加一部分数据便可满足新的需求。

3）数据独立性强

数据库独立性包括物理独立性和逻辑独立性两个方面。

（1）物理独立性指用户的应用程序与存储在磁盘上的数据库中的数据是相互独立的。也就是说,存储在磁盘上的数据库是由 DBMS 统一管理和存取的,用户（应用程序）不必关心。用户（应用程序）需要处理的只是数据的逻辑结构,数据的物理存储形式的改变不影响用户（应用程序）的使用。

（2）逻辑独立性指用户的应用程序与数据库的逻辑结构是相互独立的,也就是说,数据的逻辑结构的改变不影响用户程序。

数据库系统中的数据与操纵数据的应用程序完全独立,程序中不必考虑数据的定义。同时,数据的存取也由 DBMS 完成,故程序设计工作大大简化了。

4）数据由 DBMS 统一管理和控制

数据库作为多个用户和应用程序的共享资源,对数据的存取往往是并发的,即多个用户常会同时存取同一个数据库中的数据甚至是同样的数据,为此,DBMS 提供了并发控制（控制和协调并发操作）功能、安全性保护（防止非法使用）功能、数据完整性（正确性、有效性和相容性）检查功能和数据库恢复（出现故障时恢复到某一已知的正确状态）功能。

1.2 数 据 模 型

使用数据库技术的目的是将现实世界中存在的事物及事物之间的联系用适当的数据形式表现出来,按照某种组织方式存储在数据库中,以便对其进行查询、修改、统计分析等各种处理,从而为人类社会的生产活动乃至人们的日常生活提供有用的信息。因此,怎样把现实世界中的事物及其事物之间的联系在数据库中用数据来加以描述,是数据库理论和实践中的基本问题。

在数据库系统中,使用数据模型来抽象、表示和处理现实世界中的事物及事物之间的联系,现有的数据库系统都是基于某种数据模型的。目前最常用的是关系模型,层次模型和网状模型也流行过一段时间。

数据模型是实现 DBMS 的基础。DBMS 所采用的数据模型应尽可能地反映现实世界,接近人对现实世界的观察和理解,同时又要考虑数据在计算机中的物理表示方式,直接使用 DBMS 所支持的数据模型来设计数据库有不方便的地方,因此,专业人员一般采用概念数据模型来设计数据库。

1.2.1　信息和数据

人们赖以生存的世界是一个物质的世界。所有的物质形成一个物理流,每一个人都处在这个物理流中。同时,人们也生活在一个信息的世界中,所有的信息形成一个信息流。用文字符号把信息表示出来就形成数据,又称为信息的编码。

现实世界中的事物是由其所具有的各种不同的性质来互相区分的。关于事物的信息称为实体,实体是彼此可以识别的对象。实体既可指具体的事物,如一个职工、一个部门、一个产品等,也可以指抽象的概念或联系,如客户的一次订货、职工与部门的工作关系等。

一个实体可以由若干个属性来表征,实体的属性是事物的性质的抽象。例如,职工实体可以表征为

职工(编号,姓名,职务,基本工资,出生年月,性别)

而下面两组属性分别表征了两个职工实体:

(00010,杨换章,厂长,523.00,10/10/56,男,T,西安)
(00019,刘瑞萍,出纳,456.00,05/13/57,女,T,洛阳)

相关于所有事物的信息形成信息世界。信息的编码具体体现在对属性的编码上,称为数据。表示同一信息的所有属性的数据组合成记录。记录作为一种数据单位处于数据世界中。因此,现实世界、信息世界和数据世界之间有如图1-6所示的关系。

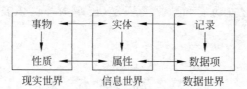

图1-6　3个世界之间的转换关系

对于同一个事物,不同的用户可以根据自己的需求和兴趣从不同的角度去分析和描述,从而就可能有不同的数据组成和表示。例如,对于同一个职工来说,财务部门可能需要了解他的工资方面的数据,人事部门可能需要了解他的工作经历、工作业绩方面的数据,这两种用户对事物的了解都是片面的、局部的。但是,在数据库系统中存储和处理这个职工的数据时,应当考虑到更多可能的用户对数据的需求,尽可能完整地收集这个职工的相关信息,并将其保存到数据库系统中去。其方法往往是将多方面用户的需求信息综合在一起,消去冗余数据,在考虑应用系统发展的情况下,使之形成一个整体而存储在数据库中。这种消除多个用户之间的数据冗余的处理称为"集成"(见图1-7),集成是以数据共享为前提的。

图1-7给出了整体信息的定义,称为概念记录的"型"。同时给出了几个职工的数据,称为概念记录的"值"。显然,一个"值"是按"型"填充得到的一个实例。在数据库中随时都需要区别型和值的不同。

现实世界中的事物并非是孤立的,人们也常把同类事物组合在一起,称为事物类或范

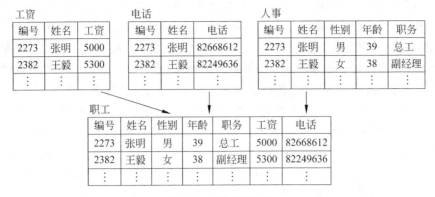

图 1-7　数据的集成

围。相应地,在信息世界就有一个实体集与之对应。数据世界中的对应概念是文件,文件是记录集。例如,在图 1-7 的"职工"表中,每个记录表示一个实体(职工)。他们有相同的性质描述。

1.2.2　数据之间的联系

现实世界中的事物是相互有联系的。由于各种联系的发生,才使现实世界中一定范围内的若干事物构成一个有机的整体。事物之间的联系在信息世界里反映为实体(型)内部的联系和实体(型)之间的联系。实体之间的联系通常指的是不同实体集之间的联系。

例如,假定有人、书和汽车 3 个实体集,如图 1-8 所示,三者之间可能的联系有:

- 人和汽车之间有制造、驾驶和乘坐的联系;
- 人和书之间有作者、管理员和读者的联系;
- 书和汽车之间有使用说明书或其他联系。

即使是在同一个实体集的各个实体之间,也可能有各种各样的联系。例如:

- 人中的某一个人是另一些人的领导;
- 书中的某一本是另一些书的参考书;
- 汽车中的某一辆是另一些的循回检修车。

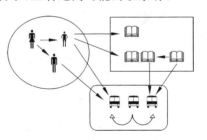

图 1-8　事物之间的联系

下面以两个实体之间的联系为例,说明实体之间的联系的类型。假定有两个实体集 A 和 B,则它们之间可能的联系有以下 3 种情况。

(1) 一对一联系:如果实体集 A 中的每个实体至多和实体集 B 中的一个实体有联系,反过来,B 中的每个实体至多和 A 中的一个实体有联系,则为一对一联系,记作 $1:1$。例如,如果一个班级配备一个班主任,且规定一个班主任只能管理一个班级,则班级和班主任这两个实体之间就是一对一的联系。

(2) 一对多联系:如果 A 中的每个实体可以和 B 中的几个实体有联系,而 B 中的每个实体至多和 A 中的一个实体有联系,则为一对多联系,记作 $1:n$。例如,一个班级有几十个学生,一个学生只属于一个班级,则班级和学生之间是一对多联系。

（3）多对多的联系：如果 A 中的每个实体可以和 B 中的多个实体有联系，反过来，B 中的每个实体也可以和 A 中的多个实体有联系，则为多对多联系，记作 $m:n$。例如，一个学生可以选几门课程，一门课程可供几十个学生选，则学生和课程之间是多对多联系。

实际上，可将一对一联系看成一对多联系的特例，也可将一对多联系看成多对多联系的特例。有些数据库系统不能直接表示多对多联系，就需要将其折成两个一对多的联系。

同一实体集内部的两个实体之间也存在一对一、一对多或多对多联系，例如，如果一门课程是另外几门的选修课程，则这门课程和其他课程之间就是一对多联系。

3 个或更多个实体型之间也存在一对一、一对多或多对多联系。例如，考虑课程、教师和参考书 3 个实体型：一门课通常由几个教师上，如果规定每个教师只能上一门课，每本参考书只供一门课使用，则课程与教师、参考书之间是一对多联系。

1.2.3 概念模型

概念模型是为了将现实世界中的事物及事物之间的联系在数据世界里表现出来而构建的一个中间层次，是现实世界到信息世界的第一层抽象。概念模型是数据库设计人员用于信息世界建模的工具，也是数据库设计人员和用户之间进行交流的语言。

概念模型是对信息世界建模的，故应能完整、准确地表示实体及实体之间的联系。概念模型的表示方法很多，其中以 P. P. S. Chen 于 1976 年提出的 E-R 方法（entity-relationship approach，实体-联系方法）最为著名。该方法用 E-R 图来描述现实世界的概念模型，也称为 E-R 数据模型。

E-R 数据模型提供了实体、属性和联系这 3 个简洁直观的抽象概念，可以比较自然地模拟现实世界，并且可以方便地转换成 DBMS 支持的数据模型（关系模型、层次模型或网状模型）。用 E-R 图来表示实体（型）、属性和联系的方法如下所述。

（1）实体（型）：用矩形框表示，框内写实体名称。

（2）属性：用椭圆形框表示，并用线（无向边）连接到相应的实体。属性较多时也可以将实体及其属性单独列表。

例如，学生实体具有学号、姓名、性别、出生年月、班级、入学时间等属性，可以用如图 1-9 所示的 E-R 图来表示。

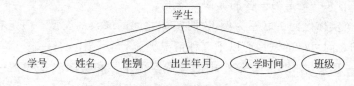

图 1-9　学生实体及其属性的 E-R 图

（3）实体之间的联系：用菱形框表示，框内填写联系的名称。用线（无向边）将菱形框分别连接到有关的实体，并在线上标注联系的类型（$1:1$、$1:n$ 或 $m:n$）。

例如，班级与班主任两个实体型之间的一对一联系、班级与学生两个实体型之间的一对多联系的表示方法如图 1-10 所示。

值得注意的是,实体之间的联系也可以具有属性。例如,学生和课程两个实体之间是多对多的联系,因为学生选修了课程而产生了"成绩",故"成绩"属性是属于"选修"联系的。表示学生和课程两个实体及其间联系的 E-R 图如图 1-11 所示。

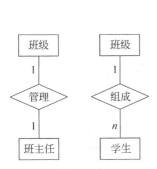

图 1-10　实体之间的联系的表示

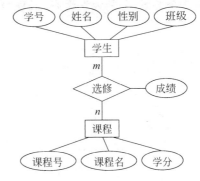

图 1-11　表示实体及实体间联系的 E-R 图

"课程"实体集内部的课程和选修课程之间联系的表示方法如图 1-12 所示。

"课程"、"教师"、"参考书"3 个实体型之间联系的表示方法如图 1-13 所示。

图 1-12　实体集内部联系的表示

图 1-13　3 个实体及实体间联系的 E-R 图

1.2.4　层次、网状和关系模型

在数据库领域中,DBMS 实际支持的、曾经和正在广泛使用的数据模型有 3 种,即层次模型、网状模型和关系模型。层次模型和网状模型统称为格式化模型,是构造型的。这两种模型使用了有向图的概念。图的结点表示实体集合,方向弧表示实体之间的联系。关系模型是以关系理论为基础构造的,它将数据模型看成关系的集合。基于层次模型和网状模型的数据库系统在 20 世纪 70 年代初非常流行,现在已基本上被关系模型的数据库系统所取代了。

由于历史和技术条件的限制,这 3 种传统的数据模型较多地考虑了数据库系统的实现,使它们模拟现实世界的能力明显不足,因而,从 20 世纪 70 年代后期开始,陆续出现了各种非传统数据模型。例如,近年来面向对象数据模型在理论上和实践上都有了长足的进步。

1. 关系数据模型

关系模型将数据组织成由若干行、每行又由若干列组成的表格的形式,这种表格在数学上称为关系。表格中存放两类数据：表示实体本身的数据和实体之间的联系。这种联系是由数据本身自然而然地建立起来的。

例 1-3 选课系统的关系模型。

设有 3 个关系，分别为学生表、课程表和选课表，分别描述了 3 个不同的实体集，如图 1-14 所示。

关系 S（学生表）

学号	姓名	性别	班级
04011001	张静	女	通信 41
04011012	王涛	男	通信 41
04021033	李林	男	能动 41

关系 C（课程表）

课程号	课程名	学时	学分
010733	工业设计	48	3
050516	数据库	56	4
090420	组合数学	64	4
101208	经济法	72	5

关系 SC（选课表）

学号	课程号	成绩
04011001	010733	86
04011001	050516	90
04011001	090420	81
04011012	010733	76
04011012	050516	80
04021033	050516	88

图 1-14　3 个关系

这 3 个关系的定义构成了选课系统的关系模型。从中可以看出关系模型的一般形式：

【注】 一个系统中的所有关系的集合构成关系数据库。

(1) 关系中的每一行称为一个记录，一个记录描述一个实体。每个记录由若干字段组成，各字段表示的是实体的各种属性。所有记录的结构都是相同的，也就是说，每个记录所包含的字段、每个字段的宽度和数据类型等都是相同的。

(2) 不同的关系可以有相同的属性，各关系之间的联系通过它们之间的共有属性表现出来。例如，

- 关系 S（学生表）和 SC（选课表）共有一个属性"学号"；
- 关系 C（课程表）和 SC 共有一个属性"课程号"。

可以看出，关系 SC 将关系 S 和关系 C 联系在了一起。

实际上，这是关系模型的一种很常见的结构。由于关系 S 和关系 C 之间是多对多联系，在关系模型中不能直接表示出来，故需要创建第 3 个关系来表示多对多联系。

(3) 在关系数据库中，可以方便地进行查询、添加记录、删除记录和修改记录等操作。

例如，找出选修了 050516 号课程的学生的学号的方法是

- 确定应在 SC 上进行操作；
- 在 SC 上找出相应的学号为 04011001、04011012。

又如，将新开设的 203001 号课程的信息插入到数据库中的方法是

- 确定应在 S 上进行操作；
- 将 203001 号课程的记录按课程号升幂的次序排在 C 关系的 050516 号课程的前面；
- 将插入后的关系保存到数据库中。

2. 层次数据模型

用树状结构表示实体及实体之间联系的模型称为层次模型。它是由若干个基本层次联系组成的一棵倒放的树,树中每个结点是一个记录。记录是描述某个事物或事物间联系的数据单位,它包含若干字段,每个字段也是命名的,字段只能是简单的数据类型,如整数、实数、字符串等。例如,一个学校的行政组织可以用如图 1-15 所示的层次模型表示,其中每个结点代表一个记录型。

【注】 层次模型实际存储的数据由链接指针来体现联系。

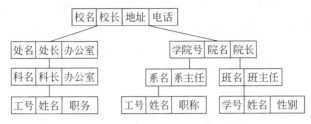

图 1-15 学校行政组织的层次结构

层次模型有两点限制:
- 有且仅有一个结点无父结点,称为树的根结点
- 其他结点有且仅有一个父结点。

这使得用层次模型表示 $1:n$ 联系很容易,但不能直接表示 $m:n$ 联系,必须设法转换成 $1:n$ 联系才能表示。

在层次模型中两个实体间的联系总是惟一的而且是向下的。对于层次模型定义的数据库只能按照层次路径存取数据。

例 1-4 选课系统的层次模型。

可将上例中的选课系统用层次数据模型表示出来。表示的方法是:将课程记录作为根,一个课程记录连接选修了这门课程的几个学生的记录。共有 4 棵独立的树,如图 1-16 所示。从中可以看出层次模型的一般形式。

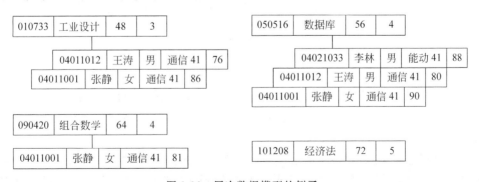

图 1-16 层次数据模型的例子

(1)每门课程构成一棵树,每棵树由这门课程的记录及从属于它的具体的学生记录组成。一个根可以有若干从属,如课程号为 050516 的"数据库"有 3 个从属的学生记录;

也可以没有从属,如课程号为 101208 的"经济法"课程;还可以有低一级的从属。从根开始按主从关系的连接形成了树的一枝,称为层次路径。对于层次模型定义的数据库,只能按照层次路径存取数据。

(2) 在层次模型中,查询子结点必须经过父结点,例如,找出选修了 050516 号(数据库)课程的学生的操作步骤如下:

① 找到根为 050516 号(数据库)课程的那棵树;

② 找出 050516 号课程的记录所对应的 04021033 号学生记录、04011012 号学生记录和 04011001 号学生记录。

层次模型对插入和删除的限制较多。例如,在插入一个学生的记录时,如果该生选修了某门课程,先找到以该课程为根结点的树,再将学生记录插入树中即可。如果该生没有选修课程,相当于没有根,则将无法插入这个记录。解决这一问题的方法是:为这个记录创建一个"虚根",这就使操作变得复杂了。

3. 网状数据模型

用网状结构来表示实体及实体之间的联系的模型称为网状数据模型。在网状数据模型中,也是以记录为数据的存储单位。记录包含若干数据项。但与层次数据模型不同的是,数据项不一定是简单的数据类型,也可以是多值的或复合的数据。结点间的联系用记录指针来实现。网状模型取消了层次模型的两点限制,允许结点有多于一个的父结点;可以有一个以上的结点没有父结点。一般情况下,网中的每个联系都是一对多的联系,如果是多对多的联系,则常要演变为一对多的联系。

例 1-5 选课系统的网状模型。

可将上例中的选课系统用网状数据模型表示出来。如图 1-17 所示。

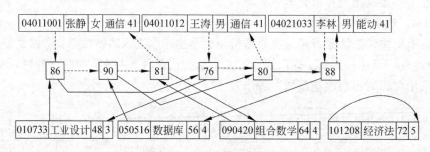

图 1-17 网状模型的例子

从图 1-17 中可以看出,这个模型有学生记录、课程记录和成绩记录 3 种记录,其中成绩记录叫做连接记录。通过连接记录将学生记录和课程记录连接起来,从而使记录的组织成为网状结构。

在网状模型中,各记录型之间没有主从关系,所有记录都存在于一个闭合环中。本例中有两个闭合环,一个开始于学生记录,最后又回到学生记录,表示不同的学生分别选修的各门课的成绩。另一个开始于课程又回到课程,表示不同的课程考试的结果。

网状数据模型可以很好地完成查询及其他与存储有关的操作。例如,找出选修了

050516 号(数据库)课程的学生的操作步骤如下：

(1) 找到 050516 号(数据库)课程的记录；

(2) 扫描该记录所在的闭合环，找出该环上的连接记录；

(3) 从连接记录所在的另一个环上找出学生记录。

如果要插入一个未选修课程的学生的记录，可以简单地生成一个记录，因为该记录没有与课程记录的连接记录，故其链始于自身又返回自身，构成一个闭合环。

1.2.5　面向对象模型

计算机应用对数据模型的需求是多种多样、层出不穷的。传统的数据模型(关系、层次和网状)和数据库系统在商业领域的应用获得了巨大的成功，但在设计和实现更为复杂的数据库应用系统，如科学实验数据库、工程设计制造数据库、地理信息系统数据库和多媒体数据库时，也暴露了一些缺陷。这些新的应用具有与传统的商业应用不同的特色，如要处理的数据的结构更复杂，事务持续时间更长，需要存储图像、大文本、声音、视频等较为复杂的数据类型，以及需要定义非标准的特殊应用操作等。为了满足这些复杂的应用需求，出现了面向对象数据模型和面向对象数据库系统(object oriented database system，OODBS)。

面向对象数据模型提出于 20 世纪 70 年代末、80 年代初。它吸收了语义数据模型和知识表示模型的一些基本概念，同时借鉴了面向对象程序设计语言和抽象数据模型的一些思想。面向对象数据模型不像关系模型那样一开始就有明确的定义，而是在发展的过程中逐步形成并取得共识的。面向对象数据库比层次、网状和关系数据库具有更为丰富的表达能力，且使用方便，但模型复杂，系统实现难度大。

面向对象模型是用面向对象观点来描述现实世界实体(对象)的逻辑组织、对象间限制、联系等的模型。一系列面向对象核心概念构成了面向对象模型的基础。其中最基本的概念是对象和类。

1. 对象

在面向对象数据模型中，所有现实世界中的实体都模拟为对象，小至一个整数、字符串，大至一架飞机、一个公司等，都可以看成对象。

对象与记录的概念相似，但更为复杂。一个对象包含若干属性，用以描述对象的状态、组成和特性。属性也是对象，它又可包含其他对象作为其属性。这种递归引用对象的过程可以继续下去，从而组成各种复杂的对象，而且同一个对象可以被多个对象所引用。

除了属性外，对象还包含若干方法，用以描述对象的行为特性。方法又称为操作，它可以改变对象的状态，对对象进行各种数据库操作。方法的定义包含两个部分：一是方法的接口，说明方法的名称、参数和结果的类型，一般称为调用说明，二是方法的实现部分，它是用程序设计语言编写的一个过程，用以实现方法的功能。

对象是封装的，只接受自身所定义的操作，故对象与外部的通信一般只能借助于显式的消息传递。外界通过消息来请求对象完成一定的操作，消息从外部传送给对象，存取和调用对象中的属性和方法,在内部执行所要求的操作,再以消息形式返回操作的结果。

2. 类和类的实例

数据库中通常包含了大量的对象。可以将类似的对象归并为类。在一个类中的每个对象称为实例。同一类的对象具有共同的属性和方法,对这些属性和方法可以在类中统一说明,而不必在类的每个实例中重复说明。消息传送到对象后,可在其所属的类中找到相应的方法和属性的说明。同一类中的对象的属性虽然是一样的,但这些属性所取的值会因各个实例而不同。因此,属性又称为实例变量。有些变量的值在整个类中是共同的,这些变量称为类变量。例如,有些属性规定有默认值,当在实例中没有给出这个属性值时,就取其默认值,默认值在整个类中是公共的,因而也是类变量。类变量不必在各个实例中重复,可在类中统一给出其值。在一个类中,可有各种各样的统计值,如某个属性的最大值、最小值、平均值等,这些统计值不属于某个实例,而是属于类,也是类变量。下面是一个类的例子。

Class name: box	(类名:方框)
Superclass: geometric-figure	(超类:几何图形)
Instance variables:	(实例变量:方框的顶点坐标)
Upper-left x1: integer	
Upper-left y1: integer	
Lower-left x2: integer	
Lower-left y2: integer	
Class variables:	(类变量:最大和最小方框面积)
Max box area: integer	
Min box area: integer	
Methods:	(方法)
Create(x1,y1,x2,y2)	(生成一个方框)
Display(box instance)	(显示一个方框)
Delete(box instance)	(删除一个方框)
Area(box instance)	(求方框面积)
Max area()	(求最大方框面积)
Min area()	(求最小方框面积)

【注】 Superclass 指超类,将在下面介绍。

下面是该类的一个实例。

x1: 5

x2: 6

y1: 8

y2: 9

将类的定义和实例分开,有利于组织有效的访问机制。一个类的实例可以集中存放。对每个类设有一个实例化机制,实例化机制提供有效的访问实例的路径,如索引等。消息送到实例化机制后,通过其存取路径找到所需的实例,通过类的定义查到属性及方法的说明,从而实现方法的功能。

3．类的层次结构和继承

类的子集也可以定义为类,称为这个类的子类,而该类称为子类的超类。子类还可以再分为子类。这样,面向对象数据库中的一组类形成一个有限的层次结构。图1-18是类的层次结构的例子。

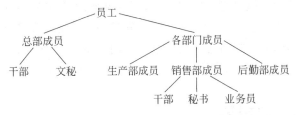

图 1-18　类的层次结构的例子

其中,"总部成员"是"员工"的子类,而"干部"又是"总部员工"的子类。一个子类可以有多个超类,有直接的,也有间接的。例如,"总部成员"是"干部"的直接超类,而"员工"是"干部"的间接超类。

从概念上来说,从下层的子类向上到超类是一个普遍化、抽象化的过程,这个过程叫做普遍化。反之,从超类到下层的子类是一个特殊化、具体化的过程,这个过程叫做特殊化。

一个对象既属于它的类,也属于它的所有超类。为了从概念上加以区分,对象与类之间的关系有时会用不同的名词来表示。对象只能是它所属类中最特殊化的那个子类的实例,但可以是它的所有超类的成员。例如,一名销售部的业务员既是"业务员"这个子类的实例,同时又是"销售部成员"、"各部门成员"这两个类的成员。也就是说,一个对象只能是一个类的实例,但可以成为多个类的成员。

一个类继承了类层次中它自己的直接或间接超类的属性和方法,故在定义子类时,只需要定义不同于它的超类的特殊的对象类型和方法即可。

一个类也可以有多个直接超类,例如,在"干部"这个子类中,就可能有"总部成员"以及某个部门成员两个超类。也就是说,总部的干部也可以兼任某个部门的经理或业务员。

4．对象 OID

每个对象都有一个在系统内惟一的和不变的标识符,称为对象标识(object identifier, OID)。OID一般由系统产生,用户不得修改。OID是区别对象的惟一标志,如果一个对象的属性值被修改了但OID未变,则仍认为是同一对象。同样的道理,如果两个对象的属性值和方法相同但OID不同,则看作是两个相等但不相同的对象。

目前,面向对象数据模型已经用作某些DBMS的数据模型,由于它语义丰富、表达比较自然,因此也适合用作数据库概念设计的数据模型。虽然面向对象的数据库比层次、网状和关系数据库使用方便。但模型复杂,系统实现难度大。

1.3 数据库系统组成与结构

数据库系统是一种有组织地、动态地存储大量关联数据,方便用户访问的计算机软件和硬件资源组成的系统。在数据库系统中,存储于数据库中的数据与应用程序是相互独立的。数据是按照某种数据模型组织在一起,保存在数据库文件中的。数据库系统对数据的完整性、惟一性、安全性提供统一而有效的管理手段。并对用户提供管理和控制数据的各种简单明了的操作命令或者程序设计语言。用户使用这些操作命令或者编写程序来向数据库发出查询、修改、统计等各种命令,以得到满足不同需要的数据。

1.3.1 数据库系统组成

数据库系统是指在计算机系统中引入数据库后的系统,一般由数据库、DBMS与开发工具、应用程序以及数据库管理员、用户及其他人员构成。数据库系统与支撑其运行的计算机平台(计算机硬件、操作系统等)一起构成完整的计算机应用系统,如图1-19所示。

1. 数据库及其硬件平台

数据库是一个单位或组织按某种特定方式存储在计算机内的数据的集合,如工厂中的产品数据,政府部门的计划统计数据,医院中的病人、病历数据等。这个数据集合按照能够反映出数据的自然属性、实际联系以及应用处理要求的方式有机地组织成为一个整体存储,并提供给该组织或单位内的所有应用系统(或人员)共享使用。

应该注意的是:数据库中的数据是一种处理用的中间数据,称为业务数据。它与输入输出数据不同。当然,可以将输入数据转变为业务数据存入数据库中,也可以从数据库中的数据推导产生输出数据。

数据库通常由两大部分组成:一是有关应用所需要的业务数据的集合,称为物理数据库,它是数据库的主体;二是关于各级数据结构的描述数据,称为描述数据库,通常由一个数据字典系统管理。

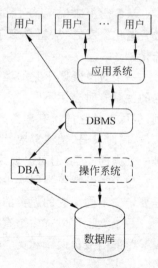

图1-19 数据库系统

运行数据库系统的计算机要有足够大的内存储器、大容量磁盘等联机存储设备和速度较高的传输数据的硬件设备。以支持对外存储器的频繁访问,还需要有足够数量的脱机存储介质,如软盘、外接式硬盘、磁带、可擦写式光盘等存放数据库备份。

2. DBMS及其软件支持系统

DBMS(数据库管理系统)是数据库系统的核心。DBMS一般是通用软件,由专门的厂家提供。DBMS 负责统一管理和控制数据库,执行用户或应用系统交给的定义、构造和操纵数据库的任务,并将执行的结果提供给用户或应用系统。

DBMS 是在操作系统(可能还包括某些实用程序)支持下工作的。因为计算机系统的硬件和软件资源是由操作系统统一管理的,故当 DBMS 进行分配内存、创建或撤销进程、访问磁盘等操作时,必须通过系统调用请求操作系统为其服务。操作系统从磁盘取出来的是物理块,对物理块的解释则是由 DBMS 完成的。

数据库系统中的软件通常还包括应用程序,数据库应用程序是通过 DBMS 访问数据库中的数据并向用户提供服务的程序。简单地说,它是允许用户插入、删除和修改并报告数据库中数据的程序。这种程序由程序员通过程序设计语言或某些软件开发工具(如 Power Builder、Delphi、Visual Basic、Visual C ++ 等),按照用户的要求编写的。

3. 人员

开发、管理和使用数据库系统的人员主要有数据库管理员(data base administrator, DBA)、系统分析员和数据库设计人员、应用程序员、最终用户。

1) 数据库管理员

对于较大规模的数据库系统来说,必须有人全面负责建立、维护和管理数据库系统,承担这种任务的人员称为 DBA。DBA 是控制数据整体结构的人,负责保护和控制数据,使数据库能为任何有权使用的人所共享。DBA 的职责包括定义并存储数据库的内容,监督和控制数据库的使用,负责数据库的日常维护,必要时重新组织和改进数据库等。

DBA 负责维护数据库,但对数据库的内容并不负责。而且,为了保证数据的安全性,数据库的内容对 DBA 应该是封锁的。例如,DBA 知道职工记录类型中含有工资数据项,他可以根据应用的需要将该数据项类型由 6 位数字型扩充到 7 位数字型,但是他不能读取或修改任一职工的工资值。

2) 系统分析员和数据库设计人员

系统分析员负责应用系统的需求分析和规范说明,要与用户及 DBA 配合,确定系统的软件和硬件配置,并参与数据库的概要设计。

数据库设计人员负责确定数据库中的数据,并在用户需求调查和系统分析的基础上,设计出适用于各种不同种类的用户需求的数据库。在很多情况下,数据库设计人员是由 DBA 担任的。

3) 应用程序员

他们具备一定的计算机专业知识,可以编写应用程序来存取并处理数据库中的数据,例如,库存盘点处理、工资处理等通常都是这类人员完成的。

4) 最终用户

最终用户指的是为了查询、更新以及产生报表而访问数据库的人们,数据库主要是为他们的使用而存在的。最终用户可分为以下 3 类。

(1) 偶然用户:这类用户主要包括一些中层或高层管理者或其他偶尔浏览数据库的人员。他们通过终端设备,使用简便的查询方法(命令或菜单项、工具按钮)来访问数据库。他们对数据库的操作以数据检索为主,例如,询问库存物资的金额、某个人的月薪等。

（2）简单用户：这类用户较多，银行职员、旅馆总台服务员、航空公司订票人员等都属于这类用户。他们的主要工作是经常性地查询和修改数据库，一般都是通过应用程序员设计的应用系统（程序）来使用数据库的。

（3）复杂用户：包括工程师、科技工作者、经济分析专家等资深的最终用户。他们全面地了解自己工作范围内的相关知识，熟悉 DBMS 的各种功能，能够直接使用数据库语言，甚至有能力编写自己的程序来访问数据库，完成复杂的应用任务。

典型的 DBMS 会提供多种存取数据库的工具。简单用户很容易掌握它们的使用方法；偶然用户只须会用一些经常用到的工具即可；资深用户则应尽量理解大部分 DBMS 工具的使用方法，以满足自己的复杂需求。

1.3.2　数据库系统的三级模式结构

数据库系统的结构可以从多种不同的层次或角度来考察。从 DBMS 的角度看，数据库系统通常采用三级模式结构。从数据库最终用户角度看，数据库系统分为集中式（单用户或主从式结构）结构、客户机-服务器结构、分布式结构和并行结构。

从 DBMS 的角度看，数据库系统有一个严谨的体系结构，从而保证其功能得以实现。根据 ANSI/SPARS（美国国家标准化学会和标准计划与需求委员会）提出的建议，数据库系统是三级模式和二级映像结构，如图 1-20 所示。

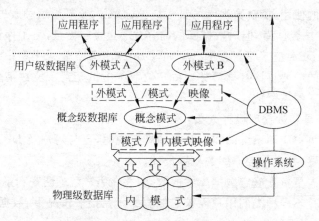

图 1-20　数据库系统的三级模式结构

1. 3 种模式

数据库的基本结构是由用户级、概念级和物理级组成的三级结构，分别称为概念模式、外模式和内模式。

1）概念模式

概念模式简称为模式，是数据库中全体数据的逻辑结构和特征的描述，即数据库所采用的数据模型。一个数据库只有一个概念模式，它是由数据库设计者综合所有用户数据，按照统一的观点构造而成的。在定义模式时，不仅要定义数据的逻辑结构，例如，数据记录由哪些数据项组成,数据项的名字、类型、取值范围等,而且要定义数据之间的联系,定义与数据有关的安全性、完整性要求。DBMS 提供模式描述语言 DDL(参见 1.4 节)来定义概念模式。

概念模式是数据库系统模式的中间层,既不涉及数据库物理存储细节和硬件环境,也与具体的应用程序,与所使用的程序设计语言或应用开发工具无关。它由数据库管理员(DBA)统一组织管理,故又称为 DBA 视图。

2) 外模式

外模式又称为子模式,它是数据库用户(包括应用程序员和最终用户)能够看到和使用的局部数据的逻辑结构和特征的描述,是数据库用户的数据视图。是与具体的应用有关的数据的逻辑表示。

外模式通常是概念模式的子集,一个数据库可以有多个外模式。外模式的描述随用户的应用需求、处理数据的方式的不同而不同,即使是来自模式中同样的数据,在外模式中的结构、类型、长度、保密级别等都可以不同。另外,同一外模式也可为某一用户的多个应用系统所使用,但一个应用程序只能使用一个外模式。

DBMS 提供子模式描述语言(参见 1.4 节)来定义外模式。

3) 内模式

内模式又称为存储模式,它是数据的物理结构和存储方式的描述,是数据在数据库内部的表示方式。例如,记录是顺序存储还是按 B 树结构或按散列(hash)方式存储,索引按什么方式组织,数据是否压缩存储、是否加密,数据的存储记录结构有什么规定等。DBMS 提供内模式描述语言(参见 1.4 节)来定义内模式。

一个数据库只有一个内模式。从形式上来看,一个数据库就是存放在外存储器上的许多物理文件的集合。

无论哪一级模式都只是处理数据的一个框架,按这些框架填入的数据才是数据库的内容。以外模式、概念模式或物理模式为框架的数据库分别称为用户数据库、概念数据库和物理数据库。物理数据库是实际存放在外存储器里的数据,而概念数据库和用户数据库只不过是对物理数据库的抽象的逻辑描述而已。用户数据库是概念数据库的部分抽取;概念数据库是物理数据库的抽象表示;物理数据库是概念数据库的具体实现。

2. 二级映像

数据库系统的三级模式是对数据的 3 个抽象级别,而数据实际上只存在于物理层。在一个基于三层模式结构的 DBMS 中,每个用户实际上只需要关注自己的外模式。因此,DBMS 必须将外模式中的用户请求转换成概念模式中的请求,然后再将其转换成内模式中的请求,并根据这一请求完成在数据库中的操作。例如,如果用户的请求是检索数据,则先要从数据库中抽取数据,然后转换成与用户的外部视图相匹配的格式。

为了实现 3 个层次之间的联系和转换,DBMS 提供了二级映像:外模式/模式映像和模式/内模式映像。

【注】 所谓映像是用来指定映像双方如何进行数据转换的对应规则。

1) 外模式/模式映像

一个模式可以对应多个外模式,每个外模式在数据库系统中都有一个外模式/模式映像,它定义了这个外模式和模式之间的对应关系。映像的定义通常包含在各自外模式的描述中。当模式改变(如增加新的关系、属性、改变属性的数据类型等)时,DBA 会相应地改变各个外模式/模式映像,可以使外模式保持不变,从而依据外模式编写的应用程序不必修改,这就保证了数据与程序的逻辑独立性。

2) 模式/内模式映像

数据库中只有一个模式,也只有一个内模式,故模式/内模式映像是惟一的,它定义了数据库全局逻辑结构与存储结构之间的关系。模式/内模式映像定义通常包含在模式描述中。当数据库的存储结构改变了时,DBA 会相应地改变模式/内模式映像,可以使模式保持不变,也不必修改应用程序,这就保证了数据与程序的物理独立性。

用户根据子模式来操纵数据库时,数据库系统通过子模式/模式映像使用户数据库与概念数据库相联系,又通过模式/物理模式的映像与物理数据库相联系,从而使用户实际使用物理数据库中的数据。实际的转换工作是由 DBMS 完成的。

1.3.3 数据库系统的体系结构

从最终用户的角度来看,数据库系统分为单用户结构、主从式结构、客户机-服务器结构和分布式结构。下面结合计算机体系结构的发展过程,介绍数据库系统的几种常见体系结构。

1. 分时系统环境下的集中式数据库系统

数据库技术诞生于分时计算机系统流行之际,因而早期的数据库系统是以分时系统为基础的。从数据库的应用来看,数据是一个单位的共享资源,数据库系统要面向全单位提供服务;从技术条件来看,数据库系统要求较高的 CPU 运算速度和较大容量的内存和外存,在当时只有价格昂贵的大中型机或高档小型机才能满足要求。所以,早期的数据库只能集中建立在本单位的主要计算机上,用户通过终端或远距离终端分时访问数据库系统。在这种系统中,不但数据是集中的,数据的管理也是集中的,数据库系统的所有功能,从各种各样的用户接口到 DBMS 的核心都集中在 DBMS 所在的计算机上。终端只是人-机交互的设备,不分担数据库系统的处理功能,如图 1-21 所示。

2. 微型计算机上的单用户数据库系统

进入 20 世纪 70 年代之后,微型计算机(简称微机)出现并迅速普及,由于微机在性能价格比上的优势,将计算机处理能力集中在少数大中型机或高档小型机上不再是经济合理的方案,因而,数据库也移植到了微机上。1979 年,Ashton-Tate 公司开发出了 dBASE 数据库管理系统,由于极为成功的促销策略,dBASE 系统的用户和数量迅速增长,开创了微机数据库技术应用的先河。此后,其他厂商纷纷将自己的产品从大型机移植到微机上,如 Oracle、Ingres 等,同时,有些厂商也专门为微机开发数据库产品,如 Paradox 等。

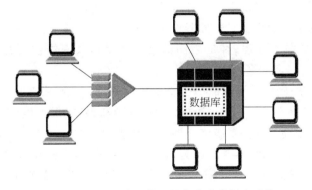

图1-21　分时系统环境下的集中式数据库系统

在一段时间内,大量的个人计算机(personal computer,PC)和工作站涌入了各个单位和部门,计算机处理能力分散化成为一种倾向。在这种基于PC的数据库系统中,各个组成部分(数据库、DBMS和应用程序等)都装配在一台计算机上,由一个用户独占,不同计算机之间难以共享数据。

3. 网络环境下的客户机-服务器数据库系统

20世纪80年代中后期,计算机网络开始普及,局域网(local area network,LAN)将独立的计算机连接起来,网络上的计算机之间可以互相通信,共享各种用途的服务器,如打印服务器、文件服务器等。这就导致了客户机-服务器结构的数据库系统的开发。

客户机-服务器系统是在微机-局域网环境下,合理划分任务,进行分布式处理的一种应用系统结构,是解决微机大量使用却又无力承担所有处理任务这一矛盾的一种方案。在这种系统中,通过网络连接在一起的各种不同种类的计算机以及其他设备分为两个独立的部分,即"前端"的客户机和"后台"的服务器,如图1-22所示。

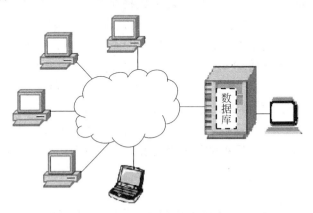

图1-22　网络环境下的客户机-服务器系统

客户机是完整的、可以独立运行的计算机(不是无处理能力的"终端")。典型地,它是一个用户机,提供了用户接口和本地处理的能力。当客户机请求访问它本身不具备的功能(如数据库存取)时,它就连接到提供了这种功能的服务器上。服务器可以向客户机提供各种服务,如打印、存档以及数据库存取等。服务器可以是专用的服务器、小型机、大中型机或功能较强的个人计算机。服务器提供在分时环境下通常由大中型机或高档小型机所提供的功能,即数据库管理、客户之间的信息共享以及高层次的网络管理和安全保障等。

数据库是客户机-服务器系统的一个重要应用领域。一般由客户机处理数据库的接口部分,如图形用户界面、嵌入数据库语言的预处理和编辑、报表生成等,而 DBMS 的核心部分则由服务器处理。有些系统将查询处理和优化也放在客户机上,服务器只承担数据库的物理存取和事务管理,客户机在处理应用程序时,如果遇到访问数据库的请求,则通过数据库语言(如 SQL 语言)或图形用户界面中的菜单项、按钮等提交给数据库服务器。数据库服务器执行应用程序的请求,并将结果返回给客户机。由于返回的只是结果而不是存取和处理过程中的所有数据,从而减少了网络上的数据传输量、提高了系统的吞吐量和负载能力。

4. 分布式数据库系统

随着地理上分散的用户对数据共享的需求日益增强,以及计算机网络技术的发展,在传统的集中式数据库系统的基础上产生了分布式数据库系统。

分布式数据库系统是数据库技术与计算机网络技术相结合的产物。分布式数据库系统将分别存储在不同地域、分别属于不同部门或组织机构的多种不同规模的数据库统一管理起来,使每个用户都可以在更大范围内、更灵活地访问和处理数据。分布式数据库系统适合于那些所属各部门在地理上分散的组织机构的事务处理,如银行业务系统、飞机订票系统等。在 20 世纪 80 年代中期已有商品化产品问世。

分布式数据库系统是地域上分布、逻辑上统一的数据集合,是计算机网络环境中各个局部数据库的逻辑集合,同时受分布式数据库管理系统的控制和管理。分布式数据库系统在逻辑上像一个集中式数据库系统,实际上数据存储在位于不同地点的计算机网络的各个结点上。每个结点的数据库系统都有独立处理本地事务的能力,而且各局部结点之间也能够互相访问、有效地配合,以便处理更复杂的事务。用户可以通过分布式数据库管理系统,使用网络通信系统来相互传递数据。分布式数据库系统具有高度的透明性,每台计算机上的用户都感觉到自己是使用集中式数据库的惟一用户。

分布式数据库比集中式数据库具有更高的可靠性,在个别结点或个别通信链路发生故障时可以继续工作。目前,网络上的数据库已由同种机发展到异种机;由同种操作系统发展到了不同的操作系统;由同种数据库系统发展到了不同的数据库系统。

5. 因特网上的数据库

随着因特网尤其是万维网技术的迅猛发展,万维网成为了全球性自主式计算环境,数据库技术也全面向网络方向发展,成为了万维网的有机组成部分。

【注】 万维网(World Wide Web,WWW)是因特网提供的一种服务。

因特网上的信息是标准的 HTML 格式,这种格式文件中的信息是固定的(静态页面),如果需要改变,就必须使用设计工具来修改页面,就像修改写好的文章一样。在信息量大、信息更新速度快的因特网上，频繁地修改需求不但造成了开发与维护网站的困难，而且会因为这种静态 Web 站点的非交互性而影响其使用效果。如果将网上发布的信息数据库化，则可实现网页信息的动态变化和可交互性，因为网络数据库可以动态地更新数据、浏览器上显示的网页内容也跟随数据库中数据的变化而动态地更新。

网络数据库采用浏览器-服务器（browser/server，B/S）结构，对于使用者来说，只要会操作浏览器，不需要安装特别的软件即可访问数据库，使随时随地访问数据库成为可能，从而实现了业务工作的网络化。

1.4　数据库管理系统

DBMS（数据库管理系统）是为数据库的建立、使用和维护而配置的软件系统，是数据库系统的核心组成部分，可以看作是用户和数据库之间的接口。目前常用的 DBMS 都是关系型的，称为关系数据库管理系统（relational database management system，RDBMS）。

DBMS 建立在操作系统的基础上，负责对数据库进行统一的管理和控制。数据库系统的一切操作，包括查询、更新以及各种控制等，都是通过 DBMS 进行的。用户或应用程序发出的各种操作数据库中数据的命令也要通过 DBMS 来执行。DBMS 还承担着数据库的维护工作，能够按照 DBA（数据库管理员）的规定和要求，保障数据库的安全性和完整性。

1.4.1　数据库管理系统的功能

DBMS 种类繁多，不同类型的 DBMS 对硬件资源、软件环境的适应性各不相同，因而其功能也有差异，但一般来说，DBMS 应该具备以下几方面的功能。

1. 数据库定义功能

数据库定义也称为数据库描述，是对数据库结构的描述。利用 DBMS 提供的数据定义语言（data definition language，DDL），可以从用户的、概念的和物理的 3 个不同层次出发定义数据库（这些定义存储在数据字典中），完成了数据库定义之后，就可以根据概念模式和存储模式的描述，把实际的数据库存储到物理存储设备上，最终完成建立数据库的工作。

2. 数据库操纵功能

数据库操纵是 DBMS 面向用户的功能，DBMS 提供了数据操纵语言（data manipulation language，DML）及其处理程序，用于接收、分析和执行用户对数据库提出的各种数据操作要求（检索、插入、删除、更新等），完成数据处理任务。

3. 数据库运行控制功能

数据库控制包括执行访问数据库时的安全性、完整性检查，以及数据共享的并发控制等，目的是保证数据库的可用性和可靠性。DBMS 提供以下 4 方面的数据控制功能。

1）数据安全性控制功能

这是对数据库的一种保护措施，目的是防止非授权用户存取数据而造成数据泄密或破坏。例如，设置口令，确定用户访问密级和数据存取权限，经系统审查通过后才可执行所允许的操作。

2）数据完整性控制功能

这是 DBMS 对数据库提供保护的另一个方面。完整性是数据的准确性和一致性的测度。在将数据添加到数据库时，对数据的合法性和一致性的检验将会提高数据的完整性。这种检验不一定要由 DBMS 来完成，但大部分 DBMS 都有能用于指定合法性和一致性规定并在存储和修改数据时实施这些规定的机构。

3）并发控制功能

数据库是提供给多个用户共享的，用户对数据的存取可能是并发的，即多个用户同时使用同一个数据库，因此 DBMS 应对多用户并发操作加以控制、协调。例如，当一个用户正在修改某些数据项时，如果其他用户同时存取这些数据项，就可能导致错误。DBMS 应对要修改的记录采取一定的措施，如加锁，暂时拒绝其他用户访问，等修改完成并存盘后再开锁。

4）数据库恢复功能

在数据库运行过程中，可能会出现各种故障，如停电、软件或硬件错误、操作错误、人为破坏等，因此系统应提供恢复数据库的功能。如定期转储、恢复备份等，使系统有能力将数据库恢复到损坏之前的某个状态。

4. 数据字典

数据库本身是一种复杂对象，因而可将数据库作为对象建立数据库，数据字典（data dictionary，DD）就是这样的数据库。数据字典也称为系统目录，其中存放着对数据库结构的描述。假设数据库为三级结构，那么，以下内容就应当包含在数据字典中：

（1）有关内模式的文件、数据项及索引等信息。

（2）有关概念模式和外模式的表、属性、属性类型、表与表之间的联系等模式信息，且应易于查找属性所在的表或表中所包含的属性等信息。

（3）其他方面的信息，如数据库用户表、关于安全性的用户权限表、公用数据库程序及使用它们的用户名等信息。

另外，当同一对象不同名时，数据字典中也应有相应的信息。

数据字典中的数据称为元数据（数据库中有关数据的数据）。一般来说，为了安全性，只允许 DBA 访问整个数据字典而其他用户只能访问其中一部分，因而 DBA 能用它来监视数据库系统的使用。数据库本身也使用数据字典。例如，Oracle（关系数据库管理系统）的数据字典是 Oracle 数据库的一部分，由 Oracle 系统建立并自动更新。Oracle 数据字典中有一些允许用户访问的表，用户可从中得知自己所拥有的表（关系）、视图、列、同义词、数据存储以及存取权限等信息。还有一些表只允许 DBA 访问，如存放着所有数据的存储分配情况的表和存放着所有授权用户及其权限的表等。

【注】 视图是一种仅有逻辑定义的虚表,可在使用时根据其定义从其他表(包括视图)中导出,但不作为一个表显式地存储在数据库中。

在有些系统中,把数据字典单独抽出自成系统,成为一个软件工具,使数据字典比DBMS提供了一个更高级的用户和数据库之间的接口。

1.4.2 数据库语言及用户接口

虽然不同的DBMS产品的功能强弱和适应范围各不相同,它们所提供的语言和接口也有差异,但都有必要为所支持的各类用户提供适当的数据库语言和用户接口,使他们能够创建、管理和使用数据库。

1. DBMS的数据定义语言

在完成了数据库设计并选定了DBMS产品之后,就要使用所选定的DBMS为数据库定义概念模式和内模式,以及它们之间的映像。在许多DBMS中,层与层之间并无严格的界限,DBA和数据库设计者使用DDL来定义这两种模式。DBMS有一个DDL语言编译器,用于处理DDL语句,以便识别模式结构的描述,并将其存储在DBMS的系统目录(数据字典)中。

如果DBMS中明确地划分了概念模式和内模式,则DDL语言只用于定义概念模式,内模式由数据存储描述语言(data storage description language,DSDL)定义,两种模式之间的映像可以用这两种语言中的任何一种来定义。对一个真正的三级模式结构来说,还需要"视图定义语言",用来定义用户的视图以及视图与概念模式之间的映像。但在大多数DBMS中,DDL语言既可用于定义概念模式,也可用于定义外模式。

2. DBMS的数据操纵语言

在编译了数据库模式且已将数据装入数据库之后,用户就需要使用某种方法来操纵(检索、插入、删除和修改等)数据库。这可使用DBMS提供的DML来完成。DML主要有两种类型,即高层(非过程化)DML和低层(过程化)DML。

高层DML(如SQL)以简洁的方式指定复杂的数据库操作。许多DBMS都支持高层DML语句,这种语句既可在与终端的交互中使用,又可嵌入通用程序设计语言源程序中使用。嵌入到源程序中的DML语句需要某种标识,以便在预编译过程中提取并交由DBMS处理。

低层DML必须嵌入通用程序设计语言源程序中使用。这种DML一般会先从数据库中取出独立的记录或对象,随后再分别处理每个记录或对象。这就需要通过程序设计语言的控制结构(选择结构、循环结构)来从记录的集合中获取并处理每个记录。因而,低层DML称为一次一个记录的DML。相应地,高层DML称为一次一个集合或面向集合的DML。

如果将DML命令嵌入了某种程序设计语言源程序中,无论它是高层的还是低层的,则将程序设计语言称为宿主语言,将DML称为数据子语言。另外,以独立交互方式使用的高层 DML 也称为"查询语言(query language)"。一般地,高层 DML 的查询命令和更新命令都可以交互地使用,故也可看作查询语言的一部分。

在目前常用的 DBMS 中,经常使用的是具有概念模式定义、视图定义和数据操纵等多种功能的综合性语言。存储定义语言一般是分开的,因为它被用于定义物理存储结构,以便对数据库系统的性能进行调整,而且一般由 DBA 使用。最典型的综合性数据库语言是结构化查询语言(structured query language,SQL)语言,它集 DDL、DML、数据控制语言(data control language,DCL)的功能于一体,语言风格统一,可以独立完成数据库生命周期中的全部活动。

3. DBMS 的用户接口

针对各类用户的不同需求,DBMS 通常会提供多种不同种类的用户接口。例如,高级查询语言可供偶然用户使用,嵌入方式的 DML 语言可供程序设计者使用,便于和数据库交互的专门用户接口可供简单用户使用。DBMS 提供的用户接口大致包括以下几种类型。

(1) 基于菜单的浏览接口:在这种接口中,DBMS 呈现给用户一个菜单(选项列表),用户通过逐步选择菜单项来完成查询或其他操作。

(2) 基于窗体的接口:这种接口为每个用户显示一个窗体,用户可以填写窗体上显示的一部分或全部项目,DBMS 据此检索匹配的数据。窗体一般是为简单用户设计的,用作固定事务的接口。

(3) 图形用户界面(graphical user interface,GUI)接口:这种接口以图形化窗体的形式为用户显示模式,用户通过操纵该窗体来说明自己的查询或其他操作。这种接口中一般也会使用菜单。

(4) 自然语言接口:这种接口接收由英语或其他语言书写(按照某种"模式")的请求并解释它,在解释成功后生成查询并发送给 DBMS 进行处理,不成功时则会以相应的信息提示用户或帮助用户继续操作。

(5) 简单用户的专用接口:简单用户(如银行出纳员)经常性的以大致相同的方式使用数据库,通常是在一个较小的数据集合上进行操作的,因此,需要为他们设计专用接口,其中通常包括一个较小的命令集合,可通过简便易行的方式(如使用键盘上的功能键编程)发出操作请求。

(6) DBA 接口:大多数数据库系统中都有 DBA 专用的特权命令。这些命令包括创建账号、设置系统参数、为账号授予权限、改变模式以及重新组织数据库的结构等。

1.4.3　常见的数据库管理系统

目前流行的 DBMS 种类繁多,各有不同的适用范围。例如,Access 和 VFP 是运行在 Windows 操作系统上的桌面型 DBMS,便于初学者学习和数据采集,适合于小型企事业单位及家庭、个人使用;以 IBM DB2 和 Oracle 为代表的大型 DBMS 更适合于大型中央集中式或分布式数据管理的场合;以 SQL Server 为代表的客户机-服务器结构的 DBMS 顺应了计算机体系结构的发展潮流,为中小型企事业单位构建自己的信息管理系统提供了方便。另外,随着计算机应用和计算机产业的发展,开放源代码的 MySQL 数据库、跨平台的 Java 数据库等也不断涌现,为不同种类的用户提供了各种不同的选择。下面介绍几种除 Access 之外的不同类型的数据库管理系统。

1. VFP(桌面型 DBMS)

VFP(Visual FoxPro)是美国 Microsoft 公司在 FoxPro(Fox Software 公司)的基础上开发的一种小型 RDBMS,具有使用方便、价格低廉、集成了开发工具因而便于建立数据库应用系统等优点,并向下兼容 dBASE、FoxBASE 等早期的 DBMS。它适合于小型的及与万维网结合的企业数据库管理,但难于管理大型数据库。

2. Oracle(大型 DBMS)

Oracle 是目前世界上最为流行的大型 RDBMS 之一,具有功能强、使用方便、移植性好等特点,适用于各类计算机,包括大中型机、小型机、微型机和专用服务器环境。Oracle 具有许多优点,例如,采用标准的 SQL 结构化查询语言、具有丰富的开发工具、覆盖开发周期的各个阶段、数据安全级别高(C2 级,最高级)、支持数据库的面向对象存储,等等。Oracle 适合大中型企业使用,广泛地应用于电子政务、电信、证券、银行等各个领域。

3. SQL Server(客户机-服务器 DBMS)

SQL Server 是微软公司推出的分布式 RDBMS,具有典型的客户机-服务器体系结构。SQL Server 不同于适合个人计算机的桌面型 DBMS,也不同于 IBM DB2 和 Oracle 这样的大型 DBMS。它所管理的数据库是由负责数据库管理和程序处理的“服务器”与负责界面描述和显示的“客户机”组成的。客户机管理用户界面、接收用户数据、处理应用逻辑、生成数据库服务请求,将这些请求发送给服务器,并接收服务器返回的结果。服务器接收客户机的请求、处理这些请求并将处理结果返回给客户机。这种结构的数据库系统适用于在由多个具有独立处理能力的个人计算机组成的计算机网络上运行。在这种系统中,用户既可以通过服务器取得数据,在自己的计算机上进行处理,也可以管理和使用与服务器无关的自己的数据库。另外,因为 SQL Server 与 Access 都是微软公司的产品,由它们创建和管理的数据库之间的数据传递和互相转换十分方便。

4. MySQL(开放源代码的 DBMS)

MySQL 是一种小型的分布式 RDBMS,具有客户机-服务器体系结构,是由 MySQL 开放式源代码组织提供的。它可运行在多种操作系统平台上,适用于网络环境,且可在因特网上共享。由于它追求的是简单、跨平台、零成本和高执行效率,因而适合于互联网企业(如动态网站建设),许多互联网上的办公和交易系统都采用 MySQL 数据库。

5. Java 数据库

伴随着因特网的发展,具有跨平台能力以及多种其他优良性能的 Java 程序设计语言流行开来,使用 Java 语言开发的软件项目越来越多,许多公司都试图加入这一领域。于是,使用 Java 语言编写的面向对象 DBMS 也应运而生。其中,JDataStore 是美国 Borland 公司推出的纯 Java 数据库,主要用于 J2EE 平台,具有跨平台移植性,且与 Borland 新一代 Java 开发工具 JBuilder 紧密结合。

习 题

1. 简述计算机数据处理技术的几个发展阶段。

2. 文件系统与数据库系统有什么区别和联系?

3. 举例说明什么是数据的结构化?

4. 解释下列名词:

数据、数据库、数据库管理系统、数据库系统。

5. 举例说明事物、实体和记录之间的区别和联系。

6. 举例说明两个实体之间的联系的类型。

7. 什么叫概念模型? 概念模型有什么用途? 如何表示概念模型?

8. 假定一台机器可以由若干个工人操作,加工若干种零件,某个工人加工某种零件是在一台机器上完成的这道工序,而一个零件需要多道工序才能完成。用 E-R 图表示机器、零件和工人这 3 个实体之间的多对多联系。

9. 假定允许每个仓库存放多个零件,每种零件也可在多个仓库中存放,而每个仓库中保存的零件都有库存数量。仓库的属性有仓库号、面积、电话号码。零件的属性有零件号、名称、规格、单价。

根据上述说明画出 E-R 图。

10. 假定每个读者最多可借阅 5 本书,同一本书允许多人相继借阅,一个读者每借一本书都要登记借书日期。借书人的属性有借书证号、姓名、单位,每人最多可借 5 本书。

图书的属性有馆内编号、书号、书名、作者、位置,同一本书可相继为几个人借阅。

根据上述说明画出 E-R 图。

11. 层次模型、网状模型和关系模型是按照什么原则来划分的?

12. 分别列举出层次模型、网状模型和关系模型的例子。

13. 数据库系统主要由哪几部分组成? 各有什么作用?

14. 什么是数据库系统的三级模式结构?

15. 什么是数据与程序的物理独立性和逻辑独立性? 在三级模式结构中如何保证数据与程序的逻辑独立性和物理独立性?

16. 简述客户机-服务器数据库系统的特点?

17. 与传统数据模型比较,面向对象数据模型有什么优点?

18. 解释下列名词:

　　DDL、DML、数据字典。

19. 不同种类的用户使用数据库的方式有什么不同?

20. 举例说明桌面型 DBMS 和客户机-服务器型 DBMS 各有什么特点?

第 2 章 关系数据库

在关系数据模型中,实体及实体之间的联系都用关系(行列结构的数据表)表示。例如,课程实体、学生实体以及课程与学生之间的联系都分别用一个关系来表示。在一个给定的应用领域中,表示所有实体及实体之间联系的关系集合构成一个关系数据库。

关系模型出关系数据结构、关系约束和关系数据操作 3 部分组成。关系模型的基本结构是简单的二维表,便于实现且易于为用户接受;关系数据库的 DML(数据操纵语言)是非过程化的集合操作语言,以关系代数或关系演算为其理论基础,不仅功能强,而且可嵌入高级语言中使用;关系模型允许定义 3 类完整性约束,即实体完整性、参照完整性和用户定义的完整性,可以保证数据与现实世界的一致性。

关系模型的用户界面简单,有严格的设计理论,因而,推动了关系数据库的应用和普及,使关系 DBMS 成为目前的主流产品。

2.1 关系及关系约束

一个关系可看作一个二维表,由各表示一个实体的若干行或各表示实体(集)某方面属性的若干列组成。可以用数学语言将关系定义为元组的集合。

关系有"型"和"值"之分,关系模式是对关系的型即关系数据结构的描述,关系可看成按型填充所得到的值。一般来说,关系模式是稳定的,而关系本身却会跟随所描述的客观事物的变化而不断变化。

客观世界中事物的性质是互相关联的,往往还要受到某些限制。在关系数据模型中,这些关联和限制表现为一系列数据的约束条件,包括域约束、键(码)约束、完整性约束和数据依赖(参见 2.5 节)等。

2.1.1 关系

关系的一般形式如图 2-1 所示。

一个关系可以看作一个行列结构的二维表。每个表有惟一的名字,由给定数目的列组成;每列也有一个惟一的名字,表中第一行给出列名。

表中每列称为一个属性,属性的个数即为关系的度。每行称为一个元组,一个元组是由一组具体的属性值构成的,表示一个实体。可根据属性的多少而将元组称为一元组、二元组……n元组。

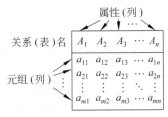

图 2-1 关系的一般形式

一般地,关系中的属性固定不变,而元组却是经常变化的。一个关系至少要有一个属性,但可以没有元组。在任意一个时刻,出现在一个关系中的元组的总数称为关系的基数。

为方便起见,也可按计算机技术的习惯,将属性称为字段,将元组称为记录。

关系数据库的基本结构是关系。关系模型是建立在集合代数的基础上的,故可从集合论角度给出关系数据结构的形式化定义。

1. 域

属性所取值的变化范围称为属性的域。域约束规定属性的值必须是来自域中的原子值,即那些就关系模型而言已不可再分的数据,如整数、字符串等,而不应包括集合、记录、数组这样的组合数据。

域有理论和实际之分,后者是前者的子集。例如,假定在记载了学生基本信息的“学生”关系中,包括了“年龄”、“姓名”和“籍贯”属性,则“年龄”的值域是自然数的一个子集(如$1\sim100$),“姓名”和“籍贯”的值域是汉字的某个子集。可见,属性是一种变量,属性值是变量所取的值,而域是变量的变化范围。

【注】 属性是一种多值变量。

2. 笛卡儿积

给定一组域 D_1,D_2,$\cdots$,D_n(这些域中可以有相同的),则

$$D_1 \times D_2 \times \cdots \times D_n = \{(d_1, d_2, \cdots, d_n) \mid d_i \in D_i, i = 1, 2, \cdots, n\}$$

称为 D_1,D_2,$\cdots$,D_n 的笛卡儿积,其中每个元素$(d_1, d_2, \cdots, d_n)$称为一个 n 元组,元组中的每个 d_i 是 D_i 域中的一个值,称为一个分量。当 $n=1$ 时,称为单元组,$n=2$ 时,称为二元组,以此类推。

例 2-1 设有 3 个域

$$D_1 = \{张金,王银,李玉\}, \quad D_2 = \{男,女\}, \quad D_3 = \{21,22\}$$

则笛卡儿积

$$D_1 \times D_2 \times D_3 = \{$$

   (张金,男,21),(张金,男,22),(张金,女,21),(张金,女,22),

   (王银,男,21),(王银,男,22),(王银,女,21),(王银,女,22),

   (李玉,男,21),(李玉,男,22),(李玉,女,21),(李玉,女,22)

  $\}$

其中,(张金,男,21)、(张金,男,22)等都是元组,张金、王银、男、21 等都是分量。这个笛卡儿积的基数为 $3\times2\times2=12$,可列成一个二维表,如图 2-2(a)所示。

3. 关系

笛卡儿积的一个子集称为关系,记为

$$R(D_1, D_2, \cdots, D_i, \cdots, D_n)$$

$$R \in D_1 \times D_2 \times \cdots \times D_n$$

其中,R 为关系名,n 为关系 R 的度(目)。

在笛卡儿积中,域的元素是任意排列的,一般来说取其一个子集作为关系才有意义,例如,在图 2-2(a)所示的笛卡儿积中,只有 3 个元组是有实际意义的。

D_1	D_2	D_3
张金	男	21
张金	男	22
张金	女	21
张金	女	22
王银	男	21
王银	男	22
王银	女	21
王银	女	22
李玉	男	21
李玉	男	22
李玉	女	21
李玉	女	22

(a)

姓名	性别	年龄
张金	男	22
王银	女	21
李玉	女	22

(b)

图 2-2　笛卡儿积的二维表形式及关系实例

虽然关系数据模型借用了数学中关系的概念,但两者还是有差别的。当关系作为关系数据模型的数据结构时,需要加以限定与扩充。

(1) 无限关系在数据库系统中没有意义,故关系数据模型中的关系必须是有限集合。

(2) 数学中元组的值是有序的,而在关系数据模型中对属性的次序不作规定,故要为关系的各列加上属性名来取消关系元组的有序性。例如,图 2-2(b)为从笛卡儿积中抽取一个有意义的子集并为各列加上属性名而形成的关系。

2.1.2　关系的性质

按照关系的定义,关系应具有以下 6 条性质。

(1) 列是同质的,即每列中的数据都是同类型的,来自同一个域。在数据库中创建表(关系)时,首先要定义每个属性的名称及其数据类型。

(2) 不同的列可以来自同一个域,称其中每列为一个属性,每个属性都有惟一的属性名。如果两个(或更多个)属性都从一个域中取值,则这两个属性应该分别取不同的属性名,而不能直接使用域名。

例 2-2 图 2-3(a)为一个名为"学生"的 Access 数据库中的表(关系),从中可以看出,每列中都是同类型的数据,且每列都有惟一的属性名。图 2-3(b)为相应的表的结构(关系的型),从中可以看出该表中包含了哪些属性、每个属性的数据类型以及关于数据类型的详细规定。例如,从图中可以看到,表中包含了一个"入学分"字段(属性),它的数据类型为"数字"型,但"字段大小"栏又规定了"整型","有效性规则"栏还规定了">0 And <1000",因此,"入学分"属性的值域为数字型中的 0～1000 之间的整型数。

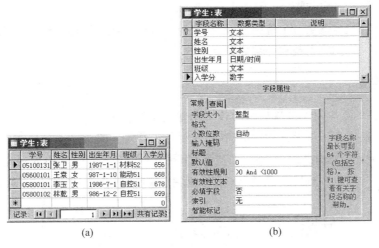

(a)   (b)

图 2-3　Access 数据库中的表及其结构的定义

(3) 列的次序可以任意交换,不影响关系的实际意义。

(4) 不允许有完全相同的元组。因为关系定义为元组的集合,而集合中的所有元素都是不相同的。

(5) 行的次序可以任意交换,不影响关系的实际意义。

(6) 分量必须取原子值,即每个分量都是不可分的数据项。在如图 2-4 所示的 Stu1 表和 Stu2 表中,分别包含了多值字段和复合字段(表中有表),就不具有这个性质。

Stu1

课程号	课程名	教师
B0010	高等代数	唐军
		常明
E0029	软件基础	贾强
C0102	企业管理	孙跃

Stu2

课程号	课程名	教师	
		主讲	辅导
B0023	复变函数	李平	刘奇
C0011	英语写作	张公	王露
A0101	文学欣赏	周邦	林恒

图 2-4　包含多值字段或复合字段的表

具有这个性质的表才能称为关系。如果表中有多值属性,则应以单独的关系来表示,如果表中有复合字段,则应拆分成两个(或更多个)简单成员属性。

在实际的数据库产品中,基表(关系)不一定完全具有这几个性质。例如,有些产品仍然区分了属性的顺序和元组的顺序,有些产品允许基表中存在完全相同的元组。

2.1.3　主键和外键

由关系的性质已知，关系的每个元组是互不相同的。但是，不同的元组在部分属性组上的值可能相同。例如，在例 2-2 给出的"学生"关系中，可能会出现两个（或更多个）姓名、性别、出生年月以及所在班级都相同的学生，表示这两个学生的元组在属性组（姓名，性别，出生年月，所在班级）上的值就是相同的。因此，有必要找出那些能够将元组区分开来的属性组，即关系中的键。

在关系模型上，键是一个重要的概念，它可以提供在数据库的任何表中检索元组的基本机制。键有候选键、主键和外键之分。

1. 候选键

如果关系的某个属性或属性组的值惟一地决定其他所有属性的值，即惟一地决定一个元组，而其任何真子集无此性质，则称这个属性或属性组为该关系的候选键（简称为键）或候选码。例如，在如图 2-5(a)所示的"课程"关系（Access 数据库中的一个表）中，课程号是候选键，在如图 2-5(b)所示的"选课"关系中，属性组（学号，课程号）是候选键。

(a)　　　　　　　　　　　　　(b)

图 2-5　Access 数据库中的两个表

实际上，"课程"关系中的属性组（课程号，课程名）能够决定其他属性的值，但这个属性组不能算键，因为它的真子集{课程号}也有这个性质，这种包含了冗余属性的属性组称为超键。

极端地，候选键包含所有属性，称为全键。

包含在任何一个候选键中的属性称为主属性，不包含在候选键中的属性称为非主属性。例如，在"选课"关系中，学号和课程号都是主属性，成绩是非主属性。

2. 主键

一个关系至少有一个候选键，可以有多个候选键，选定其中一个作为主键，其他为备用键。例如，可在图 2-3(b)所示"学生"表结构中看到，学号字段（属性）设置成了主键（以🔑为标记）。

主键的值可用来识别元组，它应该是惟一的，即每个元组的主键值不能相同。

3. 外键

在一个关系数据库的两个(或两个以上)关系中,常包含来自同一个域的列,可以通过它们将两个关系连接起来,这需要用到外键。

设 X 是关系 R 的一个属性组,它并非 R 的主键(或备用键),但却是另一个关系 S 的键或引用了本关系的键,则称 X 为 R 关于 S(可为 R 本身)的外键。

例如,在如图 2-5(b)所示的"选课"关系中,课程号并非本关系的主键,但却是另一个关系"课程"的主键,故课程号是"选课"关系的外键。

2.1.4 关系模式

关系模式是关系数据结构的描述。就像在纸上制作一个数据表之前先要画出框线、填写表头一样,在创建一个关系之前,也要先定义关系模式。

关系是元组的集合,故关系模式必须指定这个元组集合的结构。具体来说,要指定这些元组包含哪些属性?这些属性分别来自哪个域?以及属性与域之间的映像关系。

一个关系通常是由赋予它的元组语义(取决于所描述的实体)来确定的。一组符合元组语义的元组构成了该关系模式的关系。按照数学的观点,元组语义实质上是一个 n(属性个数)目谓词,使这个 n 目谓词为真的笛卡儿积中的元素的全体构成该关系模式的关系。

关系是用来描述现实世界中的事物的,事物的状态会随时间及各种情况而发生变化,因而,关系(关系模式的值)也要随之变化。但一般来说,事物的形式以及事物之间的联系方式是相对稳定的,因而表现这些形式及联系方式的关系模式是固定不变的。

1. 关系模式

关系模式可简单地以关系名及其属性列表来表示,关系的一般形式为

$$R(A_1, A_2, \cdots, A_n)$$

或

$$R(U)$$

其中,R 为关系名,A_1、A_2……A_n 为属性名(度为 n)。U 为组成关系的属性名集合。每个属性都有一个域(属性的值取自该域),如果属性 A_i 的域为 D,则可记作

$$dom(A_i) = D$$

完整的关系模式可表示为

$$R(U, D, dom, F)$$

其中,R 为关系名,U 为组成该关系的属性名集合,D 为属性组 U 中各属性所来自的域。dom 为属性向域的映像集合,F 为属性间的数据依赖关系(参见 2.4 节)集合。

习惯上,人们常笼统地将关系和关系模式都称为关系。但实际上,关系是关系模式在某个时刻的状态或内容,关系模式是稳定的,而关系则随着关系操作而不断变化。

2. 常用记号

设关系模式为 $R(A_1, A_1, \cdots, A_n)$,R 是它的一个值(关系),t 是 R 的一个元组,表示

为 $t \in R$。在下面叙述中,将使用以下记号。

(1) 分量记号:$t[A_i]$ 表示元组 t 中对应于属性 A_i 的一个分量(值),也可记作 $t \cdot A_i$。

(2) 属性列记号:如果 $A = \{A_{i1}, A_{i2}, \cdots, A_{ik}\}$,其中 $A_{i1}, A_{i2}, \cdots, A_{ik}$ 是 A_1,$A_2, \cdots, A_n$ 中的一部分,则 A 称为属性列或域列。$t[A] = t[A_{i1}], t[A_{i2}], \cdots, t[A_{ik}]$ 表示元组 t 在属性列 A 上各分量的集合。$\overline{A}$ 表示 $\{A_1, A_2, \cdots, A_n\}$ 中去掉 $\{A_{i1}, A_{i2}, \cdots, A_{ik}\}$ 后剩余的属性组。

(3) 连接记号:设 R 为 n 目关系,S 为 m 目关系,$t_r \in R, t_s \in S, \widehat{t_r t_s}$ 称为元组的连接。它是一个 $n+m$ 列元组,前 n 个分量为 R 中一个 n 元组,后 m 个分量为 S 中一个 m 元组。

3. 关系数据库模式

一个关系数据库通常包括多个关系,而且这些关系中的元组也以不同的形式相互关联。

关系数据库也有型和值之分,关系数据库的型亦称为关系数据库模式,它包括若干域的定义以及在这些域上定义的若干关系模式。关系数据库的值是这些关系模式在某个时刻的相应的关系的集合,通常就称为关系数据库。

2.1.5 关系完整性约束

关系模式 $R(A_1, A_2, \cdots, A_n)$ 仅仅说明了关系的语法,实质上是说明了关系 R 中每个元组 t 应该满足的条件是

$$t \in D_1 \times D_2 \times \cdots \times D_n$$

但关系中的元组不但要合乎语法,还要受语义的限制。例如,假定关系模式为

GradeStu(学号,姓名,年龄,成绩)

则下面两个元组都合乎语法

(04001010,张林,200,90)
(04001010,王君,20,900)

但前一个元组中"年龄"属性的值不合理,后一个元组中"成绩"属性的值在以"百分制"登记的成绩中也是不合理的。故都因语义的限制而不宜成为关系 GradeStu 中的元组。

数据的语义不但会限制属性的值,还会制约属性之间的联系。例如,因为关系中主键的值决定其他属性的值,故主键的值既不能重复也不能为空,而一组属性能否成为一个关系的主键,完全取决于数据的语义而不是语法。例如,取关系模式

SC(学号,课程号,成绩)

中属性组(学号,课程号)作为主键,就是按语义而不是按语法来确定的。

语义还对不同关系中的数据带来一定的限制。例如,如果本学期开设的课程门数增多,则 SC 关系中的元组也会有相应的变化。

以上所举的例子都是语义施加在数据上的限制,统称为完整性约束。设 r 为关系 R

在给定时间的元组的集合（R 的值），r' 为所有满足完整性约束的元组的集合，则有

$$r \subseteq r' \subseteq D_1 \times D_2 \times \cdots \times D_n$$

语义完整性约束可以由用户来检查，也可以由系统来检查。完整性检查是在数据库更新时进行的，其实现的程度因 DBMS 的不同而不同。

关系模型允许定义 3 种完整性约束，即实体完整性、引用完整性和用户定义的完整性。其中前两种是关系模型必须满足的完整性约束条件，应该由关系系统自动支持。用户定义的完整性是应用领域需要遵循的约束条件，体现了具体领域中的语义约束。

1. 实体完整性规则

每个关系都有一个主键，每个元组（表示一个实体）的主键的值应是惟一的。主键的值不能为空值，否则无从识别元组，这就是实体完整性约束。

实际上，不仅主键本身，组成主键的所有属性都不能取空值。例如，在上述 SC 关系中，作为主键的属性组（学号，课程号）中的"学号"和"课程号"两个属性都不能为空。

多数 DBMS 都支持实休完整性检查，但不一定是强制的。如果关系中定义了主键，则 DBMS 可以检查，但有些 DBMS 并不强制用户在关系中定义主键，就无法检查了。

2. 引用完整性规则

在关系模型中，实体之间的联系是用关系来描述的，因而存在关系与关系之间的引用。这种引用可通过外键来实现。

设关系 R 有一外键 X，则 R 中某一元组 t 的外键值为 $t[X]$，X 引用另一关系 S（可以是 R 本身）的主键 K，引用完整性约束要求

$$t[X] = \begin{cases} t'[K] & (t' \text{ 为 } R' \text{ 中的元组}) \\ \text{NULL} & \end{cases}$$

也就是说，外键要么是空缺的，要么引用实际存在的主键值。例如，如果在关系 SC 中有一个元组（04001001，990101，96），其中试图引用关系 Course 中不存在的课程号 990101，就违反了引用完整性规则。

3. 用户定义的完整性规则

用户定义的完整性是针对某个具体的关系数据库的约束条件，反映的是具体应用涉及到的数据所应满足的语义要求。例如，将学生的"年龄"限制在 10～30 之间，规定某些属性值之间必须满足一定的函数关系等。关系模型应提供定义和检验这种完整性的机制，以便用统一的方法进行处理（不要由应用程序承担这一功能）。

2.2　关系运算

关系模型提供一组完备的关系运算，以支持对关系数据库的检索和修改（插入、更新和删除）操作。关系运算方法分为关系代数和关系演算两类：前者以集合代数运算方法

对关系进行数据操作,后者则以谓词表达式来描述关系操作的条件和要求。

关系代数以一个或多个关系为运算对象,运算结果产生新的关系,所使用的运算符有集合运算符、专门的关系运算符、比较运算符和逻辑运算符,其中后两种是在专门的关系运算中起辅助作用的,故关系代数运算可按运算符分为两类:一类是传统的集合运算,将关系看作元组的集合,其运算是纵(行)向进行的;另一类是专门的关系运算,既可纵向也可横(列)向进行。

关系演算是用谓词演算来表达操作请求的关系运算方法,可按使用的变量而分为两类,即元组关系演算和域关系演算,分别以元组变量和域变量(元组变量的分量)作为谓词变元的基本对象。可以证明,元组关系演算、域关系演算与关系代数在表达能力上是等价的。

关系演算通过形式化语言来表达关系操作,只需要说明所要得到的结果而无须标明操作过程,故基于关系演算的数据库语言是非过程化的。比较而言,在关系代数中指定操作请求时必须标明操作的序列,故基于关系代数的数据库语言是过程化的语言。

2.2.1 传统的集合运算

传统的集合运算是双目运算,即两个集合的运算。关系代数中的集合运算就是以传统的集合运算方法来进行关系运算的,包括并、交、差和广义笛卡儿积4种运算。

如果关系 R 和关系 S 同为 n 度(都有 n 个属性),且相应属性取自同一个域,则 R 和 S 是并相容的。两个并相容的关系可进行并、交和差运算。

1. 并

关系 R 和关系 S 的"并"是将两个关系中所有元组合并,删去重复元组,组成一个新关系(度仍为 n)。新关系中的元组 t 或属于 R,或属于 S。记作

$$R \cup S = \{t \mid t \in R \vee t \in S\}$$

2. 差

关系 R 和关系 S 的"差"是从 R 中删去与 S 中相同的元组,组成一个新关系(度仍为 n)。新关系中的元组 t 属于 R 而不属于 S。记作

$$R - S = \{t \mid t \in R \wedge t \notin S\}$$

3. 交

关系 R 和关系 S 的"交"是从 R 和 S 中取相同的元组,组成一个新关系(度仍为 n)。新关系中的元组 t 既属于 R 又属于 S。记作

$$R \cap S = \{t \mid t \in R \wedge t \in S\}$$

4. 广义笛卡儿积

设关系 R 和关系 S 分别为 n 目和 m 目关系,R 和 S 的广义笛卡儿积(叉积)是一个

$(n+m)$ 列的元组的集合。元组前 n 列是关系 R 的一个元组，后 m 列是关系 S 的一个元组。如果 R 有 k_1 个元组，S 有 k_2 个元组，则 R 和 S 的广义笛卡儿积有 $k_1 \times k_2$ 个元组。记作

$$R \times S = \{\widehat{t_r t_s} \mid t_r \in R \land t_s \in S\}$$

设 R 为 n 目关系，S 为 m 目关系，$t_r \in R$，$t_s \in S$，则 $\widehat{t_r t_s}$ 称为元组的连接。它是一个 $n+m$ 列元组，前 n 个分量为 R 中一个 n 元组，后 m 个分量为 S 中一个 m 元组。

【注】 广义笛卡儿积也是二元集合操作，但不要求操作对象(关系)是并相容的。

例 2-3 设 R 和 S 为参加运算的两个关系，它们具有相同的度 n(都有 n 个属性)，且相对应的属性值取自同一个域，如图 2-6 所示。

R	A	B	C
	a_1	b_1	c_1
	a_1	b_2	c_2
	a_2	b_2	c_1

S	A	B	C
	a_1	b_2	c_2
	a_1	b_3	c_2
	a_2	b_2	c_1

图 2-6 参加集合运算的两个关系

关系 R 和关系 S 的并、差、交运算结果及广义笛卡儿积如图 2-7 所示。

$R \cup S$

A	B	C
a_1	b_1	c_1
a_1	b_2	c_2
a_2	b_2	c_1
a_1	b_3	c_2

$R - S$

A	B	C
a_1	b_1	c_1

$R \cap S$

A	B	C
a_1	b_2	c_2
a_2	b_2	c_1

$R \times S$

A	B	C	A	B	C
a_1	b_1	c_1	a_1	b_2	c_2
a_1	b_1	c_1	a_1	b_3	c_2
a_1	b_1	c_1	a_2	b_2	c_1
a_1	b_2	c_2	a_1	b_2	c_2
a_1	b_2	c_2	a_1	b_3	c_2
a_1	b_2	c_2	a_2	b_2	c_1
a_2	b_2	c_1	a_1	b_2	c_2
a_2	b_2	c_1	a_1	b_3	c_2
a_2	b_2	c_1	a_2	b_2	c_1

图 2-7 关系 R 和关系 S 的并、差、交运算结果及广义笛卡儿积

2.2.2 专门的关系运算

通过传统的集合运算方法可以实现关系数据库的许多基本操作。例如，元组的插入(或添加)操作可通过关系的并运算来实现；元组的删除操作可通过关系的差运算来实现；元组的更新操作可通过先删除后插入，即先差运算再并运算来实现。但是，传统的集合运算方法无法实现关系数据库的检索操作(最重要的数据操作)，这要用专门的关系运算来实现。

专门的关系运算包括选择、投影、连接和除运算。

1. 选择

选择运算就是在关系中选取满足给定条件的所有元组。记作

$$\sigma_F(R) = \{t \mid t \in R \wedge F(t) \text{ 为真}\}$$

其中,σ 为选择命令,R 为运算对象即关系,F 为条件表达式。F 通常由各种比较运算符、逻辑运算符来联结关系中的某些属性、变量和常数构成。它们应有相同的数据类型。其值为逻辑真或逻辑假。

例如,在关系

Student(学号,姓名,性别,班级,班主任,籍贯)

中,查询籍贯为"河北"的学生(元组)的选择运算表达式为

$$\sigma_{籍贯="河北"}(\text{Student})$$

2. 投影

所谓投影,就是从关系中取出若干属性,消去重复元组后,组成一个新关系。记作

$$\Pi_X(R) = \{t[X] \mid t \in R\}$$

其中,Π 为投影命令,R 为运算对象,X 为一组属性(要从关系 R 中取出的那些属性)。投影之后属性减少了,形成新的关系型,故要给以不同的关系名。

例如,在关系 Student 中,查询学生姓名和所在班级(求关系在这两个属性上的投影)的投影运算表达式为

$$\Pi_{姓名,班级}(\text{Student})$$

或

$$\Pi_{2,4}(\text{Student})$$

应该注意的是,投影之后不仅取消了某些属性,而且自动取消了那些因属性减少而形成的重复的元组。

3. 连接

连接就是从关系的广义笛卡儿积中选取满足条件的元组,组成一个新关系。记作

$$R \underset{X\theta Y}{\bowtie} S = \{\widehat{t_r t_s} \mid t_r \in R \wedge t_s \in S \wedge t_r[X] \theta t_s[Y]\}$$

其中,X 和 Y 分别为关系 R 和关系 S 上度数相等且可比的属性组。θ 为比较运算符($=$、$\neq$、$>$、$\geqslant$、$<$、$\leqslant$)。连接运算将 X 属性组的值与 Y 属性组的值进行 θ 运算,并从 R 和 S 的广义笛卡儿积 $R \times S$ 中选取那些能使 θ 运算的结果为真值的元组。

设 R 有 m 个元组,S 有 n 个元组,则在 R 与 S 连接的过程中要访问 $m \times n$ 个元组:先将 R 中第 1 个元组逐个与 S 中各元组比较,符合条件的两个元组首尾相连纳入新关系,一轮进行 n 次比较;再将 R 中第 2 个元组逐个与 S 中各元组比较……,共进行 m 轮扫描。可见,连接运算花费的时间较多。

如果运算符 θ 为"$=$"(等号),即连接条件为相等条件,则称为等值连接。等值连接从关系 R 和关系 S 的广义笛卡儿积中选取 X、Y 两个属性组的值相等的元组,记作

$$R \underset{X=Y}{\bowtie} S = \{\widehat{t_r t_s} \mid t_r \in R \wedge t_s \in S \wedge t_r[X] = t_s[Y]\}$$

如果是相同属性组(如同名属性)的等值连接,则称为自然连接。自然连接的结果关系中重复的属性将会去掉。如果 R 和 S 具有相同的属性组 Y,则自然连接记作

$$R \bowtie S = \{\widehat{t_r t_s} \mid t_r \in R \wedge t_s \in S \wedge t_r[Y] = t_s[Y]\}$$

例 2-4 图 2-8 给出了关系 R、关系 S 以及 R 和 S 的 3 次连接运算的结果。

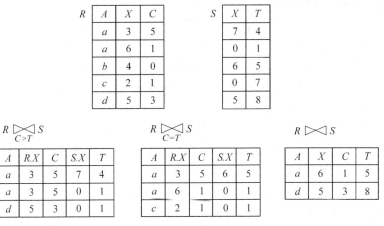

图 2-8 两个关系及其连接运算结果

因为两个关系中有同名属性,故结果关系中的同名属性之前添上相应的关系名加以区分。另外,图中的自然连接的条件是 $X = X$,自然连接的结果关系中省略了重复的属性。

4. 除

除运算是一种比较复杂的综合运算。为了便于理解,先举一个例子:

例 2-5 按如图 2-9 所示关系 COUR 和关系 SC,求哪位学生选修了全部 3 门课程。

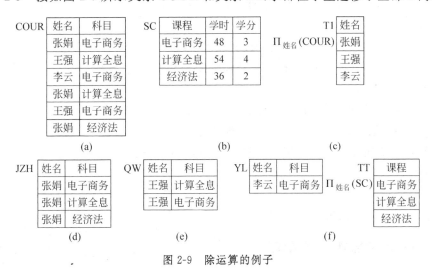

图 2-9 除运算的例子

本题的实质为将关系 COUR 除以关系 SC,求得商关系。已知条件为:

- 被除关系　COUR(姓名,科目),其中科目为"被除属性"。
- 除关系　SC(课程,学时,学分),其中课程为"除属性"。

可以看出,被除属性和除属性是并兼容的。

求解步骤如下所述。

(1) 被除关系在非被除属性上投影:$\Pi_{姓名}$(COUR) $\Rightarrow$ T1。

(2) 循环:按第(1)步的结果执行以下操作。

① 第1遍:处理第1个元组{'张娟'}。

- 在被除关系上选择:$\sigma_{姓名='张娟'}$(COUR) $\Rightarrow$ JZH。
- 在被除属性上投影:$\Pi_{科目}$(JZH)={(电子商务),(计算全息),(经济法)}。

② 第2遍:处理第2个元组{'王强'}。

- 在被除关系上选择:$\sigma_{姓名='王强'}$(COUR) $\Rightarrow$ QW。
- 在被除属性上投影:$\Pi_{科目}$(QW)={(电子商务),(计算全息)}。

③ 第3遍:处理第3个元组{'李云'}。

- 在被除关系上选择:$\sigma_{姓名='李云'}$(COUR) $\Rightarrow$ YL。
- 在被除属性上投影:$\Pi_{科目}$(QW)={(电子商务)}。

(3) 除关系在除属性上投影:$\Pi_{课程}$(SC) $\Rightarrow$ TT={(电子商务),(计算全息),(经济法)}。

(4) 循环:逐个求商关系中的元组(第(2)步结果与第(3)步结果对照)。

- 第1遍:$\Pi_{科目}$(JZH)=TT $\Rightarrow$ A$_1$(RESULT)='张娟'。
- 第2遍:$\Pi_{科目}$(QW)≠TT。
- 第3遍:$\Pi_{科目}$(YL)≠TT。

至此,求得关系 COUR 除以关系 SC 的商关系,如图 2-10 所示。

在给出除运算的形式化定义之前,先给出象集的定义:

设关系为 $R(X, Z)$,X 和 Z 为属性组,$t[X]=x$。则 x 在 R 中的象集为

RESULT	姓名
	张娟

图 2-10　商关系

$$Z_x = \{t[Z] \mid t \in R, t[X] = x\}$$

它表示 R 中的属性组 X 上值为 x 的各元组在 Z 上分量的集合。

除运算的定义如下:

给定关系 $R(X,Y)$ 和 $S(Y,Z)$,其中 X、Y、Z 为属性组,R 中的 Y 与 S 中的 Y 可不同名,但须来自相同的域集。R 和 S 的除运算得到一个新的关系 $P(X)$,P 是 R 中满足下列条件的元组在 X 属性列上的投影,元组在 X 上分量值 x 的象集 Y_x 包含 S 在 Y 上投影的集合。记作

$$R \div S = \{t_r[X] \mid t_r \in R \wedge \Pi_y(S) \subseteq Y_x\}$$

其中,Y_x 为 x 在 R 中的象集,$x=t_r[X]$

5. 关系代数操作的完备集

关系代数运算集合{σ、Π、$\cup$、$-$、$\times$}已被证明是一个完备集合。任何其他关系代数运算都可以用这几种运算构成的操作序列来表示。例如,交运算可以使用并运算和差运

算序列来表示。

$$R \cap S = (R \cup S) - ((R - S) \cup (S - R))$$

也就是说,交操作可有可无,定义交操作只是为了操作方便。

类似地,一个连接运算可以指定为一个笛卡儿积后跟一个选择运算。

$$R \underset{X\theta Y}{\bowtie} S = \sigma_{X\theta Y}(R \times S)$$

2.2.3 扩充的关系代数运算

在实际的 RDBMS 中,有些常见的数据库操作不能用前面介绍的基本关系代数运算来实现。下面介绍最常见的两种操作,即外连接和外并。

1. 外连接

两个关系 R 和 S 进行自然连接时,只有符合连接条件的所谓匹配元组才能纳入结果关系,不满足连接条件的元组则被舍弃了。外连接与连接的区别在于保留非匹配元组,并在非匹配元组(找不到可匹配的元组)的空缺部分填上 Null(空值)。

有 3 种外连接:

(1) 左外连接。连接结果中只纳入左关系的所有元组。记作

$$R \rtimes S$$

(2) 右外连接。连接结果中只纳入右关系的所有元组。记作

$$R \ltimes S$$

(3) 全外连接。连接结果中纳入左右两关系的所有元组。记作

$$R \bowtie S$$

例 2-6 图 2-11 中,给出了关系 R 和关系 S,以及它们的自然连接、左外连接、右外连接和全外连接操作结果。

R

A	X	Y
a	2	3
b	2	6
c	1	4

S

X	Y	B
2	3	d
2	3	e
1	4	b
5	6	g

$R \bowtie S$

A	X	Y	B
a	2	3	d
a	2	3	e
c	1	4	b

$R \rtimes S$

A	X	Y	B
a	2	3	d
a	2	3	e
c	1	4	b
b	2	6	null
null	5	6	g

$R \ltimes S$

A	X	Y	B
a	2	3	d
a	2	3	e
c	1	4	b
b	2	6	null

$R \bowtie S$

A	X	Y	B
a	2	3	d
a	2	3	e
c	1	4	b
null	5	6	g

图 2-11 外连接操作的例子

例 2-7 根据给定的关系 R 和关系 S,列出所有课程名及其选修课程名。

设
$$\begin{cases} R = \Pi_{\text{课程名,选修课程号}}(\text{Course}) \\ S = \Pi_{\text{课程名,课程号}}(\text{Course}) \end{cases}$$

R 表示课程名与选修课程号的关系,对于无选修课程的课程,其选修课程号为 NULL;对于有多门选修课程的课程,每门选修课程用一个元组表示。S 是课程名与课程号的对照表,通过 R 与 S 的连接,可将选修课程号映射到相应的课程名。可以使用外连接来列出所有课程名,包括无选修课程的课程名,表达式为

$$\Pi_{R.\text{课程名},S.\text{选修课程号}}(R \underset{\text{选修课程号}=\text{课程号}}{\bowtie} S)$$

2. 外并

外并是并运算的扩展,可以对非并相容的两个关系 R 和 S 进行并运算。如果 R 和 S 的关系模式不同,构成的新关系的属性由 R 和 S 的属性组成(公共属性只取一次),新关系的元组由属于 R 或属于 S 的元组构成,此时元组应在新增加的属性上填上 NULL。

例 2-8 图 2-12 所示为图 2-11 中给出的关系 R 和关系 S 的外并运算的结果。

A	X	Y	B
a	2	3	null
b	2	6	null
c	1	4	null
null	2	3	d
null	2	3	e
null	1	4	b
null	5	6	g

图 2-12　GNOME 桌面

2.2.4　元组关系演算

元组关系演算以元组为变量,元组演算表达式的一般形式为

$$\{t[\langle \text{属性表} \rangle] \mid P(t)\}$$

其中,t 是元组变量,既可以整个 t 作为查询对象,也可查询 t 中的某些属性。如果是查询整个 t,则可省去属性表。$\varphi(t)$ 是 t 应满足的谓词。

例 2-9 在图 2-13 中,给出了关系 R、关系 S 及其元组关系演算的结果关系 R-S,其中 R_S 是按

$$R\_S = \{t \mid R(t) \land \neg S'(t)\}$$

计算得到的。

R	A	B	C
	1	2	3
	4	5	6
	7	8	9

S	A	B	C
	1	2	3
	3	4	6
	5	6	9

R_S	A	B	C
	4	5	6
	7	8	9

图 2-13　两个关系及其元组关系演算结果

例 2-10 设关系模式为

Student(学号,姓名,性别,班级,班主任,籍贯)

则查询籍贯为“河北”的女学生姓名的元组关系演算表达式为

$$\{t[\text{姓名}] \mid t \in \text{Student} \text{ AND } t.\text{性别} = '女' \text{ AND } t.\text{籍贯} = '河北'\}$$

例 2-11　用元组关系演算来表示关系代数中的投影、选择和并运算。

假定关系模式为 $R(XYZ)$，则

(1) 关系 R 上的投影运算

$$\Pi_{XY}(R) = \{t[XY] \mid t \in R\}$$

(2) 关系 R 上的选择运算

$$\sigma_F(R) = \{t \mid t \in R \text{ AND } F\}$$

(3) 设 R、S 为 $R(XYZ)$ 的两个值（两个关系），则差运算

$$R\text{-}S = \{t \mid t \in R \text{ AND } \neg(t \in S)\}$$

【注】　$R(XYZ)$ 是简写方式，表示 R 是具有 A、B、C 这 3 个属性的关系模式。

E. F. Codd 提出的 ALPHA 语言是一种典型的元组关系演算语言。该语言有 GET、PUT、HOLD、UPDATE、DELETE、DROP 这 6 条语句，语句的一般格式为

操作语句　工作空间名（表达式表）：操作条件

其中，工作空间名表示存放结果的用户工作区，可理解为结果关系名；表达式用于指定语句的操作对象，可以是关系名或属性名；操作条件（可为空）是一个逻辑表达式，用于将操作对象限定在满足条件的元组中。

例 2-12　设有两个关系模式：

NStu（学号，姓名，性别，年龄，班级，入学总分）
SC（学号，课程号，成绩）

则可使用 GET 语句（模仿 ALPHA 语言）实现检索操作。

(1) 查询所有学生

GET W (NStu)

(2) 查询核 41 班年龄小于 20 岁的学生的学号和年龄

GET W (NStu. 学号，NStu. 年龄)：NStu. 班级 = ′核 41′ ∧ NStu. 年龄 < 20

(3) 查询核 41 班学生的姓名

RANGE NStu X
GET W (X. 姓名)：X. 班级 = ′核 41′

其中 X 是用 RANGE 说明的元组变量，可用来代替指定的关系名 NStu。

(4) 查询选修了 010733 号课程的学生的姓名

RANGE SC X
GET W (Student. 姓名)：∃X(X. 学号 = Student. 学号 ∧ X. 课程号 = ′010733′)

其中 ∃X 表示"存在一个 X"（∃ 符号为存在量词）。元组变量 X 是为存在量词而设的。

2.2.5 域关系演算

域关系演算以域为变量，域演算表达式的一般形式为
$$\{< x_1, x_2, \cdots, x_n > \mid \phi(x_1, x_2, \cdots, x_n, x_{n+1}, \cdots, x_{n+m})\}$$
式中 $x_1, x_2, \cdots, x_n, x_{n+1}, \cdots, x_{n+m}$ 为域变量，其中前 n 个域变量 $x_1, x_2, \cdots, x_n$ 出现在结果中，其他 m 个不出现在结果而出现在谓词 P 中。域演算表达式表示所有使得 ϕ 为真的那些 $x_1, x_2, \cdots, x_n, x_{n+1}, \cdots, x_{n+m}$ 组成的元组集合。

例 2-13　在图 2-14 中，给出了关系 R、关系 S 及其域关系演算的结果关系 Rxy 和 RSy。其中 Rxy 和 RSy 是分别按
$$Rxy = \{xyz \mid R(xyz) \wedge x < 5 \wedge y > 3\}$$
和
$$RSy = \{xyz \mid R(xyz) \vee S(xyz) \wedge y = 4\}$$
计算得到的。

R	A	B	C
	1	2	3
	4	5	6
	7	8	9

S	A	B	C
	1	2	3
	3	4	6
	5	6	9

Rxy	A	B	C
	4	5	6

RSy	A	B	C
	1	2	3
	4	5	6
	7	8	9
	3	4	6

图 2-14　关系 R、关系 S 及其域关系演算的结果

例 2-14　设关系模式为

SC(学号，课程号，成绩)

则查找成绩在 90 分以上的学生的学号和课程号的域演算表达式为
$$\{\langle x, y\rangle \mid (\exists z)(\text{SC}(x, y, z) \text{ AND } z > 90\}$$
当 $\langle x, y, z\rangle$ 是 SC 中的一个元组时，谓词 SC(x, y, z) 为真。

在域关系演算语言中，由 M. M. Zloof 于 1975 年提出，并于 1978 年在 IBM 370 机上实现的按例查询(query by example, QBE)是一种很有特色的产品。QBE 最突出的特点是操作方式，它是一种高度非过程化的基于屏幕表格的查询语言，用户通过终端屏幕程序，以填写表格的方式构造查询要求，而查询结果也以表格形式显示，非常直观易用。

2.3　关系数据库的数据定义与操纵

用户使用数据库时，要对数据库进行各种各样的操作，如查询、添加、删除、更新数据，以及定义、修改数据模式等。DBMS 必须为用户提供操纵数据库的界面。

目前,关系数据库都配有非过程关系数据库语言,其中应用最广的是 SQL 语言。SQL 语言于 20 世纪 70 年代初出现,现已成为关系数据库的标准语言,被国际标准化组织(International Organization for Standardization,ISO)命名为国际标准数据库语言 SQL。

SQL 是一种介于关系代数和关系演算之间的结构化查询语言。它提供了数据定义、数据查询、数据操纵和数据控制语句,是一种综合性的数据库语言,可以独立完成数据库生命周期中的全部活动。用户可直接输入 SQL 命令来操纵数据库,也可将其嵌入高级语言(如 C、Pascal、Java 等)程序中使用。目前流行的各种 RDBMS 一般都支持 SQL 或提供 SQL 接口。而且,它的影响已经超出数据库领域,扩展到了其他领域。

与 SQL 语言的命令行人机交互方式不同,Microsoft Access 提供的是图形用户界面。Access 数据库的数据定义、数据查询和数据更新都是以可视化方式,通过菜单、工具栏、对话框进行的。Access 提供了一系列模板和向导,可以帮助用户更好地创建和使用数据库。

2.3.1 SQL 语言的数据定义

数据定义是对关系模式一级的定义。SQL 语言支持三级模式结构,如图 2-15 所示。其中外模式对应于视图和部分基表,模式对应于基表,内模式对应于存储文件。

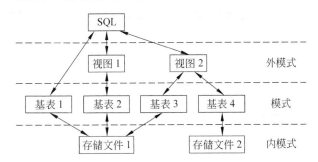

图 2-15　SQL 对关系数据库模式的支持

用户可使用 SQL 语言对基表和视图进行查询或其他操作。基表是实际存储数据的关系,可一个也可多个基表对应一个存储文件。视图是由基表导出的关系(虚表),数据库中只存放其定义,而所涉及的数据仍在相应基表中。一个基表可带若干个索引,索引也存放在存储文件中。存储文件的逻辑结构组成了关系数据库的内模式,物理结构对用户是透明的。

1. 定义基表

定义一个基表相当于建立一个新的关系模式,即尚未输入数据的关系框架,系统将基表的数据描述存入数据字典中,供系统或用户查阅。

定义基表就是指定表的(关系)名称、表中包含的各个属性的名称、数据类型,以及属性和表的完整性约束条件。SQL 语言用 CREATE TABLE 语句定义基表,其一般形

式为

```
CREATE TABLE〈表名〉(
       〈列名1〉〈数据类型〉[〈列级完整性约束条件〉]
       〈列名2〉〈数据类型〉[〈列级完整性约束条件〉]
              ⋮
       〈列名 n〉〈数据类型〉[〈列级完整性约束条件〉]
       [〈表级完整性约束条件〉]
);
```

【注】 尖括号"〈〉"中为必有内容,方括号"[]"中为可选内容。

例 2-15 创建 Course 表,它由课程号、课程名、学分和任课教师 4 个属性组成,其中课程号不能为空,值是惟一的。

```
CREATE TABLE Course (
       课程号      CHAR(6) NOT NULL UNIQUE PRIMARY KEY,
       课程名      CHAR(10),
       学分        INTEGER,
       任课教师    CHAR(8));
```

其中,CHAR(6)表示数据类型是长度为 6 的文本(字符串),NOT NULL 表示不能取空值,UNIQUE 表示值不能重复(创建无重复值的索引),PRIMARY KEY 表示设为主键。

例 2-16 创建 SC 表,它由学号、课程号和成绩 3 个属性组成,其中属性组(学号,课程号)为主键。

```
CREATE TABLE SC (
       学号    CHAR(8) NOT NULL,
       课程号    CHAR(6) NOT NULL,
       成绩    SMALLINT,
       PRIMARY KEY(学号,课程号));
```

2. 修改基表

随着应用环境和应用需求的变化,有时需要修改已建立好的基表,SQL 语言用 Alter Table 语句修改基表。可以设置主键、添加列、删除列、修改列名或数据类型等。

例 2-17 修改刚创建的课程表。

(1) 添加日期型的学时属性。

```
ALTER TABLE 课程 ADD 学时 DATE;
```

(2) 将学分属性修改为短整型。

```
ALTER TABLE 课程 ALTER 学分 SMALLINT;
```

(3) 删除刚添加的学时属性。

```
ALTER TABLE 课程 DROP 学时;
```

3. 建立索引

为了加快查询速度,可以在基表上建立一个或多个索引,系统在存取数据时会自动选择合适的索引作为存取路径。

建立索引使用 CREATE INDEX 语句,其一般形式为

CREATE［UNIQUE｜INDEX 索引名
      ON 基表名(列名［ASC/DESC］,列名［ASC/DESC］…);

其中,ASC 表示升序,DESC 表示降序,UNIQUE 表示索引关键字的值不重复。

例 2-18　在刚创建的选课表中的"成绩"属性上创建不重复索引。

CREATE UNIQUE INDEX GradeCour ON 选课(成绩);

4. DROP 语句

DROP 语句用于删除数据库中现有的表、过程或视图,或者删除表中现有的索引。删除基表的语句的一般形式为

DROP TABLE〈表名〉;

删除索引的语句的一般形式为

DROP INDEX〈索引名〉ON〈表名〉;

例 2-19　删除刚创建的 GradeCour 索引。

DROP INDEX GradeCour ON 选修;

2.3.2　SQL 语言的数据查询

查询是数据库的核心操作。SQL 语言用 SELECT 语句执行查询,其一般形式为

SELECT［ALL｜DISTINCT］〈目标列表达式列表〉
FROM〈基表名或视图名列表〉
［WHERE〈条件表达式〉］
［GROUP BY〈列名 1〉［HAVING〈条件表达式〉］］
［ORDER BY〈列名 2〉［ASC｜DESC］］

SELECT 语句中各部分的功能如下所述。

- SELECT 子句:指定查询的目标,DISTINCT 意为去掉重复的行。
- FROM 子句:指定查询目标及 WHERE 子句中涉及的所有"关系"名称。
- WHERE 子句:指定查询目标必须满足的条件。
- GROUP BY 子句:指定按其值分组的属性,如果分组后还要按一定条件对这些组进行筛选,则可使用 HAVING 短语指定筛选条件。

- ORDER BY 子句：对查询结果提出排序要求，ASC 和 DESC 分别表示升序和降序。

SELECT 语句的含义是：根据 WHERE 子句中的条件，从 FROM 子句指定的基表或视图中找出满足条件的元组，再按 SELECT 子句指定的目标列，选出元组中的属性值形成结果表。若包含 GROUP 子句，则结果按〈列名 1〉分组，该列上值相等的元组分为一组，通常会在每组中使用集函数。若有 ORDER 子句，则结果按〈列名 2〉排成升序或降序。

下面以描述学生情况的 Student 表、描述课程情况的 Course 表以及描述学生选课情况的 SC 表（见 2.3.1 节）为例，说明 SELECT 语句的用法。设前两个表的关系模式分别为

Student(学号，姓名，性别，年龄，班级)
Course(课程号，课程名，学分，任课教师)

例 2-20 选择表中若干列。

(1) 查询全体学生的详细记录（列出 Student 表的全部内容）。

```
SELECT *
FROM Student；
```

其中，"*"符号表示所有列名。

(2) 查询全体学生的学号与姓名（列出所有元组中学号和姓名属性的值）。

```
SELECT 学号，姓名
FROM Student
```

(3) 查询全体学生的姓名及其出生年份。

```
SELECT 姓名，'出生年份：'，Year(出生年份)
FROM Student；
```

其中，SELECT 子句中第 2 项不是列名而是一个字符串常量（原样显示）。第 3 项也不是列名而是一个计算表达式，它调用 Year 函数，从日期型属性值中求出年份。

设 Student 表的内容如图 2-16(a)所示，则查询结果如图 2-16(b)所示。

Student	学号	姓名	性别	出生年月	班级
	05100103	张卫	男	1987-1-1	材料52
	05800101	王袁	女	987-1-10	能动51
	05800102	林乾	男	986-12-2	信息51
	05800101	李玉	女	1986-7-1	信息51

(a)

姓名	出生年份	Year(出生年月)
张卫	出生年份：	1987
王袁	出生年份：	1987
李玉	出生年份：	1986
林乾	出生年份：	1986

(b)

图 2-16 Student 表及其查询结果

例 2-21 选择表中若干元组。

(1) 查询信息 51 班学生的情况（列出 Student 表中所有信息 51 班学生的元组）。

```
SELECT *
```

FROM Student

WHERE 班级＝'信息 51'；

（2）查询信息 51 班选修了课程的女学生的学号。

SELECT DISTINCT 学号

FROM SC

WHERE 班级＝'信息 51' AND 性别＝'女'；

其中,DISTINCT 限定学号相同的记录只显示一个,AND 是逻辑与运算符。

（3）查询年龄在 20～23 岁之间的学生的姓名、班级和年龄。

SELECT 姓名,班级,年龄

FROM Student

WHERE 年龄 BETWEEN 20 AND 23；

其中,谓词 BETWEEN...AND...用于指定查找范围。

（4）查询选修了 050012 号课程的学生的学号和成绩,查询结果按成绩降序排列。

SELECT 学号,成绩

FROM SC

WHERE 课程号＝'050012'

ORDER BY 成绩 DESC；

降序排列时最先显示含空值的元组。

（5）查询信息 51、计数 41、高电压 41 学生的姓名和性别。

SELECT 姓名,性别

FROM Student

WHERE 班级 IN('信息 51','计数 41','高电压 41')；

谓词 IN 用于查找属性值属于指定集合的元组。

（6）查询所有姓"张"的学生的姓名和性别。

SELECT 姓名,性别

FROM Student

WHERE 姓名 LIKE '张％'；

谓词 LIKE 用于指定一个字符串的框架,以便查找指定属性的值相匹配的元组（模糊查询）,可使用"％"代表一串字符,下划线"_"代表一个字符。

例 2-22 使用集函数。

SQL 语言提供了一些集函数,检索时可用于计算一列中值的总和、平均值、最大值、最小值以及统计元组个数等。

（1）查询信息 51 班学生人数。

SELECT COUNT（＊）

FROM Student

WHERE 班级＝'信息 51'；

（2）查询选修了课程的女学生人数。

SELECT COUNT(DISTINCT 学号)
FROM SC
WHERE 性别='女';

（3）查询选修了 050012 号课程的学生的平均成绩。

SELECT AVG(成绩)
FROM SC
WHERE 课程号='050012';

例 2-23　查询结果分组。
（1）求各个课程号及相应的选课人数。

SELECT 课程号，COUNT(学号)
FROM SC
GROUP BY 课程号;

（2）查询选修了 3 门以上课程的学生的学号。

SELECT 学号
FROM SC
GROUP BY 学号 HAVING COUNT(*)>3;

WHERE 子句与 HAVING 短语的区别在于作用对象不同。前者用于从基表或视图中选择满足条件的元组,后者用于选择满足条件的组。

2.3.3　SQL 语言的连接查询与子查询

在数据查询中,经常涉及两个或多个表中的数据,这就需要使用表的连接来实现若干个表中数据的联合查询。其一般形式为

SELECT 列名 1, 列名 2, …
FROM SC 表 1, 表 2, …
WHERE 连接条件;

由于连接的多个表通常存在公共列,故连接条件中以表名前缀指定连接列。

当一个查询是另一个查询的条件,即从表中选取数据行的条件依赖于该表本身或其他表的联合信息时,需要使用子查询来实现。子查询可使用几个简单命令构成功能较强的复合命令。子查询最常用于 Select 语句的 Where 子句中。

例 2-24　连接查询。
（1）查询每个学生及其选修课程的情况(等值连接)。

学生情况要在 Student 表中查询,学生选课情况要在 SC 表中查询,故本查询涉及这两个表,它们之间通过公共属性学号建立联系。

SELECT Student. * , SC. *

FROM Student，SC

WHERE Student.学号＝SC.学号；

执行这个连接操作的过程是：先找到 Student 表中第 1 个元组，逐个与 SC 表中所有元组比较，遇到学号相等的元组时，两个元组拼接纳入结果表中；再找到 Student 表中第 2 个元组，仍与 SC 表中元组逐个比较，并在学号相等时拼接纳入结果表中；重复上述操作，直到 Student 表中全部元组处理完毕为止。

设 Student 表、SC 表的内容如图 2-17(a)和图 2-17(b)所示，则查询结果如图 2-17(c)所示。

SC	学号	课程号	成绩
	05100103	050512	80
	05800101	050512	86
	05800101	090408	88
	05800101	202002	91
	05800102	050512	93
	05800102	090408	92

Student	学号	姓名	性别	出生年月	班级
	05100103	张卫	男	1987-1-1	材料52
	05600101	王裹	女	1987-1-10	能动51
	05800102	林乾	男	1986-12-2	信息51
	05800101	李玉	女	1986-7-1	信息51

(a) (b)

Student.学号	姓名	性别	出生年月	班级	SC.学号	课程号	成绩
05800101	李玉	女	1986-7-1	信息51	05800101	050512	86
05800101	李玉	女	1986-7-1	信息51	05800101	090408	88
05800101	李玉	女	1986-7-1	信息51	05800101	202002	91
05800102	林乾	男	1986-12-2	信息51	05800102	050512	93
05800102	林乾	男	1986-12-2	信息51	05800102	090408	92
05100103	张卫	男	1987-1-1	材料52	05100103	050512	80

(c)

图 2-17 两个基表及其连接查询的结果

（2）使用自然连接，查询每个学生及其选修课程的情况。

如果在等值连接时，将目标列中重复的属性列去掉，则为自然连接。用自然连接完成上例的语句为

SELECT Student.学号，姓名，性别，出生年月，班级，课程号，成绩

FROM Student，SC

　　WHERE Student.学号＝SC.学号；

由于学号属性列在两个表中都出现了，故引用时需要加上表名前缀。其他属性列在各自所属的表中都是惟一的，故引用时可去掉表名前缀。

（3）查询每门课程的间接选修课（选修课的选修课）。

在 Course 表中，只能找到每门课的直接选修课程号，要得到间接选修课程号，必须先找到课程的选修课程号，再找这个选修课的选修课程号，这就要将 Course 表与其自身连接。为清楚起见，可给 Course 表取两个别名：Cour_1 和 Cour_2。

SELECT Cour_1.课程号，Cour_2.选修课

FROM Course AS Cour_1，Course AS Cour_2

WHERE Cour_1.选修课＝Cour_2.课程号

　　AND Cour_2.选修课 is NOT NULL；

其中指定的连接条件是：两个表（一个表使用了两次）中来自同一个域的属性列的值相等，且"选修课"属性列的值不为空。

设 Course 表的内容如图 2-18(a)所示,则查询结果如图 2-18(b)所示。

图 2-18 Course 表及其自身连接的结果

例 2-25 子查询。

(1) 查询与"李玉"同在一个班的学生。

```
SELECT 学号,姓名
FROM Student
WHERE 班级 IN
    (SELECT 班级
     FROM Student
     WHERE 姓名='李玉');
```

其中,SELECT 语句的 WHERE 子句中又嵌入了另一个 SELECT 语句,上层的称为父查询,下层的称为子查询。嵌套查询的一般求解方法是由里向外处理,即每个子查询在上一层查询处理之前求解,子查询的结果用于建立父查询的查找条件。本例中,内嵌的子查询执行后,相当于条件成为

班级='信息 51'

由于一个学生只属于一个班级,子查询的结果是一个值,故可用"＝"代替 IN。

查询结果如图 2-19(a)所示。

(2) 查询比信息 51 班所有学生出生年份都小的其他班学生的姓名及出生年月。

```
SELECT 姓名,出生年月
FROM Student
WHERE YEAR(出生年月)<ALL
        (SELECT 出生年月
         FROM Student
         WHERE 班级='信息 51')
    AND 班级<>'信息 51';
```

查询结果如图 2-19(b)所示。

(3) 查询选修了 050512 号课程的学生的学号和姓名。

该查询要在两个基表中检索,查询结果如图 2-19(c)所示,查询语句有多种写法。

① 连接查询。

```
SELECT Student.学号,姓名
FROM Student,SC
WHERE Student.学号＝SC.学号
```

AND 课程号＝'050512';

图 2-19　嵌套查询（子查询）的结果

② 嵌套查询。

SELECT 学号，姓名
FROM Student
WHERE 学号 IN
　　（SELECT 学号
　　　FROM SC
　　　WHERE 课程号＝'050512'）;

③ 嵌套查询的另一种写法。

SELECT 学号，姓名
FROM Student
WHERE '050512' IN
　　（SELECT 课程号
　　　FROM SC
　　　WHERE SC.学号＝Student.学号);

这个查询语句中嵌入的子查询称为"相关子查询"，子查询中的查询条件依赖于外层查询中的值，而且子查询的处理不止一次，要反复求值，以供外层查询使用。

④ 使用存在量词的嵌套查询。

SELECT 学号，姓名
FROM Student
WHERE EXISTS
　　（SELECT ＊
　　　FROM SC
　　　WHERE SC.学号＝Student.学号
　　　　　　　　AND 课程号＝'050512');

涉及两个或两个以上数据库基表的查询，可以用连接查询，也可以用嵌套查询，而且可以多层嵌套。一个查询语句中，当查询结果来自一个关系时，嵌套查询是合适的，但当查询的最后结果项来自于多个关系时，则需要用连接查询。许多嵌套查询可以用连接查询代替，但包含 EXISTS 和 NOT EXISTS 的子查询是不能用连接查询代替的。

2.3.4　SQL 语言的数据更新

SQL 中的数据更新包括插入数据、修改数据和删除数据，分别使用 INSERT、UPDATE 和 DELETE 3 个语句来实现。

1. 插入数据

插入语句通常有两种形式,一种用于插入单个元组,另一种用于插入子查询结果。插入单个元组的 INSERT 语句的一般形式为

INSERT
INTO 〈表名〉[〈属性列名列表〉]
VALUES(〈常量列表〉);

其中,INTO 子句中指定的多个属性分别按顺序取 VALUES 子句中指定的常量为其值,对于 INTO 子句中未出现的属性列,新记录在列上取空值。如果 INTO 子句未指定列名,则新插入的记录在每列上都要有值。

插入子查询结果的 INSERT 语句的一般形式为

INSERT
INTO 〈表名〉[〈属性列名列表〉]
子查询;

其中嵌入的子查询用于生成要插入的批量数据。

例 2-26 插入单个元组。

(1) 将一个学生的记录插入 Student 表。

INSERT
INTO Student
VALUES('05600130', '常昶', '男', 1986-10-10, '能动51');

(2) 在 SC 表中插入一条选课记录。

INSERT
INTO SC(学号, 课程号)
VALUES('05600130', '050512');

新插入的记录在"成绩"列上取空值。

例 2-27 求每个班学生的平均年龄,并将结果存入数据库(插入子查询结果)。

先在数据库中建立一个新表,其中一列为班级名,另一列为相应的学生平均年龄。

CREATE TABLE ClassAge
　　(班名　　CHAR(10)
　　均龄　　SMALLINT);

然后对 Student 表按班级分组求平均年龄,再将班名和平均年龄存入新表中。

INSERT
INTO ClassAge(班名, 均龄)
　　SELECT 班级, AVG(年龄)
　　FROM Student
　　GROUP BY 班级;

2. 修改数据

修改语句的一般形式为

UPDATE〈表名〉
SET〈列名〉＝〈表达式〉[,〈列名〉＝〈表达式〉]…
[WHERE〈条件〉];

其中 SET 子句给出要修改的属性列及其新值。如果省略 WHERE 子句,则表示要修改表中所有元组。

例 2-28 修改指定属性值或子查询结果元组中的属性值。

(1) 将学号为 05100103 的学生的班级名称改为"电气 52"。

UPDATE Student
SET 班级＝'电气 52'
WHERE 学号＝'05100103';

(2) 将信息 51 班全体学生的成绩置零。

UPDATE SC
SET 成绩＝0
WHERE '信息 51'＝
　　　(SELECT 班级
　　　 FROM Student
　　　 WHERE Student. 学号＝SC. 学号);

3. 删除数据

删除语句的一般形式为

DELETE
FROM〈表名〉
[WHERE〈条件〉];

如果省略 WHERE 子句,表示删除表中全部元组,但表的定义仍在字典中。也就是说,DELETE 语句删除的是表中的数据,而不是表的定义。

例 2-29 删除元组。

(1) 删除学号为 05100130 的学生记录。

DELETE
FROM Student
WHERE 学号＝'05100130';

(2) 删除信息 51 班全体学生的选课记录。

DELETE
FROM SC

WHERE '信息 51' =
  (SELECT 班级
  FROM Student
  WHERE Student. 学号＝SC. 学号）；

 插入、修改和删除操作只能在一个表中进行，故当操作涉及两个表时，容易出现数据不一致现象。例如，如果在 Student 表中删除了一个学生的记录，则该生在 SC 表中的选课记录也应相应删除，这只能通过两条语句进行。

2.3.5 SQL 语言的视图

 视图是从一个或几个表（或视图）中导出的表。它是一种"虚表"，数据库中只存放其定义，而数据仍存放在作为数据源的基表中，故当基表中数据有所变化时，视图中看到的数据也随之变化。

 为什么要定义视图呢？首先，用户在视图中看到的是按自身需求提取的数据，使用方便。其次，当用户有了新的需求时，只须定义相应的视图（增加外模式）而不必修改现有应用程序，这既扩展了应用范围，又提供了一定的逻辑独立性。另外，一般来说，用户看到的数据只是全部数据中的一部分，这也为系统提供了一定的安全保护。

1. 创建视图

 建立视图使用 Create View 语句，其一般形式为

CREATE VIEW 〈视图名〉[〈列名 1〉[，〈列名 2〉]…）]
AS〈子查询〉
[WITH CHECK OPTION]；

其中，子查询可以是任意复杂的 SELECT 语句，但通常不允许包含 ORDER BY 子句和DISTINCT 短语。WITH CHECK OPTION 表示在对视图进行更新、插入或删除操作时，所操作的行必须满足视图定义中的谓词条件（子查询中的条件表达式）。

 删除视图使用 DROP VIEW 语句，其一般形式为

DROP VIEW 〈视图名〉；

 一个视图被删除后，它的定义就从数据字典中抹去了，但由被删视图导出的其他视图的定义仍留在数据字典中，需要用 DROP VIEW 语句一一删除。否则，当用户使用这些已失效的视图时，就会出错。

 例 2-30 分别定义基于一个基表、两个基表或视图的视图。

 （1）建立信息 51 班学生的视图，并要求在进行修改和插入操作时该视图只包括信息51 班学生的数据。

CREATE VIEW IS51_Stu
AS SELECT 学号，姓名，出生年月
 FROM Student

WHERE 班级＝'信息 51'

WITH CHECK OPTION ；

其中 WITH CHECK OPTION 子句的作用是：使对该视图的插入、修改和删除操作都按"班级＝'信息 51'"的条件进行。

（2）建立信息 51 班选修了 050512 号课程的学生的视图。

该视图建立在 Student 和 SC 两个表上。

CREATE VIEW IS51_Cour_Stu(学号，姓名，成绩)

AS SELECT Student.学号，姓名，成绩

    FROM Student，SC

    WHERE 班级＝'信息 51' AND

          Student.学号＝SC.学号 AND

          SC.学号＝'050512'；

由于视图 IS51_Cour_Stu 的属性列中包含 Student 表和 SC 表的同名列"学号"，故须在视图名后明确指定视图的各个属性列名。

（3）建立信息 51 班选修了 050512 号课程且成绩在 85 分以上的学生的视图。

该视图建立在 IS51_Cour_Stu 视图上。

CREATE VIEW IS51_Grade_Stu

AS SELECT 学号，姓名，成绩

    FROM IS51_Cour_Stu

    WHERE Grade＞＝85；

（4）建立包括学生的学号及平均成绩的视图。

CREATE VIEW Stu_AVGGrade(学号，平均分)

AS SELECT 学号，AVG(成绩)

    FROM SC

    GROUP BY 学号；

其中，AS 子句中 SELECT 语句的"平均分"列是通过集函数得到的，需要在 CREATE VIEW 子句中明确指定组成该视图的所有列名。Stu_AVGGrade 是按学号分组的视图。

2. 视图的操作

视图既是表，又不同于基表。对于视图的查询操作可以像基表一样进行，还可在视图之上再定义新的视图以满足复杂查询的需要。但对于视图的更新（插入、修改和删除）操作来说，因为最终要落实到有关基表的更新，这在许多情况下是不可行的，故有较多限制。限制的宽严程度因系统的不同而不同，一般的限制有：

- 如果一个视图是使用连接操作从多个基表导出的，则不允许更新。
- 如果在导出视图的过程中使用了分组和聚合操作，则不允许更新。
- 如果视图是从单个基表使用选择、投影操作导出的，并且包含了基表的主键或某个候选键，则称为"行列子集视图"。这种视图可执行更新操作。

2.3.6 Access 数据库的可视化操作方式

Access 与 Oracle、FoxPro、SQL Server 一样，都是 RDBMS。Access 数据库可以管理从简单的文本、数字字符到复杂的图片、动画或声音等各种类型的数据，适用于个人用户使用或构建小型商业、企业应用系统。Access 提供了可视化的图形用户界面，数据库中的数据定义、数据查询、数据更新以及数据控制等各种操作都可以通过窗口和对话框中的菜单、工具按钮、文本框、列表框等，以可视化的方式完成。

Access 图形用户界面如图 2-20 所示。其中包括 Access 主窗口及打开了"课程管理"数据库（包含 Student、Course 和 SC 3 个表）之后显示出来的数据库窗口。

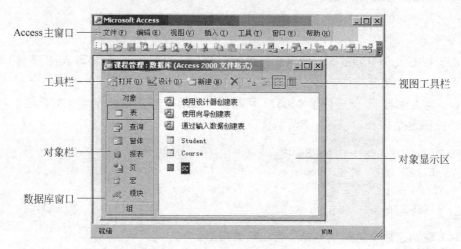

图 2-20　Access 主窗口及数据库窗口

1. Access 数据库的数据定义

Access 提供了图形化方式来定义表和表间的联系。表可以在设计视图中直接生成，也可以在向导的引导下交互生成。表定义不仅包括表的结构，还包括字段布局的格式和字段输入的掩码、验证规则、标题、默认值、索引等。字段的数据类型包括文本、数字、日期/时间、货币、是/否（布尔型）、超链接等。此外，Access 也提供从非 Access 的外部表中导入数据以及连接到外部表的能力。

例 2-31　创建描述学生情况的 Student 表。

(1) 单击数据库窗口左侧对象栏中的"表"按钮，切换到"表"状态。

(2) 单击数据库窗口的"新建"按钮，打开"新建表"对话框，如图 2-21(a)所示。

(3) 选择对话框的命令列表中的"设计视图"项，打开表设计器（设计视图）。

(4) 定义表的结构，即逐个输入并定义表中各个字段。

• 在"字段名称"栏输入字段名。

• 在"数据类型"栏输入数据类型。当光标移到该栏中某个单元格时，单元格自动成为下拉列表框，单击右侧的 ▾ 按钮，打开下拉列表，在其中选择一个数据类型

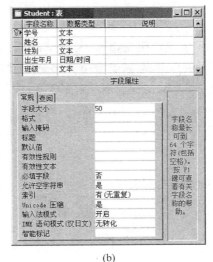

(a)　　　　　　　　　　(b)

图 2 21　Access 表设计视图

即可。

- 在表设计器下半部"常规"页中输入(或在下拉列表框中选择)字段的各种约定,如"字段大小"(数据类型宽度)、"默认值"、"有效性规则"(用户定义的完整性约束)、"索引"等。

(5) 设置主键:

- 单击要设为主键的字段名前面的行选择器,选定该行。如果要选择多个字段,先按住 Ctrl 键,然后单击每个字段名前面的行选定器。
- 单击表设计工具栏上的 （主键）按钮。则将选定的字段设为主键。

图 2-21(b)为设计完成后的 Student 表的设计视图。

(6) 保存表:

- 单击 （保存）按钮,或选择"文件"菜单的"另存为"选项,打开"保存"对话框。
- 输入表的名称 Student,并单击"确定"按钮,保存 Student 表。

2. 定义联系和参照完整性约束

一般地,在同一数据库中创建了几个表之后,还要建立表与表之间的联系,表间的联系指定了参照完整性约束。

例 2-32　创建 Student 表和 SC 表之间的一对多联系。

(1) 单击"数据库"工具栏上的"关系"按钮,打开用于编辑联系的"关系"窗口。

(2) 单击"关系"工具栏上的 （显示表）按钮,打开"显示表"对话框。

【注】　Access 主窗口中的工具栏可根据数据库窗口的当前状态而变化,打开一个数据库后,成为"数据库"工具栏,打开"关系"窗口后,又成为"关系"工具栏。

(3) 利用"显示表"对话框将要建立联系的 Student 表、SC 表添加到"关系"窗口。

(4) 选取 Student 表的主键,将它拖放到 SC 表中以外键形式出现的地方。例如,从

Student 表中的"学号"处拖放到 SC 表中的"学号"处。这时,将自动弹出"编辑关系"对话框。

（5）选择"实施参照完整性"复选框,Access 将自动实施由联系确定的参照完整性。基于相关字段的定义、联系类型由 Access 自动确定。如果只有一个关联字段是主键,或者有惟一索引,则 Access 创建一对多联系,以指明主键的一个实例（值）可作为关联表中的外键实例而出现多次,如图 2-22（b）所示。

编辑好了的 Student、Course 和 SC 表之间的联系如图 2-22（a）所示。

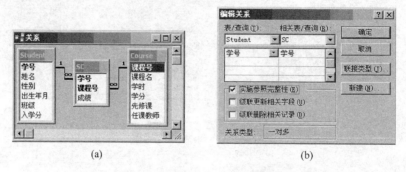

(a)　　　　　　　　　　　　　　(b)

图 2-22　表与表之间的联系及编辑关系对话框

3. Access 数据库的数据操纵

关系模型的数据操纵可分为检索和更新（插入、删除和修改）两类。在 Access 中,既可以使用图形用户界面,通过选择、拖放等操作来创建查询,也可以直接输入 SQL 语句创建查询。以可视化手段创建的查询与相应的 SQL 语句是等效的。

例 2-33　创建学生成绩查询,其中的字段分别来自 Student 表和 SC 表。

（1）单击数据库窗口对象栏中的"查询"按钮,切换到"查询"状态。

（2）单击数据库窗口的"新建"按钮,弹出"新建查询"对话框。

（3）选择对话框的命令列表中的"设计视图"项,打开查询设计器（设计视图）。

（4）利用同时打开的"显示表"对话框,将 Student 表和 SC 表（要创建的查询的数据源）的字段列表添加到查询设计器上半部分。

（5）设计查询:

* 在上半部显示的 Student 表和 SC 表中找到查询中需要的字段,逐个拖放到下半部设计网格的不同列中。本例将 Student 表的"学号"字段、"姓名"字段、SC 表的"课程号"字段、"成绩"字段分别拖放到第 1～第 4 列。

* 如果查询结果要按某个字段排序,则在该字段列与"排序"行交叉的单元格（已成为下拉列表框）选择输入"升序"或"降序"。本例在成绩列选择输入"降序"。

如果要按某个条件选择记录,则在相应字段列与"条件"行交叉的单元格中输入条件。本例在"课程号"列中输入"′050512′",使查询中只包含选修 050512 号课程的学生记录。

（6）利用"数据库"工具栏上的"视图"按钮（带下拉箭头）,切换到 SQL 视图,可看到相应的 SELECT 语句。

SELECT Student.学号，Student.姓名，SC.课程号，SC.成绩
FROM Student INNER JOIN SC ON Student.学号＝SC.学号
ORDER BY SC.成绩 DESC；

（7）单击"保存"按钮，或选择"文件"菜单的"保存"选项，在弹出的"另存为"对话框中输入查询名称"Grade_Stu"，单击"确定"按钮保存。

（8）重新打开 Grade_Stu 查询，可看到如图 2-23（a）所示的查询设计器，这是设计好了的 Grade_Stu 查询。切换到"数据表视图"，或单击"运行"按钮，可看到如图 2-23（b）所示的查询结果。

(a)   (b)

图 2-23 Access 查询设计视图及查询结果

这个 SELECT 语句中的

Student INNER JOIN SC ON Student.学号 ＝ SC.学号

表示在 Student 表和 SC 表中通过学号建立"内连接"。

【注】 内连接意为：仅当连接字段符合指定条件时，两个表中的记录才会组合在查询结果中。左外连接保留表达式左侧（主动）表中的所有记录，右外连接保留表达式右侧（被动）表中的所有记录。

例 2-34 创建成绩在 90 分以上的学生成绩查询，其中的数据来自刚创建的 Grade_Stu 查询（Access 中称为子查询）。

（1）按与上例相同的方法打开查询设计器。

（2）利用同时打开的"显示表"对话框将 Grade_Stu 查询（将要设计的查询的数据源）的字段列表添加到设计器上半部分。

（3）将 Grade_Stu 查询中的字段（本例选择所有字段）分别拖放到下半部分几列中。

（4）在"成绩"列与"条件"行交叉的单元格中输入查询条件"＞＝90"。

设计好了的子查询如图 2-24（a）所示，相应的 SQL 语句为

SELECT Grade_Stu.学号，Grade_Stu.姓名，Grade_Stu.课程号，Grade_Stu.成绩
FROM Grade_Stu

WHERE ((((Grade_Stu. 成绩)＞90))；

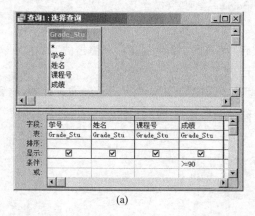

(a)   (b)

图 2-24   Access 子查询设计视图及查询结果

例 2-35   创建更新查询,将学号为 05600101 的学生的入学分改为 698。

在 Access 中,更新查询与删除查询、追加查询和生成表查询都称为操作查询。其创建方法与前两例中的选择查询略有区别。

(1) 按与上两例相同的方法打开查询设计器。

(2) 利用同时打开的"显示表"对话框将要更新数据的 Student 表的字段列表添加到设计器上半部分。

(3) 单击 🖼 ▾ (查询类型)按钮的下拉箭头,并在下拉列表中选择"更新查询",或选择"查询"菜单的"更新查询"选项,将查询设计器变为更新查询设计状态。

(4) 设计更新查询:

- 从 Student 表的字段列表中将要更新的"入学分"字段拖放到查询设计网格,并在与"更新到"行交叉的单元格中输入新值 698。
- 从 Student 表的字段列表中将指定条件的"学号"字段拖放到查询设计网格中,并在与"条件"行交叉的单元格中输入查询条件"'05600101'"。

(5) 单击 ▮ (运行)按钮,运行该查询,将 05600101 的学生的入学分改为 698。

(6) 保存该查询。

设计好了的更新查询如图 2-24(b)所示,相应的 SQL 语句为

UPDATE Student
SET Student. 入学分 = 698
WHERE (((Student. 学号)='05600101'))；

2.4   数据依赖与关系规范化

一个关系数据库模式由多个关系模式构成,一个关系模式又由多个属性构成。在许多情况下,设计者都不能仅凭经验,而必须借助于专门的设计方法来将所涉及到的属性合

理分组,形成多个较"好"的关系模式。其中,一种方法是使用 E-R 图进行概要设计,然后转换为关系模式;另一种方法是基于关系规范化理论进行关系设计。这两种方法可以得到大致相同的结果,而且具有某种程度的互补性。

关系规范化理论研究的是关系模式中各属性之间的依赖关系及其对关系模式的影响,探讨"好"的关系模式应该具备的性质,以及达到"好"的关系模式的设计算法。规范化理论给出了判断关系模式优劣的理论标准,帮助设计者预测可能出现的问题,提供自动产生各种模式的算法工具,因此,是设计人员应该掌握的有力工具。规范化理论最初是针对关系模式的设计而提出的,但它对其他模型数据库的设计也有重要的指导意义。

2.4.1 函数依赖

现实世界是随着时间的变化而不断变化的,因而,反映现实世界的关系也会变化,但现实世界的已有事实限定了关系的变化必须满足一定的完整性约束条件。这些约束或者通过对属性取值范围的限定,或者通过属性值间的相互关连(主要体现为值是否相等)反映出来。后者称为数据依赖,它是数据模式设计的关键。

数据依赖是通过一个关系中属性中间值的相等与否体现出来的数据间的相互关系。它是现实世界属性间的相互联系的抽象,是数据内在的性质,是语义的体现。数据依赖极为普遍地存在于现实世界中,可分为多种类型,其中最重要的是函数依赖。函数依赖用于说明在一个关系中属性之间的相互作用情况。

1. 函数依赖的概念

设 $R(A_1, A_2, \cdots, A_n)$ 是一个关系模式,X 和 Y 是属性集 $\{A_1, A_2, \cdots, A_n\}$ 的两个子集,对于关系模式 R 的任意一个关系 r 来说,如果不可能找到两个在 X 上属性值相等而在 Y 上属性值不等的元组,则称 X 函数确定 Y 或 Y 函数依赖于 X,记作 $X \rightarrow Y$。相应地,如果 Y 函数不依赖于 X,记作 $X \nrightarrow Y$。

如果 $X \rightarrow Y$,但 $Y \not\subseteq X$,则称 $X \rightarrow Y$ 为非平凡的函数依赖,如不特别声明,我们总是讨论非平凡的函数依赖。

例 2-36 分析给定关系的函数依赖情况及存在的问题。

设有一个描述学生情况的关系 SCG,如图 2-25 所示。这个关系的每个属性都是不可再分的。关系模式的关键字应为属性的集合 $\{IDStu, IDCour\}$,关键字的每个值都惟一地确定关系中一个元组。

【注】 为了叙述方便,每个属性(字段)都给出两个名字,实际上,Access 中的字段名与实际显示出来的名称(标题)可以不同。

根据语义,即关系中每个属性的意义及其互相联系,可以看出:一个学生的"学号"可以确定他的"姓名"、他所在的"学院"和学院的"地址",故属性 NameStu、Inst 和 Addr 是函数依赖于属性 IDStu 的;同理,属性 NameCour 是函数依赖于 IDCour 的;而依赖于关键字 $\{IDStu, IDCour\}$ 的只有属性 Grade,我们称属性 Grade 对于关键字 $\{IDStu, IDCour\}$ 是完全函数依赖;称其他属性对于 $\{IDStu, IDCour\}$ 是部分函数依赖。关系的 7

学号 IDStu	姓名 NameStu	学院 Inst	地址 Addr	课程号 IDCour	课程名 NameCour	成绩 Grade
04099002	张丽	管理	管201	C0001	高等数学	90
04099002	张丽	管理	管201	C0002	英语	87
04099002	张丽	管理	管201	C0003	计算机应用	85
04096001	王峰涛	电信	信103	C0001	高等数学	95
04096001	王峰涛	电信	信103	C0002	英语	82
04098006	李一凡	能动	能301	C0002	英语	96
04098006	李一凡	能动	能301	C0003	计算机应用	88
04096010	刘晓虹	电信	信103	C0004	法律基础	70

图 2-25   关系 *SCG*

个属性之间的函数依赖关系如图 2-26(a)所示。

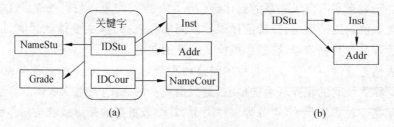

图 2-26   关系 *SCG* 中各属性之间的函数依赖

另外,属性 Addr 实际上是由 Inst 决定的,即 Addr 函数依赖于属性 Inst。IDStu、Inst 和 Addr 这 3 个属性之间的函数依赖关系是

$$IDStu \rightarrow Inst, Inst \rightarrow Addr$$

因而,属性 Addr 通过 Inst 也间接地函数依赖于 IDStu,反过来,

$$Addr \nrightarrow IDStu$$

或者

$$Addr \nrightarrow Inst$$

这种情况称为属性 Addr 对 IDStu 的传递函数依赖,如图 2-26(b)所示。

2. 函数依赖与关系的优劣

函数依赖与关系的“优劣”密切相关。例如,在关系 *SCG* 中,由于存在着几种不同程度的“不良”函数依赖而产生了许多问题,比较“有害”的有以下几点。

(1) 冗余度大:多个属性值有重复,修改时不易维护数据的一致性。例如,修改课程号时,有不止一处要改,容易遗漏。

(2) 删除异常:如果有个学生只选了一门课,例如,04096023 号学生只选了 C0004 号课程,他在上课之前又放弃了,则应删去选课数据,但因{IDStu, IDCour}是关键字,故须删去整个元组,这样,这个学生的所有信息也就跟着删除了,其中包含了不应删除的信息。

(3) 插入异常:插入一个元组时,必须给定关键字,即具备 IDStu 和 IDCour 两个属性的内容。假定有个刚入学的学生,IDStu="7",Inst="电信",但他还没有选课,故无法确定 IDCour 的值,则该生的固有信息无法插入。

在 *SCG* 关系中,只有属性 Grade 对关键字是完全函数依赖,其他属性对关键字都只是部分函数依赖,甚至是传递函数依赖,这就是产生上述问题的原因。解决的方法是:把它变成更好的关系模式,即进行关系规范化。

2.4.2 基于主键的范式和 BC 范式

设计关系数据库时,关系模式不能随意建立,而必须满足一定的规范化要求。如果一个关系模式满足某种指定的约束,则称其为特定范式的关系模式。满足不同程度的要求构成不同的范式级别。

前面曾讨论过关系的 6 条性质,如果一个关系满足:

"每一属性值都必须是不能再分的元素"

那么该关系是一个规范化的关系。这是最低要求,满足这个要求的叫第一范式,简记为 1NF。在此基础上满足更高要求的称为第二范式,其余以此类推。一个低一级的范式的关系,通过投影运算可以转换为若干高一级范式的关系的集合,这种过程叫做关系的规范化。

通常可将范式理解为符合某种条件的关系模式的集合,故 *R* 是第二范式的关系模式也可以写成 $R \in 2NF$。

1. 2NF(第二范式)

如果关系模式 $R \in 1NF$,且每个非主属性完全函数依赖于键,则 $R \in 2NF$。

按这个定义,例 2-36 中的关系 *SCG* 不属于 2NF。解决的方法是投影分解,将关系 *SCG* 可分解为 3 个关系 *S*、*C* 和 *SC*,如图 2-27 所示。

S

IDStu	NameStu	Inst	Addr
04099002	张丽	管理	管 201
04096001	王峰涛	电信	信 103
04098006	李一凡	能动	能 301
04096010	刘晓虹	电信	信 103

C

IDCour	NameCour
C0001	高等数学
C0002	英语
C0003	计算机应用
C0004	法律基础

SC

IDStu	IDCour	Grade
04099002	C0001	90
04099002	C0002	87
04099002	C0003	85
04096001	C0001	95
04096001	C0002	82
04098006	C0002	96
04098006	C0003	88
04096010	C0004	70

图 2-27 关系 SCG 分解得到的 3 个关系

这 3 个关系都消除了非主属性对键(主键)的部分函数依赖,因而都属于第二范式。它们所包含的属性之间的函数依赖分别如图 2-28(a)、(b)和(c)所示。

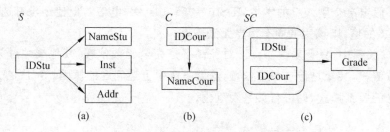

图 2-28 S、C 和 SC 3 个关系的函数依赖

2. 3NF（第三范式）

如果关系模式 $R \in 2NF$，且每个非主属性都不传递函数依赖于键，则 $R \in 3NF$。

由图 2-26(b)可知，SCG 关系中的 3 个属性 IDStu、Inst 和 Addr 之间存在传递函数依赖，这种函数依赖关系依然存在于由 SCG 分解得到的 S 关系中。存在传递函数依赖的关系也会产生前面所讲的各种问题。解决的方法仍是投影分解，可将 S 分解为 S 和 I 两个关系，如图 2-29 所示。

S

IDStu	NameStu	Inst
04099002	张丽	管理
04096001	王峰涛	电信
04098006	李一凡	能动
04096010	刘晓虹	电信

I

Inst	Addr
管理	管 201
电信	信 103
能动	能 301

图 2-29 S 分解得到的两个关系

S 和 I 既属于 2NF，又不存在传递函数依赖，故都属于 3NF。

3. BCNF（BC 范式）

3NF 仅对关系的非主属性与键的依赖做出限制，如果主属性传递函数依赖于键，也会使关系变坏。BC 范式可以解决这一问题。

如果关系模式 $R \in 1NF$，且对于每个非平凡的函数依赖 $X \rightarrow Y$，都有 X 包含键，则 $R \in BCNF$。

由 BCNF 的定义可知，一个满足 BCNF 的关系模式有：

（1）所有非主属性对每个键都是完全函数依赖。

（2）所有主属性对每个不包含它的键也是完全函数依赖。

（3）不存在完全函数依赖于非键的属性组。

例 2-37 分析并分解给定关系，使其属于 BCNF。

设有关系 SNC，如图 2-30 所示。其中每个学生都不同名。这个关系的候选键有两个，即 {IDStu, IDCour} 和 {IDStu, NameStu}，非主属性 Grade 不传递依赖于任何一个候选键，故 $SNC \in 3NF$。但因 IDStu→NameStu，而 IDStu 却不包含键，故 $SNC \notin BCNF$。

非 BCNF 的关系模式也可通过投影分解为 BCNF，关系 SNC 可分解为两个关系：

IDStu	NameStu	IDCour	Grade
00097001	张丽	C0001	90
00097001	张丽	C0002	80
00097001	张丽	C0004	85
00097002	王峰涛	C0001	91
00097003	李一凡	C0001	75
00097003	李一凡	C0002	60
00097004	刘晓虹	C0001	85
00097004	刘晓虹	C0004	70

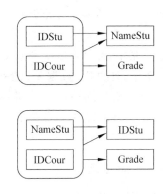

图 2-30 关系 SNC 及其函数信赖

S(IDStu, NameStu) 和 SCG(IDStu, IDCour, Grade)，它们都是 BCNF。

一个关系模式如果属于 BCNF，则在函数依赖范畴已实现了彻底分离，消除了插入和删除的异常。在数据库的关系模型设计中，绝大多数工作只进行到 3NF 和 BCNF 的关系模式为止。但在关系中，除了函数依赖之外，还有多值依赖、连接依赖问题，从而提出了第四范式、第五范式等更高的规范化要求。

2.4.3 多值依赖和第四范式

除函数依赖之外，关系的属性间还有其他一些依赖关系，多值依赖是其中之一。多值依赖同样是现实世界中事物间联系的反映，其存在与否决定于数据的语义。

1. 多值依赖

在函数依赖 $X \rightarrow Y$ 中，给定 X 的值就惟一地确定了 Y 值("函数依赖"由此得名)，而在多值依赖 $X \rightarrow\rightarrow Y$(读作 X 多值决定 Y 或 Y 多值依赖于 X)中，对于给定的 X 值，对应的是 Y 的一组(零到多个)数值，而且这种对应关系对于给定的 X 值所对应的每个 $(U-X-Y)$ 的值都成立。其中，U 为关系中所有属性的集合。

例 2-38 分析给定关系中的多值依赖。

假定一门课程由多个教员讲授，每个教员可讲授多门课程，讲授同一门课程的教员都有一套相同的参考书，每种参考书可供多门课程使用。表示课程、教员和参考书情况的 CTB 关系如图 2-31 所示。

关系模式 CTB(Cour, Teach, Book)的键是全键，即属性组{Cour, Teach, Book}，因而 $CTB \in$ BCNF。但 CTB 关系有明显的数据冗余，且数据的插入、删除很不方便。例如，如果要为某一门课程而插入一名教员，则会因

Cour	Teach	Book
计算机	张方	程序设计
计算机	张方	数据库
计算机	张方	计算机网络
计算机	王袁	程序设计
计算机	王袁	数据库
计算机	王袁	计算机网络
通信	张方	信号与系统
通信	张方	电子学
通信	张方	数字电路
通信	林莹	信号与系统
通信	林莹	电子学
通信	林莹	数字电路

图 2-31 CTB 关系

涉及多本参考书而必须插入多个元组。同样,如果某一门课程要取掉一本参考书,则会因涉及多个教员而必须删除多个元组。

在 CTB 关系中,每个(Cour,Book)上的值对应一组 Teach 值,而且这种对应与 Book 无关。例如,对于(计算机,数据库)的一组 Teach 值是{张方,王袁},这组值仅仅决定于 Cour 上的值(计算机),因而,(计算机,计算机网络)对应的一组 Teach 值仍然是{张方,王袁},尽管这时 Book 的值已改变了。由此可见,Teach 多值依赖于 Cour,即 Cour$\longrightarrow\longrightarrow$Teach。

2. 4NF(第四范式)

如果关系模式 $R(U)\in 1NF$,且对于每个非平凡多值依赖 $X\longrightarrow\longrightarrow Y(Y\notin X)$,$X$ 都包含键,则 $R\in 4NF$。

4NF 限制关系模式的属性之间不能有非平凡且非函数依赖的多值依赖。因为根据定义,对于每个非平凡的多值依赖 $X\longrightarrow\longrightarrow Y$,$X$ 都包含候选键,于是有 $X\rightarrow Y$,故 4NF 所允许的非平凡多值依赖实际上是函数依赖。可以用投影分解的方法来消除非平凡且非函数依赖的多值依赖。

函数依赖和多值依赖是两种最重要的数据依赖,如果只考虑函数依赖,则 BCNF 的关系模式已为规范化程度最高的了。如果只考虑多值依赖,则 4NF 的关系模式已为规范化程度最高的了。

2.4.4　关系规范化的过程与原则

关系规范化的目的是解决关系模式中存在的插入、删除异常,修改复杂,数据冗余问题,其基本思想是围绕函数依赖的主线,对一个关系模式进行分解,使关系从较低级的范式变换到较高级的范式。

1. 关系规范化的过程

关系规范化的过程是逐步消除数据依赖中不合适的部分,使各关系模式达到某种程度的分离,如图 2-32 所示。

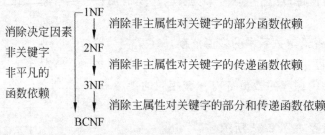

图 2-32　关系规范化过程

2. 关系规范化的例子

设有以下的汽车关系模式:

汽车(车号,车名,功率,部件(部件号,部件名,型号,重量,用量))

因该模式中又包含一个部件模式,故为非规范关系模式。

规范化过程如下:

(1) 消除复合关系,以达到第一范式。

方法是:将部件关系取出来,单独构成一个关系模式。

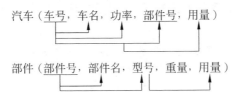

为了建立关系的联系和属性间函数依赖的需要,在关系模式分解时,对属性做了适当的调整。包括把"用量"留在汽车关系模式中;在汽车关系模式中增加一个"部件号"属性。

- 因两个关系模式中各属性都是不可再分的基本字段,故都是规范关系;
- 因汽车关系模式中存在部分函数依赖,故汽车∈1NF;
- 因部件关系模式中没有部分函数依赖,但存在传递函数依赖,故部件∈2NF。

(2) 对汽车关系模式进行关系分解,消除部分函数依赖,以提高范式等级。

方法是:将与部分函数依赖有关的属性抽出来,另组新关系模式。

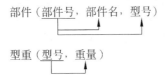

这两个关系模式中,既没有部分函数依赖,又不存在传递函数依赖,故都属第三范式。

(3) 对部件关系进行分解,消除传递函数依赖,以提高范式等级。

方法是:把存在传递依赖的两上属性划出去,另组新关系模式。

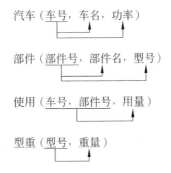

这两个模式关系中,既无部分函数依赖,又无传递函数依赖,故都是第三范式的。

至此,把一个非规范的大数据模式分解成为以下 4 个较小的关系模式。

汽车(车号,车名,功率)

部件(部件号,部件名,型号)

使用(车号,部件号,用量)

型重(型号,重量)

4个关系模式都已达到第三范式,数据冗余以及操作异常等问题都得到了解决。

【注】 规范化的关系分解方法不是惟一的。

3. 关系规范化的原则

关系模式在分解时要受到数据间的相互约束,不可能是随意的。在规范化的分解过程中,不仅要着眼于提高关系的范式等级,而且还要注意以下两条原则。

1) 无损分解原则

关系的无损分解就是在关系分解过程中既不能丢失数据,也不能增加数据。同时还要保持原有的函数依赖。

2) 相互独立原则

所谓独立是指分解后的新关系之间相互独立,对一个关系内容的修改不应影响到另一个关系。

另外还应注意到,关系分解必须从实际出发,并不是范式等级越高,分解得越细越好。把关系分解得过于烦琐,在进行检索操作时往往需要进行连接,从而使检索效率降低。因此,有些冗余可能更方便查询,尤其是对那些更新频度不高而查询频度很高的数据库系统更是有好处的。

习 题

1. 关系模型有哪些特点?

2. 给出一个度大于3,基数大于5的关系,并指出关键字。

3. 为什么关系中没有重复的元组? 为什么不宜将一个关系的所有属性作为主键?

4. 说明关系模式、关系数据库、数据库模式、关系模型的联系。

5. 如果 R 中有20个元组,S 中有30个元组,那么 $R \times S$ 有多少个元组?

6. 已知 R、S 两关系如表所示,求 $R \cup S, R - S, R \cap S$。

R	A	B	C
	a	3	d
	b	4	t
	r	3	e

S	A	B	C
	b	1	F
	r	3	e
	d	3	t

7. 已知 U、V 两关系如表所示,求 $R \underset{B > E + F}{\bowtie} S$。

U	A	B	C
	a	4	6
	b	6	3
	r	3	2

V	D	E	F	G
	d	1	2	B
	a	2	3	c
	b	1	4	c

8. 已知 R、S 两关系如表所示，求 $R \bowtie S$。

U	A	B	C
	a_1	b_1	c_2
	a_2	b_3	c_1
	a_3	b_1	c_3
	a_4	b_2	c_5
	a_5	b_3	c_1

V	D	E	B	C
	d_1	e_1	b_1	C_1
	d_2	e_2	b_3	c_1
	d_3	e_3	b_1	c_3
	d_4	e_4	b_1	c_2
	d_5	d_5	b_3	c_1

9. 根据上一题的运算结果，求 $\Pi_{B,D}(R \bowtie S)$。

10. 广义笛卡儿积与连接的主要区别是什么？

11. 按下图给出的关系 R 和关系 S，求 $R \div S$ 的商关系。

R	A	B	C	D
	a	1	d	4
	a	1	e	5
	a	1	f	6
	b	2	d	4
	b	2	e	5
	c	3	d	4

S	C	D
	d	4
	e	5

$R \div S$	A	B
	a	1
	b	2

12. 连接运算较费时间，在查询操作涉及到两个（或两个以上）关系时，应如何提高查询效率？

13. 说明使用 SQL 语言实现各种关系运算（并、选择、投影、连接）的方法。

14. 设数据库中有两个基本表

ZG(ZGBH、XM、XB、ZW、BM、JBGZ)

GZ(GZBH、JJ、FZ、SFGZ)

按要求写出 SQL 语句：

(1) 创建 ZG 表和 GZ 表。

(2) 创建"销售部"（BM 字段）职工的视图，并要求进行修改、插入操作时保证该视图只有"销售部"的职工。

(3) 在职工表中增加两个新职工的记录。

(8087、杜伟、男)

(8088、史丽、女)

(4) 查询年龄在 30 岁以下的所有职工的姓名和工资数。

(5) 查询实发工资在(SFGZ 字段)1500 元以上的职工姓名(XM 字段)及职务(ZW 字段)。

(6) 计算每一部门女职工的平均基本工资。

15. 为什么要定义视图？视图的设计应该注意什么问题？

16. 什么叫关系规范化？关系规范化有什么意义？

17. 假定有一个客户订货系统，允许一个客户一次（一张订单）预订多种商品，那么关系模式：

订单（订单号、日期、客户编号、客户名、商品编码、数量）

属于第几范式？为什么？

18. 下列关系模式分别属于第几范式？为什么？

(1) 关系 $R(X,Y,Z)$，函数依赖 $XY \rightarrow Z$。

(2) 关系 $R(X,Y,Z)$，函数依赖 $Y \rightarrow Z; XZ \rightarrow Y$。

(3) 关系 $R(X,Y,Z)$，函数依赖 $Y \rightarrow Z; Y \rightarrow X; X \rightarrow YZ$。

(4) 关系 $R(X,Y,Z)$，函数依赖 $X \rightarrow Y; X \rightarrow Z$。

(5) 关系 $R(W,X,Y,Z)$，函数依赖 $X \rightarrow Z; WX \rightarrow Y$。

19. 已知学生关系 S（学号、姓名、班级、班主任、课程号、成绩），问：

(1) 该关系的候选关键字是什么？

(2) 主关键字是什么？

(3) 范式等级是什么？

(4) 怎样把该关系规范化为 3NF？

20. 已知订货单汇总表如下表所示，将其规范化为 3NF。

订货单汇总表 1

	订 户				产 品		
订单号	姓名	地址	车次	产品号	产品名	单价/元	数量
S1001	张晓月	西安	无	N201	风扇	315.00	50
S1002	王思凡	汉中	406	N202	电表	60.00	20
S1003	李丽	成都	137	N203	空调器	3800.00	10
S1004	刘平	洛阳	K55	N201	风扇	315.00	30
S1005	陈言方	太原	48	N203	空调器	3800.00	15
S1006	张军	银川	206	N206	电冰箱	1390.00	26
S1007	王静	潍坊	K88	N202	电表	60.00	30

数据库原理及应用（Access）（第2版）

第 3 章 Access 用户界面

Access 是面向应用的数据库管理系统。它提供了大量的工具和向导,即使没有任何编程经验,也可以通过可视化的操作来完成大部分的数据库管理和开发工作。Access 还提供了编程语言(Visual Basic for Application,VBA),可用于开发高性能、高质量的桌面数据库系统。

3.1 Access 的性能

Access 与许多常用的数据库管理系统,如 Oracle、FoxPro、SQL Server 等一样,是一种关系数据库管理系统。它可以管理从简单的文本、数字字符到复杂的图片、动画、声音、视频等各种类型的数据。在 Access 中,可以通过可视化方式或构造应用程序来存储和归档数据;可以使用多种方式进行数据的筛选、分类和查询;可以通过显示在屏幕上的窗体来查看数据;可以生成报表将数据按一定的格式打印出来;还可以通过创建数据库访问页将数据发布到因特网(Internet)或内联网(intranet)上。

3.1.1 Access 系统组成

目前,在计算机软件市场上,有各种各样的数据库管理系统产品,如 Oracle、Informix、Sybase、FoxPro、SQL Server 等。用户在确定要使用哪种产品之前,应该明确各种产品最适合的使用对象及其特点。例如,Oracle、Sybase 等适用于大型数据库应用系统,Access 和 FoxPro 适用于中小型桌面数据库应用系统。Access 出现的时间较晚,但由于它的强大功能,以及易用性和适应性,已逐步占领市场,拥有十分广泛的用户。

Access 是 Microsoft 办公自动化软件包 Office 中的重要组件。如果要编写通知、启事、办公备忘录或者制作预算报表等,可以直接利用 Word、Excel 等完成。但当要处理大量数据、且需要进行频繁的查询和更新操作时,则应使用 Access 来创建数据库。Access 提供了一整套创建数据库以及数据库中各种对象的向导、模板、设计器等,可以方便地创建数据库及数据库应用程序,并使之完成小到办公室物品管理,大到生产管理范围内的各种事务。Access 的数据库可以独立运行,也可以作为在主机和其他网络数据库上存储数据的访问前端,为一些大型组织提供相关信息。

Access 系统主要由以下几部分组成。

1. 数据库引擎(database engine)

数据库引擎是实际存储、排序和获取数据的软件,一般来说,是不可见的。如果创建的是单机数据库,Access 使用 Jet 引擎来管理数据。用户可以选择使用微软数据引擎(Microsoft data engine,MSDE),方法是:选择"文件"菜单的"新建"命令,然后在弹出的对话框中选择"项目"对象。MSDE 和 Microsoft 的企业版数据库软件 SQL Server 7.0 是相互兼容的。

2. 数据库对象(database object)

Access 数据库最基本的构件是对象,最常见的对象包括表、窗体、查询和报表等,一个 Access 数据库可以包含多种对象。不同种类的对象用于存储和操作不同种类的信息,并提供不同的使用界面,用于查看、输入和抽取数据库中的有关信息。

Access 是一种面向对象的开发环境,默认情况下,将会显示一个数据库窗口,可用于创建和编辑当前数据库中的对象。

3. 设计工具

Access 包含了一套设计工具,可用于创建和编辑对象。例如,利用查询设计器可以创建一个查询,或对一个已有的查询进行编辑和更新。利用报表设计器可以对数据进行排序、按字段分组、添加页眉和页脚或者对版面(字样、页面)进行修饰等。

4. 程序设计工具

Access 与 Microsoft Office 中其他应用程序共享程序设计语言 VBA。不同软件所使用的 VBA 的基本语法是相同的,但可以引用的资源不同。例如,在 Excel 中,可以通过 VBA 操纵工作簿,而在 Access 中,可以操纵窗体、报表等对象。

Access 引入了 VBE(visual basic editor),它与 Word、Excel、PowerPoint 中的 VBE 具有相同的用户界面,使用户能够方便地开发数据库应用程序,从而丰富 Access 应用程序的数据访问功能。

3.1.2 Access 数据库特点

与其他关系型数据库管理系统相比,Access 具有以下几个突出的特点。

1. 存储文件单一

一个 Access 数据库文件中包含了该数据库中的全部数据表、查询以及其他与之相关的内容。文件单一便于计算机外存储器的文件管理,也使用户操作数据库及编写应用程序更为方便。而在其他关系型数据库系统中,每个数据库要由许多不同的文件组成,往往是一个数据库表存为一个文件。

2. 支持长文件名及名称自动更正

Access 支持 Windows 系统的长文件名,并且可以在文件名内加空格,从而可以使用叙述性的标题,使文件便于理解和查找。

Access 提供名称自动更正功能,可以解决因重新定义数据库对象名称而引发的对于相关联的其他对象的影响。一旦用户重新定义了某个对象的名称,系统将自动更正它并传递给相关联的对象,从而避免或大大减少因此而带来的相关操作的次数。

3. 兼容多种数据库格式

Access 提供了与其他数据库管理软件包的良好接口,能够识别 dBASE、FoxPro、Paradox 等数据库管理系统生成的数据库文件,能够直接导入 Office 软件包的其他软件(如 Excel、Word 等)编辑形成的数据表、文本文件、图形等多种内容,而且自身的数据库对象也可以方便地在这些软件中操作。

4. 具有 Web 网页发布功能

Access 2000 以上的版本中增加了数据访问页功能,通过创建数据访问页,可以将数据库中的数据直接传送到 Internet 或内联网(intranet)上,使用户能够在 Internet 上管理和操作数据库。

5. 可应用于客户机-服务器方式

在 Access 中,可以创建连接到已有的 SQL Server 数据库(客户机-服务器方式)的"项目",然后通过 Access 环境来访问、操作并管理 SQL Server 数据库;也可以将 Access 作为 SQL Server 数据库的前端应用开发工具。

【注】 Access 项目是一种与 SQL Server 数据库连接且用于创建客户机-服务器应用程序的 Access 文件。

6. 操作使用方便

Access 具有图形化的用户界面,提供了多种方便实用的操作向导,用户只须进行一些简单的鼠标操作,或者回答对话框的一些提问,就可以基本完成对数据库的操作工作。另外,利用 Access 与 Office 软件包中其他软件的信息形式的互换性,可将它们的优势结合起来,为熟悉这些软件的用户(大多数计算机用户)提供方便。例如,用户可以将 Word、Excel 中的数据导入 Access,从而避免了许多重复的数据输入工作;也可以将 Access 中的数据导出到 Word、Excel 中,一方面可以利用 Word 的编辑、排版功能组织和保存大量的原始数据,另一方面又可以利用 Excel 提供的数据分析功能来分析 Access 数据库中的数据,生成各种图表,增强数据的表现力。

Access 中嵌入的 VBA 编程语言是一种可视化的软件开发工具,编写程序时只需要将一些常用的控件(文本框、列表框等)摆放到窗体上,即可形成良好的用户界面,必要时再编写一些 VBA 代码即可形成完整的程序。实际上,在编写数据库操纵程序时,连摆放必要的控件、编写基本的代码这样的工作,也都可以自动进行。

3.1.3 Access 数据库格式

Access 可用于创建小型桌面数据库系统,供单机用户使用,并可与专门的数据库服务器或其他种类的计算机上的各种数据库连接,实现数据共享。Access 数据库文件的扩展名为 mdb,另外还有 mde、adp、ade 等。

1. mdb

Access 数据库的组织方式与大型后台数据库系统(如 SQL Server)相似,不同的数据或程序构件称为对象,所有对象(数据访问页除外)都存储在一个物理文件中,这个物理文件称为数据库,它的扩展名为 mdb。

在 Access 数据库中,用户所作的工作大致包括如图 3-1 所示的几个环节。

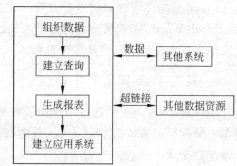

图 3-1 Access 用户的工作过程

(1) 组织数据:DBMS 最重要的功能就是组织、管理各种各样的数据。Access 数据库的表(称为表对象)是用于组织数据的基本模块。组织数据就是按预先的设计建立各个表的结构,把各种类型的数据分别放在不同的表中,并建立各个表之间的联系,从而将相关数据有机地组织在一起。

(2) 建立查询:查询(称为查询对象)是操纵数据库的主要目的之一,通过创建查询来查找符合指定条件的数据,更新或删除记录,或对数据执行各种计算。

(3) 设计窗体:窗体(称为窗体对象)是用户和数据库应用程序之间的一种接口,在数据库系统中应用窗体可提高数据操作的安全性,并可丰富用户操作界面。

(4) 生成报表:Access 中的报表(称为报表对象)可用于对数据进行统计分析,或以特定方式显示和打印数据。

(5) 建立数据共享机制:Access 提供了与其他应用程序的接口,即数据的导入和导出。通过这些功能,可将其他系统的数据库数据(或电子表格等其他数据)导入到 Access 的数据库中;也可将 Access 的数据导出到其他系统中。

(6) 建立超链接:超链接是浏览器(IE 或 Netscape Navigator)中较为醒目的文本或图标。用鼠标单击超链接,浏览器中的页面就会跳转到该链接所指向的网络对象。利用超链接可以调用在 Internet 或 intranet 上流通的其他数据资源。

如果将一个字段的数据类型定义为超链接,并将 Internet 或局域网中某个对象赋予这个超链接,则当用户在数据表或窗体中双击超链接字段时,就可以启动浏览器,进入该超链接指向的对象。

(7) 建立应用系统:Access 提供了宏和 VBA,可将各种数据库及其对象连接在一起,从而形成一个数据库应用系统;还提供了"切换面板管理器",可以将已经建立的各种数据库对象连接在一起,形成所需要的应用系统。

【注】 Access 数据库中不一定要有数据,如果只是将 Access 作为获取 SQL Server 数据库中数据的前端,则在 * . mdb 文件中只需要包含窗体、报表和查询。

2. mde

mde 文件是为了保护 mdb 文件中的 VBA 程序代码而由 mdb 文件转换得到的。转换的方法是:选择"工具"菜单的"数据库实用工具"子菜单的"生成 MDE 文件"选项。

如果数据库中包含 VBA 代码,则将 Access 数据库保存为 mde 文件时会编译所有模块,删除所有可编辑的源代码,并压缩目标数据库。VBA 代码可以继续运行,但无法再查看或编辑这些代码。将数据库保存为 mde 文件也有助于保护窗体和报表的安全(仍可更新数据和运行报表)。

3. adp

创建和管理项目是 Access 的重要功能,通过创建项目,可以使用 Access 管理后端 SQL Server 数据库,或将 Access 作为 SQL Server 数据库的前端应用开发工具。

Access 项目的扩展名为 adp,它能够与远程 SQL Server 数据库、本地 SQL Server 数据库或 SQL Server 2000 Desktop Engine 的本地安装相连接,从而访问 SQL Server 数据库。使用 Access 项目,可以像创建文件服务器应用程序那样创建一个客户机-服务器应用程序。Access 项目与 Access 数据库的不同之处在于:Access 项目中不包含基于对象的数据或数据定义,如表、视图、数据库图表等,这些数据库对象存储在 SQL Server 数据库中。

4. ade

ade 文件是为了保护 adp 文件中的 VBA 程序代码而由 adp 文件转换得到的。

如果 Access 项目文件中包含 VBA 代码,则当将 Access 项目另存为 ade 文件时会编译所有模块,删除所有可编辑的源代码,并压缩目标 Access 项目文件。VBA 代码将继续运行,但无法再查看或编辑这些代码。另外,Access 项目的大小将会由于代码的删除而减小,因此内存使用得以优化,性能得以改进。

3.2 Access 数据库内部结构

Access 所使用的对象包括表、查询、报表、窗体、宏、模块和数据访问页。在一个数据库中,除数据访问页之外,其他对象都存放在一个扩展名为 mdb 的数据库文件中,而不像其他数据库那样分别存放在不同的文件中。这样就方便了数据库文件的管理,而且与 Excel 中的工作簿、工作表的构造互相对应(一个工作簿包含多个工作表,存为一个文件),从而可使 Office 软件,尤其是 Excel 软件的用户有轻车熟路的感觉。

【注】 Access 以前的版本中没有数据访问页对象。

Access 中各对象之间的关系如图 3-2 所示。

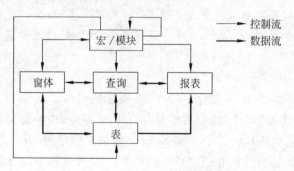

图 3-2　Access 各对象之间的关系

其中,表是数据库的核心与基础,它存放着数据库中的全部数据信息。报表、查询和窗体都是从数据库表中获得数据信息,以实现用户某一特定的需要,例如查找、统计计算、打印、编辑、修改等。窗体可以提供一种良好的用户操作界面,通过它可以直接或间接调用宏或模块,并执行查询、打印、预览、计算等功能,或者对数据库进行编辑修改。

3.2.1　表

表是存储数据的基本单元,其中存放着具有特定主题的数据信息。所有表以及表之间的关系构成了数据库的核心。

表由一系列字段组成。每个字段都有数目相等的若干个值,其中每个值记载一条独立的信息,同一行上所有字段的值构成一个独立的记录。例如,一个雇员表可能包含的字段有编号、姓名、出生日期、工资数额等。由于每个记录包含了若干字段,因而雇员表中的一条记录就包含了一个雇员的相关字段。"数据表视图"以行和列方式显示数据,可以明显地看到字段和记录的安排方式,如图 3-3 所示。

字段中存放的信息种类很多,包括文本、数字、日期、货币、OLE 对象(声音、图像等)以及超链接等。每个字段包含了某一类信息。每个表都要有关键字,以使表中的记录惟一。在表内还可以定义索引,当表内存放了大量数据时可以加速数据的查找。

一个数据库中的多个表之间可以通过内容相同的字段建立联系,如图 3-4 所示。

图 3-3　表的例子

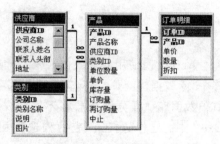

图 3-4　表与表之间的联系

例如,"产品"表和"供应商"表之间通过共有字段"供应商 ID"建立了联系。

3.2.2 查询

查询可按预先设定的规则,从一个表、一组相关表或其他查询中抽取一部分数据,将其集中起来,形成一个全局性的集合,供用户查看,或作为其他对象(包括另外的查询)的数据源。将查询保存为一个数据库对象后,就可以在任何时候查询数据库的内容了。

例如,可以创建一个将"类别表"中的"类别名称"字段与"产品"表中的"产品名称"、"单位数量"、"库存量"及"中止"字段拼接起来的查询,如图 3-5 所示。

在数据库视图中显示一个查询时,看起来很像一个表。但查询与表有本质的区别:首先,查询中的数据最终都是来自于表中的。其次,查询结果的每一行可能由好几个表中的字段构成;查询可以包含计算字段,也可以显示基于其他字段内容的一些结果。可以将查询看作是以表为基础数据源的"虚表"。

3.2.3 窗体

顾名思义,窗体是类似于窗口的界面,如图 3-6 所示。

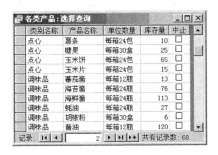

图 3-5　查询的例子

图 3-6　窗体的例子

创建窗体的目的是显示和编辑来自于表或查询的数据,窗体上摆放各种控件,如文本框、列表框、复选框、按钮等,分别用于显示和编辑某个字段的内容,也可以通过单击、双击等操作,调用与之联系的宏或模块(VBA 程序),完成较为复杂的操作。窗体与窗体上控件的外观、大小以及所联系的数据源等都可以在窗体设计器中设置。

如果当前表与另一个表之间建立了联系,则可通过子窗体进行关联处理。例如,因为"类别"表和"产品"表之间通过共有字段"类别 ID"建立了一对多的联系,故当窗体上显示"类别"表中某个记录时,子窗体上显示相联系的"产品"表中同一类别的所有产品的数据。

3.2.4 报表

报表可以按照指定的样式将多个表或查询中的数据显示(打印)出来。报表中包含了指定数据的详细列表。利用报表可以进行统计计算,如求和、求最大值、求平均值等。报表与窗体类似,也是通过各种控件来显示数据的,报表的设计方法也与窗体大致相同。

例如,可以将按照"产品"表生成的"各类产品"查询作为数据源,创建一个列举各种不同类别的产品的"名称"和"库存量"的报表,如图3-7所示。又如,一个商贸公司为了分析本周内每个负责销售的业务员的销售业绩,可以先创建一个按业务员姓名分组的查询,并将其作为数据源创建一个报表,则在该报表运行之后,可以在每个业务员姓名下面显示详细的销售情况。

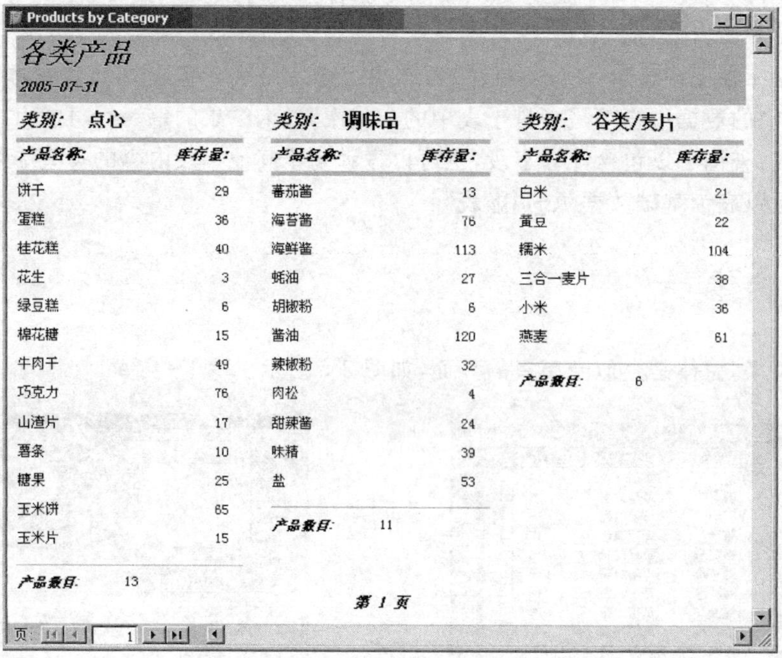

图 3-7　报表的例子

【注】 Access报表可以方便地转换为其他Office软件,如Word、Excel等文档,从而利用这些软件的编辑和分析工具制作出更为精美的报表。

3.2.5　宏

宏是若干个操作的组合,可用来简化一些经常性的操作。如果将一系列操作设计为一个宏,则在执行这个宏时,其中定义的所有操作就会按照规定的顺序依次执行。

在宏中可以执行的操作有打开(或删除、关闭)表、查询、窗体或报表等,查询或更新记录,以及响铃、显示消息框等。当数据库中有大量重复性的工作需要处理时,使用宏是最好的选择。图3-8为利用"宏设计器"进行宏设计时的工作窗口。

宏可以单独使用,也可以与窗体配合使用。例如,在窗体上设置一个命令按钮,单击这个按钮时,开始执行一个指定的宏。设计宏时,Access会给出详细的提示和帮助。

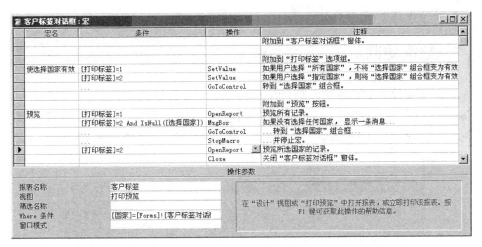

图 3-8　宏设计时的工作窗口

3.2.6　模块

模块是用 VBA 程序设计语言编写的程序段。模块可以与窗体、报表等对象配合使用,以建立完整的应用程序。模块的功能由其中包含的子程序(函数或过程)来完成。编辑模块的 Visual Basic 窗口如图 3-9 所示。

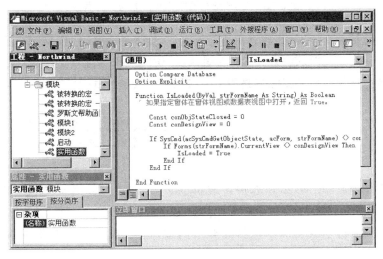

图 3-9　Visual Basic 窗口

一般情况下,用户不需要创建模块,除非要建立应用程序来完成宏所无法实现的复杂功能。如果用户学会了 VBA 程序设计方法,可以使用 VBA 编写数据库应用系统的前台界面,依靠 Access 的后台支持,实现完整的系统开发。

【注】　如果想在 Access 中编写 VBA 代码,可以采用一种不太正规的快捷方式:创建一个宏(参见第 8 章),然后选择菜单栏上"工具"菜单的"宏"命令项,将宏转换成 VBA

代码。对这些代码,还可以进行编辑。

3.2.7 数据访问页

Access 数据库中的数据访问页(Web 页)可以实现数据库与 Internet(或 intranet)的相互访问。数据访问页就是 Internet 网页,将数据库中的数据编辑成网页形式,就可以发布到网上,提供给网上用户共享。也就是说,网上用户可以通过浏览器来查询和编辑数据库的内容,如图 3-10 所示。

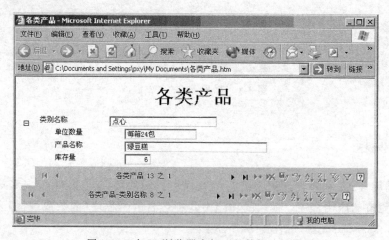

图 3-10 在 IE 浏览器中打开的数据访问页

借助于"数据页向导"制作数据页比较容易,但编辑数据页,或者保证它的安全性就需要较高的技巧了。与其他数据库对象不同,数据访问页作为独立的 HTML 文件保存在磁盘上,在数据库窗口中的图标只是指向真实文件的快捷方式。

3.3 Access 开发环境

作为 Microsoft Office 2000 软件包成员,Access 的使用界面与 Word、Excel 等的风格相同。在 Access 中编辑数据库对象就像在 Word 里编辑文档、在 Excel 里编辑数据表一样方便。当然,由于各自的设计目标有所侧重,其功能、界面和使用方法等也会有所差别。

3.3.1 Access 的安装

安装 Windows 98/NT/Me/2000 等操作系统之后,就可以安装 Access 了。

将 Microsoft Office 2003 的安装盘放到光盘驱动器中,关闭驱动器,按以下方法安装 Access。

1．启动安装程序

一般情况下，安装程序会自动启动，并弹出标题为"Microsoft Office 2003 安装"的对话框。安装程序将检测当前硬件和软件环境是否符合安装条件，将安装时要用到的程序复制到计算机上，并逐步提示用户输入（或选择）必要的信息，按用户的要求完成安装工作。

如果安装程序没有自动运行，则可按下列方法之一启动该程序：

(1) 直接运行安装程序。

在"我的电脑"窗口或"资源管理器"窗口中找到 Setup. exe，双击该图标或单击图标，再单击"打开"按钮，运行安装程序。

(2) 使用"开始"菜单中的"运行"命令。

单击"开始"按钮，选择"运行"命令；再单击弹出的"运行"对话框的"浏览"按钮，找到 Setup. exe 后，单击"确定"按钮，运行安装程序。

(3) 使用 Windows"控制面板"。

① 选择"开始"菜单的"设置"|"控制面板"子菜单命令。打开"控制面板"窗口。

② 单击"添加或删除程序"图标，显示"添加或删除程序"窗口，如图 3-11(a)所示。

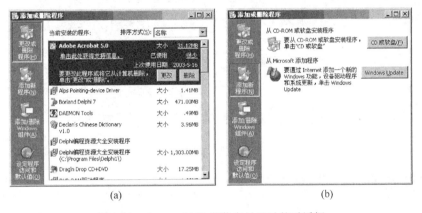

(a)   (b)

图 3-11　Access 2003 安装向导显示的对话框

③ 单击窗口左栏中的"添加新程序"图标，切换到相应状态，如图 3-11(b)所示。

④ 单击窗口列表框中的"CD 或软盘"图标，显示"运行安装程序"对话框，如图 3-12 所示。其中"打开"文本框中自动显示安装程序的路径名。

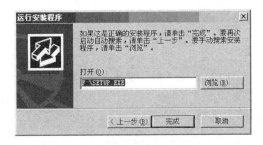

图 3-12　Access 2003 安装向导显示的对话框

⑤ 单击"完成"按钮,即可启动安装程序。

2. 输入用户信息

安装程序首先要求用户输入"产品密钥"(购买时厂家告知,常可在光盘盒背面的标签上找到);如果输入准确无误,则将进一步要求用户输入"用户名"(用户姓名或自拟的其他名称)、"缩写"(用户姓名的缩写)和"单位"(用户所在公司或机构的名称)。输入的"用户名"将用于各个Office程序中"文件"菜单"属性"对话框中显示的"作者"框中。

输入完毕后,单击"下一步"按钮。

3. 接受"最终用户许可协议"

在当前显示的窗口中阅读"Microsoft Office软件最终用户许可协议",并选择"我接受《许可协议》中的条款"单选项,再单击"下一步"按钮,将显示"安装类型"对话框,如图3-13(a)所示。

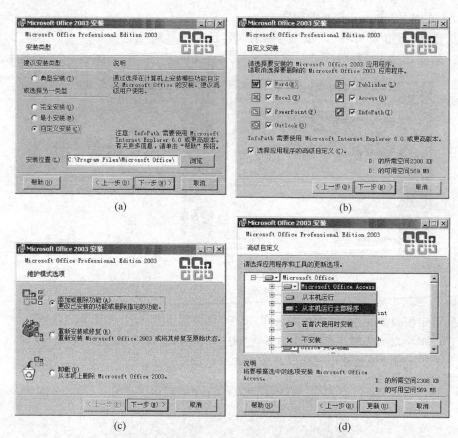

图 3-13　Access 2003 安装向导显示的对话框

4. 选择要安装的软件(Access)

在"安装类型"对话框中,可以选择不同的安装方式,如"典型安装"、"完全安装"、"自定义安装"等。还应该选择安装位置(可使用"浏览"按钮查找),并单击"下一步"按钮,切换到"自定义安装"对话框,如图 3-13(b)所示。

在该对话框中,可以选择要安装的软件名称(如 Access),还应选择"选择应用程序的高级自定义"复选项,并单击"下一步"按钮,切换到"维护模式选择"对话框,如图 3-13(c)所示。

【注】 如果不选择"选择应用程序的高级自定义"复选项,将会出现向导、示例数据库等不能使用的情况。

如果是初次安装,应该选择"维护模式选择"对话框中的"添加或删除功能"单选项,否则选择"重新安装或修复"单选项。选择后,单击"下一步"按钮,切换到"高级自定义"对话框,如图 3-13(d)所示。

5. 定制 Access

为了完全安装 Access 2003,可按以下步骤定制 Access 2003:

(1) 在"高级自定义"对话框中,有一个"请选择应用程序和工具的更新选项"列表,单击其中的 Microsoft Office 选项左侧的"+"号展开它,再单击其中的 Microsoft Office Access 选项中的▼按钮,并选择下拉列表中的"从本机运行全部程序"。

(2) 完成了以上操作步骤之后,单击"更新"(或"开始安装")按钮,开始安装软件。安装完成之后,按屏幕提示重新启动计算机,则自动完成安装过程。

在"高级自定义"对话框中,还可以进一步定制 Access 中各组件的安装。单击 Microsoft Office Access 选项左侧的"+"号展开它,再单击某个组件(如示例数据库)选项中的▼按钮,并选择下拉列表中的"从本机运行全部程序",即可使该组件完全安装,如图 3-14所示。

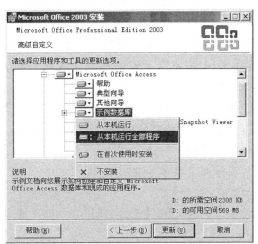

图 3-14 定制 Access 组件

3.3.2 Access 主窗口

Access 的主窗口如图 3-15 所示,其中包括标题栏、菜单栏、工具栏、状态条以及编辑区(客户区)等。

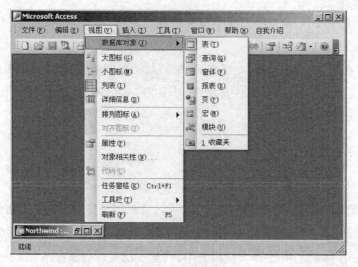

图 3-15 Access 主窗口

1. 菜单栏

Access 的菜单栏中包括"文件"、"编辑"、"格式"等几个下拉菜单。如果是第一次启动 Access,则所看到的是短菜单,即每个菜单上只显示几个基本命令。在不断使用的过程中,用过的命令会自动添加到菜单上。如果菜单上未显示要用的命令,可以单击菜单下面的█符号,或双击菜单名,则该菜单将会延伸显示全部命令。不常用的命令以浅灰色为背景,以示区别。

对常用命令的设置还可根据使用情况自动调整。如果经常使用某个命令,则该命令会自动成为常用命令,并作为"最近使用过的命令"首先显示。如果不需要这项功能,可以通过"自定义"对话框将其关闭。

(1) 打开自定义对话框。

用两种方法可以打开如图 3-16(a)所示的"自定义"对话框。

① 选择"视图"菜单的"工具栏"|"自定义"命令。

② 右键单击工具栏,选择弹出菜单中的"自定义"命令。

(2) 设置命令的显示方式。

单击"自定义"对话框的"选项"标签,并选择"始终显示整个菜单"复选项,如图 3-16(b)所示。

(3) 自定义对话框中的其他设置。

在"自定义"对话框的"选项"页中,还有一些其他关于菜单和工具栏的选项。

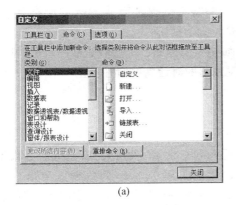 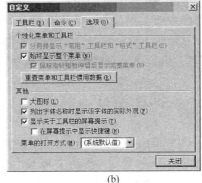

(a)   (b)

图 3-16   "自定义"对话框

① 在工具栏中显示"大图标"。

② "列出字体名称时显示该字体的实际外观"。这是 Office 2000 的一个新功能。即当在工具栏的"字体"组合框中选择字体时,每种字体的名称都以该种字体显示,以便按其外观来选择字体。

③ "显示关于工具栏的屏幕提示"。将鼠标指针移到工具栏的某个按钮上,稍等片刻,则会显示按钮的提示信息。

④ "在屏幕提示中显示快捷键"。例如,对于"新建"按钮,屏幕提示中显示"新建(Ctrl+N)"。

⑤ "菜单的打开方式"。设置菜单打开时是否显示动画,以及动画的类型(如展开、滑动、任意等)。

2. 工具栏

Access 的工具栏非常丰富,对应于不同的对象有不同的工具栏。工具栏的最大特点是可以自动显示或自动隐藏。根据当前打开的对象或视图,Access 可以自动显示相应的工具栏而隐藏其他无关的工具栏。例如,打开窗体视图时,自动显示"窗体视图"和"格式"两个工具栏,如图 3-17 所示。

图 3-17   "窗体视图"工具栏和"格式"工具栏

按照前面介绍的方法打开"自定义"对话框,选择"工具栏"页,并在其中的"工具栏"列表中选中要显示的工具栏(复选项),则该工具栏将会显示出来。

创建新的工具栏,并在其上添加命令按钮的方法如下:

(1)切换到"自定义"对话框的"工具栏"页,单击"新建"按钮,在弹出的"新建工具栏"对话框中填写工具栏名称。

(2)单击"属性"按钮,在弹出的"工具栏属性"对话框中设置工具栏的类型、停靠方式、是否允许移动等属性。

（3）单击"属性"按钮，在"自定义"对话框中将会分类显示 Access 的所有菜单命令。将所需的命令拖动到自定义的工具栏上即成为命令按钮。

（4）若要进一步设置命令按钮的属性，如按钮的标题、快捷键、屏幕提示等，则用右键单击该按钮，选择弹出菜单的"属性"命令，在弹出的对话框中即可设置。

3.3.3　数据库窗口

Access 中提供了"罗斯文商贸"示例数据库和地址簿、联系人、家庭财产等数据库示例应用程序。下面通过"罗斯文商贸"数据库来了解 Access 的数据库窗口。罗斯文（NorthWind）示例数据库是帮助用户学习 Access 的一个比较完整的数据库，其中包含了虚构的"罗斯文公司"的业务数据。

1．打开数据库

单击 Access 的"文件"菜单的"打开"命令，选择"罗斯文"数据库。罗斯文数据库通常位于 Access 安装文件夹下的 Office\Samples 子文件夹中。

【注】　Access 在打开一个数据库时，将关闭已经打开的其他数据库。

1）启动 Access

选择"开始"菜单的"程序"｜Microsoft Office Access 命令，或单击 Windows 桌面上的 Microsoft Access 快捷方式（创建之后才能使用），启动 Access。

Access 启动之后，显示主窗口以及如图 3-18 所示的"任务窗格"，任务窗格中列出了最近打开过的数据库文件的路径名。如果要打开的数据库在列表中，则选中并单击"确定"按钮即可。

2）打开罗斯文示例数据库

图 3-18　"开始工作"对话框

在任务窗格的"打开"列表中，选择 NorthWind 项。如果没有该项，可以选择"其他"项，弹出"打开"对话框，然后在其中查找并选择 NorthWind. mdb 文件。

【注】　利用"我的电脑"或"资源管理器"，找到 NorthWind. mdb 文件，双击其图标，即可先打开 Access，再打开该数据库。这就是面向文档的操作方式。

2．数据库窗口

在创建或打开了某个数据库之后，Access 的开发环境中就会显示数据库窗口。所有的数据库操作都是围绕数据库窗口进行的。例如，打开罗斯文数据库之后，将显示如图 3-19 所示的数据库窗口，其中包含了该数据库的所有组成部分。

数据库窗口主要由工具栏、对象栏和对象列表框 3 部分组成。

1）工具栏

在数据库窗口标题栏下面是工具栏，其中包含 3 组按钮：

（1）第一组是用于操作数据库对象的 3 个按钮。对于不同类型的对象，这 3 个按钮

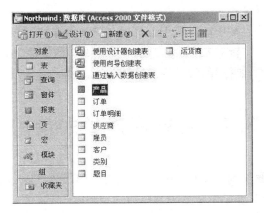

图 3-19 数据库窗口

的内容和含义有所不同。

（2）第二组只有一个按钮，用于删除选中的对象。

（3）第二组按钮共有 4 个，用于设置对象列表的显示方式，如大图标、详细列表等。

2）对象栏

数据库窗口左边是对象栏。其中包含若干个组，"对象"组是最常用的组。用户也可以自定义组。每组包含若干个按钮。每个按钮分别代表了数据库中各种不同的对象，如表、查询、窗体等。

3）对象列表

单击对象栏中的某个按钮时，右边的列表框将显示当前选中的对象列表，以及用于创建该对象的快捷方式。例如，在图 3-19 中，当前选中的对象是"表"（相应按钮为按下状），则右框中列出了该数据库所有"表"对象的图标。

3. 数据库窗口的设置

1）改变对象列表视图的显示方式

通过工具栏的第三组按钮，可以改变对象列表视图的显示方式。4 种显示方式是大图标方式、小图标方式、列表方式和详细信息方式。

2）创建新组

在对象栏中可以创建新组，以便摆放数据库中常用对象的快捷方式。

右键单击对象栏，在弹出菜单中选择"新建组"命令，则屏幕上出现"新建组"对话框，如图 3-20 所示。

在该对话框中的"新组名称"文本框中输入新组名称，如"组 1"等，并单击"确定"按钮，则对象栏中将会出现一个相应的按钮。

图 3-20 "新建组"对话框

对新建的组可以重命名或删除。只需要右键单击对象栏，然后在弹出菜单中选择相应的项目即可。

3）创建常用对象的快捷方式

将一个数据库对象添加到组中的方法是：右键单击该对象，并在弹出的菜单中选择

"添至组"子菜单的相应命令。

通过拖动的方式可为常用的对象创建快捷方式。例如,将"表"对象中的"产品"拖放到"新对象"按钮上,则在"新对象"中将出现一个"产品"的快捷方式。对快捷方式可以进行和源对象相同的操作,如打开、设计等。

3.4 数据库对象的使用

Access 在许多方面秉承了 Office 软件的集成性和易用性,扩展了用户熟悉的工具和向导,而且各种对象的创建和使用方法大体相同,给用户带来了极大的方便。此外,还可以利用 VBA 编写程序来实现更为精细的设计或更为复杂的功能。

3.4.1 数据库对象的创建

在数据库窗口中,当前数据库的所有对象都是可见的。用户通过简单的鼠标操作即可访问对象或创建一个新对象。

1. 数据库对象的操作

数据库对象的默认操作是"打开"。例如,双击一个查询的图标,或单击图标再单击"打开"按钮,Access 会打开(执行)该查询,然后将查询结果(查询对象的一次执行结果)显示在"数据表视图"中。类似地,双击一个报表对象;或单击报表对象,再单击"预览"按钮("打开"按钮自动更换为"预览"按钮),则可将报表显示出来。

如果要查看和编辑对象的定义和结构,可以先选定该对象,然后单击"设计"按钮。在"设计"视图中,可以改变对象的外观(如字体和窗体的颜色等),改变表和查询获得数据的来源,还可以调整所选对象的其他属性(多达上百种)。

2. 创建新对象的方法

下面以创建窗体为例,说明创建一个新对象的步骤。

(1)在数据库窗口中,单击对象栏上的相应按钮。本例为单击"窗体"按钮,切换到窗体对象页。

(2)用下列两种方法之一选择创建对象的向导或设计视图。

① 单击数据库窗口上端工具栏上的"新建"按钮,弹出如图 3-21 所示的"新建窗体"对话框,其中列出了创建新窗体的一些向导和创建窗体的工具。列表中的第一项可以让用户直接进入窗体的"设计"视图,从头开始创建一个新的窗体对象。

② 双击对象列表开头的几个模板图标,如图 3-22 所示。这些图标提供了创建新对象的几种方法,包括不同的向导以及在"设计"视图中从头开始创建新对象的相关选项。

下面选择合适的方法开始创建过程。在创建数据库对象的初始阶段,向导可给用户提供很多帮助。向导主要作为初学者的入门引导工具,当然,有些向导对于经验丰富的数据库用户也会有所帮助。

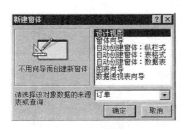

图 3-21 "新建窗体"对话框

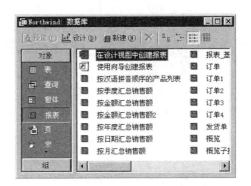

图 3-22 新建对象对话框示例

例如,多数用户不大使用"表和查询向导",认为设计视图可以提供更有效的工作方式,适合于设计那些满足特殊要求的独立对象。然而在创建窗体和报表时,使用向导却能提供很大的方便。因为向导可以在窗体和报表上自动添加许多控件,如标签、文本框等,用户只需要进行适当的移动和修改,便可完成设计工作。

3.4.2 数据库对象的管理

在 Access 中,可以非常方便地查看对象,删除对象,重命名对象,移动或复制对象。下面是管理数据库对象的几种常用方法。

1. 使用快捷菜单

在数据库窗口中,右键单击要管理的对象,弹出快捷菜单,如图 3-23 所示。快捷菜单中的许多选项都可以在 Access 工具栏或者菜单上找到相应的按钮或命令。

选择适当的命令,即可完成相应的操作。例如,打开一个对象查看其内容和设计,重命名或删除对象,将对象剪切或复制到剪贴板上,或者将对象添加到收藏夹中。

【注】 在 Access 中,如果对表中的字段重命名,则会自动在查询、窗体、报表和其他对象中自动更新对该字段的引用。

2. 修改对象属性

每个数据库对象都有两套属性。如果右键单击数据库窗口中的对象图标,然后在弹出菜单中选"属性"项,则显示一个简单的"属性"对话框,其中列出了对象的"常规"属性,包括对象名、文字描述、创建对象的日期和修改对象的最近日期等。

如果打开对象的"设计"视图,然后单击"属性"按钮,会显示如图 3-24 所示的全部属性的列表,可用于控制对象的外观和行为。

属性对话框是非模态的,即可在操作其他对象的同时让对话框处于打开状态,并且对话框的内容总是和当前选中的对象相匹配。

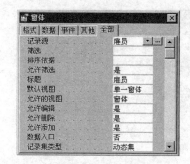

图 3-23　管理对象的快捷菜单　　　　　　　图 3-24　对象的属性

3. 创建快捷方式快速访问数据库对象

数据库对象保存在 Access 的数据库文件中，它不是独立的文件。可以创建一些代表数据库对象的快捷方式，以便引用个别对象。例如，创建一个每周的销售报表，使它在每个星期一上午运行，就可以在 Windows 桌面或"开始"菜单中保存一个该数据库对象的快捷方式。利用快捷方式可以不启动 Access 而直接到达数据库窗口的"报表"窗格（页），然后双击该对象即可启动它。用快捷方式可以打开常用数据库中的窗体或运行 Access 宏。

【注】　如果 Access 数据库保存在网络服务器上，则可通过电子邮件将快捷方式发送给其他用户。收件人访问该服务器时，可双击该快捷方式来打开窗体、报表或发送的其他对象，这样可使收件人看到最新数据。

4. 将对象组织成组

对 Access 数据库使用的时间越长，其中的对象就越多。每个对象都有专门的用途，不会交互作用。由于太多的对象会带来查找的困难，因此可以创建快捷方式将常用的对象包括进去。例如，如果有一套查询和窗体，用于在向数据库中输入数据，则可创建一个独立的称为"数据项"的组（方法见 3.3.3 节），将这些对象的快捷方式包括进去（组中可以包含不同类型的对象），以便于操作。

3.4.3　宏和模块的使用

Access 的宏和模块对象可用于扩充数据库系统的功能，利用宏或模块，不必书写代码或书写少量代码即可在短时间内开发出功能强大且相当专业的数据库应用程序，而且开发过程是可视化的。

编写宏或模块的目的大致可分为两种情况：

（1）为了简化数据库的使用，例如，自动运行一些过程，提供基本的数据库对象和工具,创建和运行菜单等；

（2）扩充数据库系统的功能，例如，执行复杂的后台操作，扩展某个数据库的功能选项等。

宏和模块可以独立运行，也可以与某个特定事件联系起来，在该事件被触发的情况下运行。一般情况下，宏和模块总是按后一种方式运行的。例如，在"罗斯文"示例数据库中，有一个如图 3-25(a)所示的供应商窗体，其中"回顾产品"按钮的单击事件就与一个事件处理过程联系在一起，可以在如图 3-25(b)所示的按钮的属性窗口中看到。

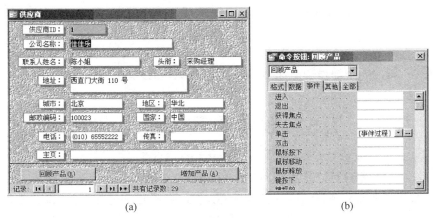

(a)   (b)

图 3-25　供应商窗体及回顾产品按钮的属性窗口

将鼠标移到标识为"事件过程"的行，单击右侧的…按钮，将会打开 Visual Basic 程序设计窗口，其中显示"回顾产品"按钮的单击事件处理过程，如图 3-26 所示。

图 3-26　回顾产品按钮的单击事件过程

这一段代码是显示在两个语句：

Private Sub 回顾产品_Click()
⋮
End Sub

之间的，其功能为：打开"产品列表"窗口（运行时的窗体），显示用户所选择的供应商（公司）提供的产品。

由此可见，VBA 程序设计语言最重要的特征是事件驱动机制，即代码中特定的过程将会在特定事件被触发的情况下执行。事件常与用户的操作，如单击、双击、按键等相联系。

VBA 是 Microsoft Office 系列软件内置的编程语言，便于初学者学习和使用。当然，如果已有 Visual Basic 编程基础，则会使学习更加轻松且效率更高。

3.5　数据的导入和导出

在 Access 中，不仅可以使用各种向导、模板、设计器及其他工具来创建和编辑新的表、查询、报表等各种对象；而且可以利用数据的导入、导出和链接功能，将其他种类数据库中的数据或其他格式的文档中的内容添加到 Access 数据库中，或将 Access 数据库中的对象复制到其他数据库或文档中，从而实现数据共享，并利用不同软件系统各自具有的特殊功能，更为充分高效地使用数据。

3.5.1　导入数据

通过导入的方式，可以在 Access 数据库中使用其他种类的数据库或其他格式文档中的数据。例如，利用导入的方式创建一个 Access 数据库来取代已有的 FoxPro 数据库的方法是：开始设计数据库时，利用导入的真实数据来检测新设计的窗体、报表和查询；从旧的数据库系统变换成新系统时，再导入必要的数据。

Access 可以导入的数据库和文件格式包括 dBASE、Paradox、ODBC 数据库，以及 Excel、Exchange、Lotus1-2-3、Outlook、HTML 文件和文本文件。对于像 dBASE 这样的关系数据库，只要选择某一文件（如.dbf 文件），就可以导入到当前 Access 数据库中；由于 SQL Server、Oracle 这样的大型客户机-服务器数据库并不一定以文件的形式存在，因此，如果想要从其中导入表，则应该通过 ODBC 数据源。对于文本文件等非关系型数据文件（或数据库的数据），由于它们都有自己特殊格式，因此可以使用"导入文本向导"等工具来完成导入工作。

下面以向 Access 中导入 Word 文本文档为例，说明导入的方法。

1. 选择要导入的文档

（1）在 Access 中打开一个数据库。

（2）在数据库窗口中，切换到"表"对象页。

（3）选择"文件"菜单的"获取外部数据"项，并选择子菜单的"导入"命令，弹出"导入"对话框，如图 3-27 所示。

图 3-27　"导入"对话框

（4）在该对话框中选择要导入的文件名和文件类型。本例中对文件名选择"学生成绩.txt"，对文件类型选择"Text Files"。

单击"导入"按钮，弹出"导入文本向导"的第一个对话框，如图 3-28 所示。

2. 将文档导入 Access 数据库

（1）选择要导入的文件中数据项（字段）的分隔方式。

文本文件中存储的数据常用两种方式来分隔：一种是用分隔符号（如逗号），另一种是按照每列固定的宽度分隔数据。在将 Word 文件导入 Access 之前，应在 Word 中将文件另存为用逗号或用制表符分隔的文本文件。

在"导入文本向导"的第一个对话框中，有两个单选项：

① "带分隔符-用逗号或制表符之类的符号分隔每个字段"；

② "固定宽度-字段之间使用空格使所有字段在列内对齐"。

选择后，单击"下一步"按钮，弹出"导入文本向导"的第二个对话框，如图 3-29 所示。

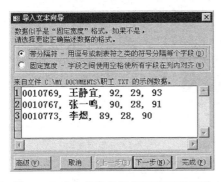

图 3-28　确定是带分隔符还是固定宽度

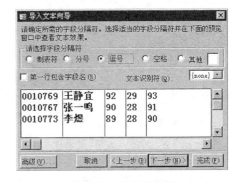

图 3-29　指定分隔符

（2）在该对话框中选择一种分隔符，本例中选择逗号"，"（英文的逗号）单选项。单击

"下一步"按钮,弹出"导入文本向导"的第三个对话框,如图 3-30 所示。

(3) 在该对话框中选择是建新表保存数据,还是将数据放到现有的表中。本例中选"新表中"单选按钮。选择后,单击"下一步"按钮,弹出"导入文本向导"的第四个对话框,如图 3-31 所示。

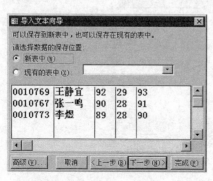

图 3-30　确定建新表还是存入已有表

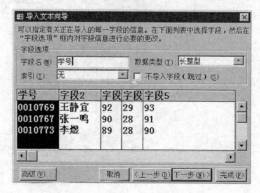

图 3-31　输入第一字段名

(4) 在对话框中为导入数据最左边的数据项命名。本例中输入"学号",并定义其数据类型为"长整型"。如果还要命名其他字段,则单击"高级"按钮,弹出"导入规格"对话框,如图 3-32 所示。

"导入规格"对话框用于查看更多的选项或修改指定项,如域分隔符等。如果要保存指定项,以便下次导入相似的文本文件时使用它们,可单击"另存为"命令。

(5) 在图 3-32 所示对话框中继续命名其他数据项。本例中输入"姓名"、"考试"等。单击"确定"按钮,弹出"导入文本向导"的第五个对话框,如图 3-33 所示。

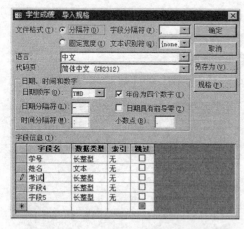

图 3-32　"导入规格"对话框

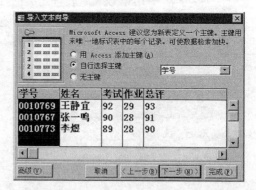

图 3-33　选择主键

(6) 在该对话框中选择主键。可选择用 Access 添加主键或自行选择主键,也可无主键。单击"下一步"按钮,弹出"导入文本向导"的第六个对话框。该对话框包含两个复选项:

①"导入完数据后用向导对数据进行分析";

②"向导完成之后显示帮助信息"。

选择后,单击"完成"按钮,结束导入工作。

至此,当前数据库中多了一个名为"学生成绩"的新表。

3.5.2　使用 Office 链接

Access 的用户界面与其他 Office 应用程序的用户界面共享许多构件,因此,在 Access 与这些程序之间传输数据十分方便。在 Access 中,提供了"Office 链接"功能,可以直接将 Access 中的数据传送到 Word 或 Excel 中,从而利用这两种软件的文本编辑与数据分析功能,达到协同工作,互相取长补短的目的。

1. "Office 链接"功能

在有些情况下,Access 数据库所需要的数据只是暂时的。例如,如果已经在 Access 中创建了一个报表或者查询,则可将这些数据转换为 Word,合并到一个较大的报表中去;也可送到 Excel 中,以便利用数据透视表或者图表来分析这些数据。实现这些操作的最简单有效的工具是"Office 链接"。通过它可将 Access 数据直接送到其他 Office 应用程序中。

选择"工具"菜单的"Office 链接"命令,展开如图 3-34 所示的子菜单,其中包括 3 个命令。

(1)"用 Microsoft Office Word 合并"。将一个数据表发送到 Word 的新建或者已有邮件的合并文档中,转换完成后,可将 Access 数据库表中的字段作为合并字段插入到 Word 文档中。

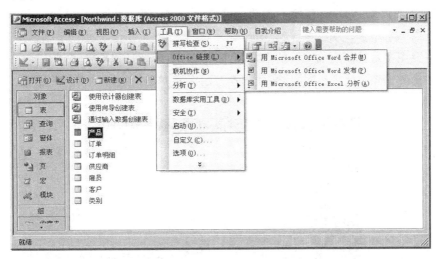

图 3-34　Office 链接子菜单

(2)"用 Microsoft Office Word 发布"。基于一个选定的 Access 对象,在磁盘上创建

文本文件,然后立即用 Word 打开该文件。文件可以是一个很长的商业文档或报表的开头。

(3)"用 Microsoft Office Excel 分析"。基于选定的 Access 对象,在磁盘上创建一个工作表文件(XLS 格式),然后立即用 Excel 打开该文件。在工作表环境下,可以执行在 Access 中无法实现的数学运算、统计分析和其他操作,也可以使用 Excel 的图表功能进行分析。如果报表中包含组,则生成的 Excel 工作表中也会包含分类汇总计算。

2. 利用"Office 链接"导出数据

下面以"用 Microsoft Office Excel 分析"为例,说明"Office 链接"的使用方法。

1) 选择对象

在当前数据库窗口中,选中要传送到 Excel 中的对象(如表、查询等),或者打开对象,本例中选中"产品"表。

2) 导出数据

选择 "工具"菜单的"Office 链接"子菜单中的"用 Microsoft Office Excel 分析"命令,Access 会将"产品"表导出到 Excel 中,成为一个名为"产品"且包含一个名为"产品"的工作表的工作簿,并自动打开 Excel,显示其内容。

此后,便可以利用 Excel,对传送过来的数据进行各种处理。

3.5.3 导出数据

通过导出的方式,可以将 Access 数据库中的表(查询、报表等)复制到其他关系数据库(如 SQL Server 或 Oracle 数据库)或其他格式的数据文件中。例如,可以将 Access 数据库中的表导出到 Excel 中,转换为 Excel 数据格式,使 Access 数据库中的数据能在 Excel 中使用。

如果要更多地控制生成文件的格式和文件名,则可以利用"导出"命令。

在数据库窗口选定一个对象,然后选择"文件"菜单的"导出"命令,弹出导出对话框,如图 3-35 所示。

图 3-35　导出对话框

如果要生成一个 Word 或者 Excel 文件,在该对话框的"保存类型"文本框中选择某一特定格式(包括 Office 旧版本的一些格式),并在"文件名"文本框中选择或输入文件名,然后单击"保存"按钮。

例如,将罗斯文数据库的"10 种最贵的产品"查询导出为 HTML 文件的步骤如下:

(1) 打开罗斯文示例数据库。在数据库窗口中,切换到"查询"对象页,并选定"10 种最贵的产品"查询。

(2) 选择"文件"菜单的"导出"命令,弹出"导出"对话框。

在该对话框的"保存类型"文本框中选择"HTML Documents"项,并选中"带格式保存"复选项,然后单击"保存"按钮,弹出"HTML 输出选项"对话框,如图 3-36 所示。

图 3-36 "HTML 输出选项"对话框

单击"确定"按钮,Access 则使用默认的模板,在指定的文件夹中生成 HTML 文档。

3.5.4 Access 与其他文件的链接

Access 提供两种方法使用外部数据源中的数据:一是将数据导入到当前数据库的新 Access 表中;二是将数据保留在当前的位置上,以当前格式使用但不导入,称为链接。

在 Access 数据库中,导入的数据将以表的形式保存一个副本,源表或源文件不会改变。而链接则使 Access 用户能够读取外部数据源中的数据,并更新这些数据。由于并未导入,外部数据源的格式不会改变,因此,可以继续使用创建文件的程序来使用它,同时也可以使用 Access 来添加、删除或编辑它的数据。

Access 使用不同的图标来代表链接表和存储在当前数据库中的表。在数据库窗口中,链接表的前面有一个小箭头,而且对于不同类型的外部数据库或文件将会显示不同的图标。

可以链接的常见外部数据源有位于网络、HTML 表和 HTX 表中的 Access 数据库表,位于本地 Internet 或内联网服务器上的列表,FoxPro、Paradox、SQL Server 数据库,以及 Microsoft Outlook、Excel 等文档。

【注】 在链接表中,某些字段的属性是不能更改的。

通过链接表,可以实现操作或维护其他类型的数据库;以及远程数据库中的数据的功能。例如,在链接了 SQL Server 数据库中的表之后,可以通过数据表视图修改表中的数据,从而实现使用 Access 作为前端,调用后端 SQL Server 数据库的功能。

1. 链接的适用范围

如果数据只在 Access 中使用,则应该使用导入方式。当 Access 自身的表的工作速度较快时,可以像在 Access 中创建的其他表一样,修改导入的表以满足要求。

如果要使用的数据将由 Access 以外的其他程序来更新,则应该使用链接方式。使用这种方式时,仍旧可以保持当前更新、管理和共享数据的方法,而且可以使用 Access 来处理数据。例如,可以用外部数据创建查询、窗体和报表,并将外部数据和 Access 表中的数据联合使用。甚至,在其他人正在以原始程序使用外部数据时,还可以进行查看和编辑。

对于不同的 Access 数据库中的表,也可以进行链接。例如,如果将某个数据库中的全部表都存储在网络服务器上,而将窗体、报表和其他对象保留在可供用户复制的另一个数据库中,则这些用户可以使用网络上共享的 Access 数据库中的表。在这种情况下,有必要将现有数据库拆分为两个数据库。拆分的方法是:选择"工具"菜单的"加载项"|"数据库拆分器"命令。

在不同的数据库之间导出和导入数据时,可能会在创建重复的数据时面临一定的风险。例如,如果在 Access 和 SQL Server 数据库中都保存了有关顾客和产品的信息,则数据库管理员必须在两个地方同时进行变动,但通常会有一些记录不能做到同步变动,从而出现数据不一致的错误。

如果必须在两个不同的数据库中使用同样的数据,则最好在某一个程序中保存数据,而在另一个数据库中创建一个指向这些数据的链接,以便增加、编辑记录或者执行查询。由于 Access 可以使用链接指向不同格式(dBASE、SQL Server、Paradox 等)的数据,因此,可以在其他数据库中保存共享数据,然后在 Access 中创建链接指向这些数据。

2. 链接的方法

链接操作和表的导入操作基本相同,步骤如下:

(1) 在 Access 中打开一个数据库,并将数据库窗口切换到"表"对象页。

(2) 选择"文件"菜单的"获取外部数据"|"链接表"命令,弹出"链接"对话框。

(3) 在该对话框中选定要链接的数据库(或文件类型与文件),并单击"链接"按钮,弹出"链接"对话框。

(4) 按"链接"对话框的提示进行操作。

3. 删除对链接表的链接

如果要删除对表的链接,删除链接表的图标即可。操作步骤如下:

(1) 将数据库窗口切换到"表"对象页,并选定链接的表。

(2) 按 Delete 键,或右键单击并选择快捷菜单的"删除"命令,Access 将删除链接,并将表名从列表中移走。

删除链接的表时,所删除的只是 Access 用来打开表的信息,并不删除外部表本身。如有必要,仍然可以链接到同一个表上。

习 题

1. 列举 6 种 RDBMS 产品。

2. 列举 5 种 Microsoft Office 2000 套件中的软件名称,并简要说明它们的功能。

3. 简要说明 Access 的基本组成部分。

4. Access 数据库中可以包含哪些对象？它们之间有什么关系？

5. 什么是查询？查询与表有什么区别？

6. 什么是窗体？窗体的主要功能是什么？

7. 宏有什么作用？宏怎样执行？

8. 程序中是否一定要有模块？为什么？

9. 使用 Access 能做哪些工作？

10. 如果在安装 Microsoft Office 2000 时没有安装 Access，现在要单独安装，应该如何操作？

11. 简述 Access 主窗口的主要组成部分及其特点。

12. 简述数据库窗口的主要组成部分及其作用。

13. 举例说明如何创建新组？新组中能不能存放不同类型的对象？

14. 假设创建了每周的生产报表、销售报表、员工业绩报表等多种报表，并且都要在每星期一上午运行，应该如何处理才能比较方便？

15. 什么是模板？什么是向导？举例说明在数据库中创建独立对象的向导的作用。

16. 导入数据和链接数据有什么联系和区别？

17. 分别说明完成下列功能的操作过程：

（1）将一个 Excel 工作表中的部分数据添加到 Access 数据库表中。

（2）将 Access 表中的字段作为合并字段插入到 Word 文档中。

（3）将一个 Access 数据库表传送到 Excel，再将其中的一部分数据用图表表现出来。

18. 简述 VBA 的事件驱动机制。

19. 将罗斯文示例数据库的"雇员"表导出为 Word 文档，在 Word 中编辑修改其内容和格式，再导入到数据库中。

第4章 数据库的设计与创建

创建数据库是数据库管理的基础,只有在认真分析用户需求并精细规划数据库结构的基础上,才能创建出高效易用且易于管理的数据库。

在 Access 中,创建数据库包括创建数据库本身、创建数据库中的表以及创建基于表的查询、窗体、报表等其他对象,但最重要的是创建数据库本身、表以及表与表之间的联系。Access 提供了多种创建数据库及其中各种对象的方法,用户可以根据实际情况选用。

4.1 Access 数据库的数据定义

在 Access 中,表是关于特定主题的数据集合,如产品、供应商等。用一个表来表示一个个主题,可以减少数据冗余及数据输入的错误。在表与表之间,Access 是通过建立关系来连接其中的数据的。

下面以罗斯文示例数据库为例,介绍 Access 数据库的基本组成结构,包括表、主键和外键及其关系。

4.1.1 关系数据库的表

罗斯文示例数据库中存放了罗斯文公司业务所涉及的各方面数据,如产品数据、供应商数据、客户数据、员工数据等,分别组织在相应名称的表中。其中"产品"表中存放了罗斯文公司的产品数据,如图 4-1 所示。

产品表的每一行(记录)表示一种产品,由这种产品的各种不同的属性值组成。每一列(字段)表示产品的某种属性,如产品的名称、单价、库存量等。通过对该表以及其他相关表的分析,可以归纳出表的一般特性。

1. 表描述一种实体

实体是数据库中包含的各种对象,同一类的所有实体用一个表来描述。也就是说,实体的信息都是以表的形式存储在数据库中的。例如,在罗斯文示例数据库中的各种实体,

图 4-1　产品表

如产品、雇员、订单等,都分别由不同的表来描述。

2. 表由记录和字段组成

表中的一个记录代表一个实体,例如,产品表中的每一行都描述了一个具体的产品。表中的一个字段代表一个实体的一种属性,例如,产品表中的"单价"字段描述了产品实体的价格属性。

3. 表名通常是惟一的,并且是表中所存储的实体的名称

表是用来描述实体的,因此,用实体的名称作为表名。表名既可以标识每一张表,又可以说明表所存储的内容。例如,看到表名"产品"就知道它是存储产品信息的。

4. 表之间相互独立又相互联系

表的独立性是通过"实体"来体现的。表的相互联系是通过"关系"来实现的。

表是用来存储一种实体的各种属性数据的集合,不同的表代表不同的实体,但它们之间互有关联。这种关联可以通过键来实现。

4.1.2　主键和索引

Access 数据库是依据关系模型设计而成的,一个数据库中包含多个满足关系模型的表,其中每个表分别反映一个系统中某个实体集的情况,如果在多个表之间建立关联,就会反映出整个系统的情况。如果要在同一个数据库中的表与表之间建立关联,就必须将某些字段指定为主键或为其创建索引。

1. 主键

主键(primary key)是表中的一个字段或多个字段的集合,它的值用于惟一地标识表中的某一条记录。一个表中不一定设置主键,但当要在表与表之间建立关联时,必须指定主键。利用一个表中的主键的值引用另一个表中相匹配的记录,就能够在两个表之间建立关联。

一个表中如果设置了主键,Access 将以主键的次序显示数据;当输入新记录到表中

时,Access 会检查是否为重复的数据,Access 不允许输入与已有主键字段值相同的数据;主键能够加快查找和排序的速度。

主键具有以下性质。

(1) 主键不能为空:如果主键为空,则将失去对某些记录的控制及访问。

(2) 主键不能重复:如果主键出现重复,则主键所标识的记录将失去惟一性,当查询或者访问这些记录时会出现混乱或者错误。

(3) 主键不能修改:主键在表中有重要地位,它不仅标识表中的记录,而且经常要与其他表中的字段进行关联。如果硬要修改,很容易给其所在的表以及其他相关的表造成意想不到的错误。另外,对主键进行修改也可能会造成主键的重复,而这是不允许的。

2. 外键

外键也是表中的一个或一组字段,外键的值与相关表的主键相匹配。如果将当前表称为外键表,另一个表称为主键表,则外键表中的任意行应在主键表中有对应的行。也就是说,要求添加到外键表的任意行在外键字段中有值,该值对应于主键表中某些行的主键字段的各个值。

例如,在罗斯文示例数据库中,产品表和供应商表通过同名的"供应商 ID"字段建立了关联,这个字段在产品表中是外键,而在供应商表中是主键,如图 4-2 所示。因而,"产品"表中"供应商 ID"字段的每个值都来自于"供应商"表中同名字段的值。

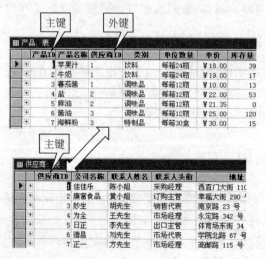

图 4-2 主键和外键

3. 索引

索引是按索引字段(一个或几个的集合)的值使表中记录有序排列的机制。索引提供指向存储在表中特定字段的值的指针,然后根据指定的排列次序对这些指针进行排序。数据库中索引的作用与书中的索引相同:在查找特定值时,先在索引中搜索该值,然后按照指向包含该值的行的指针跳转到所需的内容。因为在索引中查找远比在原表中查找快捷得多,因而,使用索引可以加快对表中特定数据的访问速度。

索引虽然起到了为记录排序的作用,但不改变表中记录的物理顺序,而是另外建立一个记录的顺序表,操作时引用它就可以了。

一般来说,当某个或某些字段被当作查找记录或排序的依据时,可以将其设定为索引。一个表可以建立多个索引,每个索引确定表中记录的一种逻辑顺序。同指定主键类似,可以在单个字段上创建索引,也可以在多个字段上创建索引。

在数据库中,对表定义主键将自动创建主键索引,这是一种特殊类型的惟一索引,要求主键中的每个值必须是惟一的。

对于 Access 数据库来说,表中的索引可以在表的设计视图中设定和查看。例如,在产品表中,为"产品名称"字段创建了"有重复"索引(同值记录全部保留),如图 4-3(a)所示;同时,主键"产品 ID"字段自动建立了"无重复"索引(同值记录只保留一个),如图 4-3(b)所示。

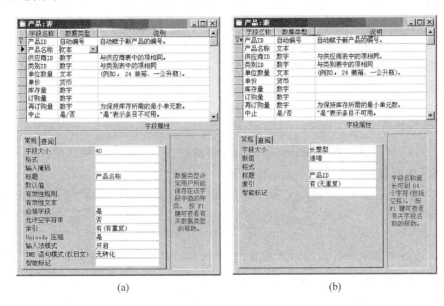

图 4-3　索引的例子

4.1.3　关系

所谓关系是指利用两个表之间的共有字段所创建的关联性。通过这种表之间的关联性,可以将数据库中的多个表联结成一个有机的整体。因此,在关系型数据库中,关系的定义及其实现对整个数据库的性能和操作都具有关键的作用。

关系的主要作用是使多个表中的字段协调一致,以便快速地提取信息。关系的建立是通过键的匹配来实现的,因此,键的选取对关系的建立具有决定性的作用。

表和表之间的关系可分为一对一关系、一对多关系和多对多关系 3 种类型。

1. 一对一关系

在这种关系中,基本表中每个记录只对应相关联表中一个匹配的记录,反之,相关联表中的一个记录也只对应基本表的一个记录。

一对一关系类型的信息一般都存储在一个表中,如果没有特殊要求,不必在表与表之间建立这种关系。如果要将一个表分成许多字段,或因安全原因而隔离表中的部分数据,则可以在表与表之间建立一对一的关系。

2. 一对多关系

一对多的关系是关系中最常见的类型。在这种关系中,基本表的一个记录可以与相关联表中的多个记录相匹配。但相关联表中的一个记录只能与基本表的一个记录相匹配。

一般地,某个表的主键与另一个表的外键形成的关系都是一对多关系。例如,对于罗斯文示例数据库中的"产品"表和"供应商"表来说,由于每个供应商可以供应不止一种产品,因此在"供应商"和"产品"之间形成了一对多关系。这个关系是通过"供应商"表的主键"供应商 ID"和"产品"表的外键"供应商 ID"形成的,如图 4-4 所示。

【注】 ∞ 表示"多"。

3. 多对多关系

在这种关系中,基本表的一条记录可以与相关联表的多个记录相匹配。相关联表中的一条记录也可与基本表的多个记录相匹配。

这种类型的关系只能通过定义第三个表(称为联结表)来实现。联结表的主键包含两个字段,即来源于两个表的外键。多对多的关系实际上是通过第三个表来实现的两个一对多的关系。

例如,在罗斯文示例数据库中,"产品"表和"订单"表之间存在着多对多关系,这个关系是通过以下两个一对多关系实现的,如图 4-5 所示。

图 4-4 表之间的一对多关系

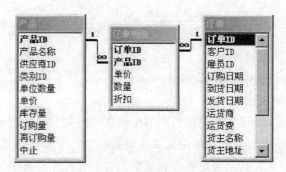

图 4-5 表之间的多对多关系

(1)"产品"表与"订单明细"表的一对多关系。

(2)"订单"表与"订单明细"表的一对多关系。

从图 4-5 中可以看出,"订单明细"表的主键"订单 ID"和"产品 ID"分别来源于"订单"表和"产品"表的外键。

4.2 数据库设计

在创建数据库之前,应该根据关系数据库理论,对收集到的数据进行认真地分析整理,按照用户需求及给定的应用环境精心地规划数据库,以便建立合适的数据库及其应用系统,使之能够有效地存储数据,满足用户的应用需求,并提供给用户灵活方便的使用界面。

在 Access 中,设计一个合理的数据库,最主要的是设计合理的表以及表间的关系。作为数据库中的基础数据源,表是创建一个理想的数据库系统的基础。

4.2.1 数据库规划

对于曾经使用过数据库或电子表格之类软件的用户来说,应该不难理解在设计数据库时没有认真"规划"所带来的问题。如果数据库中的数据量不大,而且数据的逻辑关系比较简单,则数据库的结构设计比较容易,编辑修改也比较方便;相反,如果数据库内容庞杂、关系复杂,编辑修改将很困难。特别是如果在使用中发现了问题而不得不回过头来修改,就有可能丢失数据。

Access 数据库是所有相关对象的集合,包括表、查询、窗体、报表、宏、模块、数据访问页(Web 页),每个对象都是数据库的组成部分。其中表是数据库的基础,它记录着数据库中的全部内容;而其他对象只是 Access 提供的工具,用于对数据库进行维护和管理。因此,设计一个数据库的关键就集中体现在建立数据库中的基本表上。

1. 建立 E-R 模型(实体-关系模型)

实体是存在于客观世界中,并要进行记录和加工的信息对象。实体可以是具体的,如在罗斯文示例数据库中有产品、订单、供应商等许多实体;实体也可以是抽象的,如在罗斯文示例数据库中,订单明细就不是具体的实体,而是产品实体和订单实体之间的联系。

由此可见,每个实体在数据库中都被模型化为一个表,而关系则是数据库中实体之间的相互联系。

实体-关系模型定义了一个关系型数据库的结构。它识别和创建数据库中的实体及其关系,提供了设计数据库的简单有效的方法,已成为数据库逻辑设计的通用工具。逻辑设计对整个数据库的设计工作具有非常重要的意义。一个设计合理的数据库逻辑模型会给数据库的物理实现、应用开发以及数据库的管理带来极大的方便。

建立实体-关系模型的过程如图 4-6 所示。在完成这

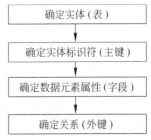

图 4-6 E-R 模型建模过程

一过程后,所形成的 E-R 模型只不过是抽象的逻辑视图。还需要在此模型的基础上建立具体的物理数据库才能真正完成数据库的设计工作。

2. 数据库规范化

数据库规范化的目标是在建造数据库之前开发一个设计优良的、经过优化的和符合逻辑的数据库方案,从而使在开发阶段对数据库进行修改的要求降到最低限度。规范化也有助于组织数据和消除数据库中的冗余,即减少相同数据的重复存储。

关于数据库规范化举例说明如下:

1) 表中都是不可再分的基本字段(1NF)

例如,假设"产品"表中要存储一个产品的价格,可设置"价格"字段。但当产品有多种价格,如出厂价、批发价、零售价等时,就要分别设置相应的字段。如果价格结构非常复杂,就可考虑再创建一个新表,专门存放价格数据。

不遵循第一范式的表通常有两种情况:一是把多个义项放到一个字段中,如将欧美人士的姓氏和名字放在一个字段中,使信息提取困难;二是在"订单"这样的表中,为每种产品都设置单价、数量、折扣等字段,从而增加了表的宽度,且许多列可能是空的。

2) 表中所有字段都必须依赖于主键(2NF)

一个表只存储一种实体对象。例如,在建立"产品"表时,不能把"订单"或"供应商"的数据放在同一个表中。

3) 表中每个记录的所有字段都是惟一的且不互相依赖(3NF)

例如,按照这个规则,每个记录只能包含一个日期字段。如果"订单"中已有一个"订货日期"字段,就不能再有日、月和星期的字段,因为可以从订货日期中得知订货月份。

高度规范化的数据库固然有结构清晰、操作不易出错等各种优点,但相关表之间大量的连接在执行查询等操作时都需要耗费大量资源,所以,并非规范化程度越高效果就越好。在设计数据库时,需要具体情况具体分析,权衡利弊,再进行决策。

3. 确保数据的完整性

可以实施"参照完整性"来维护表之间的逻辑关系。参照完整性是输入或删除记录时,为维持表之间已定义的关系而必须遵循的一个规则系统。如果实施了参照完整性,则当用户不小心要将与基本表无关的记录加入到相关表时,Access 会提出警告。如果要从基本表中删除记录,而该记录在相关表中也有对应记录,则 Access 还会防止用户删除该记录。

(1) 符合下列条件时,可以设置参照完整性。

① 来自于主表的匹配字段是主键或具有惟一值的索引。

② 相关的字段都有相同的数据类型。但有两种例外:

一是"自动编号"字段可以与"字段大小"属性设置为"长整型"的"数字"字段相关;二是"字段大小"属性设置为"同步复制 ID"的"自动编号"字段可以与一个"字段大小"属性设置为"同步复制 ID"的"数字"字段相关。

③ 两个表都属于同一个 Access 数据库。

如果表是链接表,它们必须是 Access 格式的表,并且必须打开保存此表的数据库以设置参照完整性。参照完整性不能对数据库中的其他格式的链接表实行。

(2) 实行参照完整性后,必须遵守下列规则。

① 不能将值输入到相关表的外键字段中,该相关表不存在于主表的主键中。但是,可以在外键中输入一个 Null 值来指定这些记录之间没有关系。例如,不能为不存在的客户指定订单,但通过在"客户 ID"字段中输入一个 Null 值,可以有一个不指派给任何客户的订单。

② 如果在相关表中存在匹配的记录,就不能从主表中删除这个记录。例如,如果在"订单"表中有订单指定给某位雇员时,就不能在"雇员"表中删除这位雇员的记录。

③ 如果某个记录有相关的记录,则不能在主表中更改主键。例如,如果在"订单"表中有订单指定给某个雇员时,就不能在"雇员"表中更改这位雇员的雇员 ID 号。

4.2.2 数据库设计步骤

设计数据库的基本步骤如图 4-7 所示。

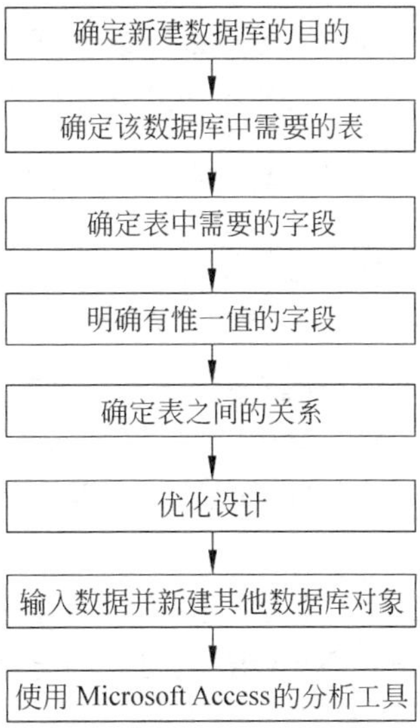

1. 确定创建数据库的目的

设计数据库的第一步是在对用户需求及现有条件进行认真分析的基础上,确定创建数据库的目的以及数据库的使用方法。

分析需求的目的在于确定用户希望从数据库中得到哪些信息?进一步而言,要在对收集来的数据进行分析整理的基础上,确定需要哪些主题来保存有关的数据项(表)?以及每个主题需要哪些数据项来描述(表中的字段)?

为了实现设计目标,需要进行以下准备工作:

(1) 与数据库的最终用户交流,了解用户希望从数据库中得到什么样的信息。

(2) 集体讨论数据库所要解决的问题,并描述数据库需要生成的报表。

(3) 收集当前用于记录数据的表格。

(4) 参考某个设计得好,而且与当前要设计的数据库相似的数据库。

总之,在设计数据库之前应进行系统调查和分析,以搜集足够的数据库设计的依据。

```
确定新建数据库的目的
        ↓
确定该数据库中需要的表
        ↓
确定表中需要的字段
        ↓
明确有惟一值的字段
        ↓
确定表之间的关系
        ↓
优化设计
        ↓
输入数据并新建其他数据库对象
        ↓
使用 Microsoft Access 的分析工具
```

图 4-7 数据库设计的步骤

2. 规划数据库中的表

表是数据库的基本信息结构。确定表可能是数据库设计过程中最难处理的步骤,因为要从数据库获得的结果(如要打印的报表,要使用的格式,要解决的问题等),不一定能够提供用于生成它们的表的结构的线索。

在设计表时,应注意按以下设计原则对信息进行分类:

(1) 每个表应该只包含关于一个主题的信息。这样,对每个主题所属信息的维护都是独立于其他主题的信息。例如,如果将客户的基本数据(地址、电话等)与客户订单分别存放在不同的表中,则在删除某个订单后仍然保留了客户的基本数据,不影响以后的业务联系。

(2) 表中不应该包含重复信息,而且信息不应该在表之间复制。如果每条信息只保存在一个表中,则只需要在一处进行更新。这样效率更高,同时也消除了包含不同信息的重复项的可能性。例如,在一个表中,对每个客户的地址和电话号码只保存一次。

3. 确定表中的字段

每个表中都包含关于同一主题的信息,表中各个字段则包含关于该主题的各个事件。例如,"客户"表可以包含公司的名称、地址、城市、省份和电话号码的字段。在草拟每个表的字段时,要注意以下问题:

(1) 每个字段都直接与表的主题相关。

(2) 包含所有必要的信息。

(3) 不包含推导或计算的数据,如表达式的计算结果。

(4) 以最小的逻辑部分保存信息。例如,对英文姓名应该将姓和名分开保存。

4. 明确有惟一值的字段

为了连接保存在不同表中的信息(如将某个客户与该客户的所有订单相连接),数据库中每个表必须包含表中惟一确定每个记录的字段或字段集,以便设置主键。为表确定了主键之后,为确保其惟一性,Access 2000 将避免任何重复值或 Null 值进入主键字段。

在 Access 中可以定义 3 种主键。

(1) "自动编号"主键:指定自动编号字段为表的主键,这是一种数据类型为"自动编号"的字段,当向表中添加一条记录时,这种类型的字段自动产生该记录的惟一编号。

(2) 单字段主键:指定一个字段为表的主键。一个字段只要包含数据,且不包含重复值或 Null 值,就可以指定为主键。

(3) 多字段主键:在不能保证任何单字段包含惟一值时,可以将两个或更多的字段指定为主键。这种情况常出现在用于多对多关系中关联另外两个表的表中。例如,"订单明细"表与"订单"及"产品"表之间都有关系,因此它的主键包含两个字段:"订单 ID"及"产品 ID"。"订单明细"表能列出许多产品和许多订单,但是对于每个订单,每种产品只能列出一次,所以将"订单 ID"及"产品 ID"字段组合可以生成恰当的主键。

5. 确定表之间的关系

因为已经将信息分配到各个表中,并且已定义了主键,所以需要通过某种方式通知Access,怎样以有意义的方式将相关信息重新结合在一起。如果进行上述操作,则必须定义表与表之间的关系。

【注】 可参阅一个设计好的数据库中的关系。例如,打开罗斯文示例数据库并查看

表间的关系。方法是：打开"Northwind.mdb"文件，选择"工具"菜单的"关系"命令，或单击工具栏的"关系"按钮。

6. 优化设计

设计好所需要的表、字段和关系后，还应检查该设计，找出可能存在的问题。在设计阶段修改数据库要比修改已经填满数据的表容易得多。

检查的内容包括以下几方面：

（1）用 Access 新建表，指定表与表之间的关系，并且在每个表中输入一些记录，然后检查能不能用该数据库获得所需的结果。

（2）新建窗体和报表的草稿，然后检查显示的数据是否符合要求。

（3）查找不需要的重复数据并将其删除。

7. 输入数据并创建其他数据库对象

如果认为表的结构已达到了设计目标，就应该继续进行，并在表中添加全部数据；然后就可以创建查询、窗体、报表、宏和模块了。

8. 使用 Access 分析工具

Access 提供两个工具帮助改进数据库的设计。

1）表分析器向导

表分析器向导一次可以分析一个表的设计。它将包含重复信息的一个表分为几个表，表中只存储相同类型的信息；这样可以使数据库的效率更高并更易于更新，而且减小了数据库的规模。

2）性能分析器

性能分析器能够分析整个数据库，以便优化数据库的性能。在分析一个数据库之后，通常给出推荐、建议和设计方案 3 种结果。用户可以根据分析的结果来确定对哪些部分进行优化。该向导还能实现这些推荐和建议的方案。

【注】 有关设计数据库的其他构想，可以查看罗斯文示例数据库，以及通过"数据库向导"新建的数据库框架。

4.2.3 数据库设计实例

例 4-1 "教学管理"数据库的设计。

1. 明确设计任务

本例的目的是设计一个"教学管理"数据库，实现教师、学生、课程、学习成绩 4 方面的综合管理。要求该数据库具备以下功能：

（1）教师可以查看学生的情况，包括姓名、年龄、班级以及学习成绩等。

（2）学生可以选择课程，选择教师，查看成绩。

2. 确定数据库中的表

将数据按不同主题分开,单独成表。本例拟创建 4 个表,即学生表、课程表、教师表、成绩表。

3. 确定表中的字段

确定了数据库中的表之后,就要分别确定每个表中包含哪些字段？每个字段包含的内容应该与表的主题相关,且应包含相关主题所需的全部数据。

各表中应包含的数据分析如下所述:

1) 学生表

- 基本特征数据:学号、姓名、性别、班级、出生年月。
- 其他特征数据:籍贯、政治面貌、宿舍、特长、简历。
- 综合选取字段:学号、姓名、性别、班级、出生年月、简历。

2) 课程表

- 基本特征信息:课程号、课程名、教工号。
- 其他特征信息:学分、学时、选修课。
- 综合选取字段:课程号、课程名、学分。

3) 教师表

- 基本特征信息:教工号、姓名、性别、职称、专业。
- 其他特征信息:工作年限、政治面貌、课程号、所属院系、电话。
- 综合选取字段:教工号、姓名、性别、职称、课程号、电话。

4) 成绩表

- 基本特征信息:课程号、学号、成绩。
- 其他特征信息:学分、教工号、课程名。
- 综合选取字段:学号、课程号、成绩。

4. 确定各表的主键

每个表都有一个主键。如果表中没有可用做主键的字段,则可添加一个字段,其值为序列号,用于标识不同的记录。

本例中各表的主键分别为学生表→学号、教师表→教工号、课程表→课程号、成绩表→{学号,课程号}。

5. 优化设计

经检查,本例中的"教师表"在一人讲授多门课程的情况下会有重复数据,例如,教师表中可能会包含以下记录。

教师表

教工号	姓名	性别	职称	课程号	电话
4382	王明太	男	副教授	E0029	029-83565678

| 4382 | 王明太 | 男 | 副教授 | E0031 | 029-83565678 |
| 4382 | 王明太 | 男 | 副教授 | E0066 | 029-83565678 |

可以看出,当教师兼课情况较多时,有较大的数据冗余。解决的办法是分为两个表:"教师表"和"授课表"。它们的关系模式分别为

教师(教工号,姓名,性别,职称,电话)
授课(教工号,课程号)

两个表中都包含"教工号"字段,以便形成联系。这样,上面几个记录所涉及到的数据就分别存放在两个表中。

教师表

| 教工号 | 姓名 | 性别 | 职称 | 电话 |
| 4382 | 王明太 | 男 | 副教授 | 029-83565678 |

授课表

教工号	课程号
4382	E0029
4382	E0031
4382	E0066

最后得到的数据表共有 5 个,它们的关系模式分别为

学生(学号,姓名,性别,班级,出生年月,简历)
课程(课程号,课程名,学分)
教师(教工号,姓名,性别,职称,电话)
授课(教工号,课程号)
成绩(学号,课程号,成绩)

6. 确定表之间的关系

本例最后确定的数据表之间的关系如图 4-8 所示。可以看出,教师表、课程表、学生表是对于来自于实际问题的实体的描述,而成绩表和授课表则是对于实体之间的联系的描述。

【注】 IDStu、IDCour 和 IDTea 分别表示学号、课程号和教工号。在 Access 中,字段名和实际显示的该字段的标题可以不同。

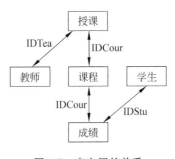

图 4-8 表之间的关系

4.3 创建数据库

Access 提供了两种创建新数据库的方法:一是使用数据库向导来完成创建任务,用户只要进行一些简单的选择操作,就可以建立相应的表、窗体、查询、报表等对象,从而建

立一个完整的数据库;二是先创建一个空数据库,然后再添加表、查询、报表、窗体及其他对象。另外,还可以使用在另一种文件格式中打开的数据文件(非 Access 数据库文件)。无论哪一种方法,在数据库创建之后,都可以在任何时候修改或扩展数据库。

4.3.1 创建空数据库

在 Access 中,可以先创建一个空数据库,再使用各种方法(设计视图、向导、导入等)给其中添加一个或多个表,然后在已有表的基础上创建查询、窗体、报表及其他对象,这是最常用最灵活的方法。

例 4-2 创建"教学管理"数据库。

1. 打开"新建文件"窗格

创建数据库时,需要打开"新建文件"窗格,然后在其中选择命令。下面几种方法都可以打开"新建文件"窗格。

(1) 刚启动 Access 时,将自动显示"开始工作"窗格,如图 4-9(a)所示。单击其中的"新建文件"图标,即可切换到"新建文件"窗格,如图 4-9(b)所示。

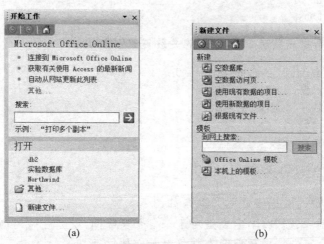

(a)   (b)

图 4-9 "开始工作"与"新建文件"窗格

(2) 如果已经打开了数据库或在 Access 启动时显示的"开始工作"窗格已经关闭,可以单击工具栏上的"新建"按钮,即可打开"新建文件"窗格。

(3) 单击数据库工具栏上的"新建"按钮,也可打开"新建文件"窗格。

2. 创建数据库

(1) 单击"新建文件"窗格的"新建"列表中的"空数据库"命令,弹出"文件新建数据库"对话框,如图 4-10 所示。

(2) 在"文件新建数据库"对话框中输入或进行如下选择:

① 在"文件名"下拉列表框中输入"教学管理"。

② 在"保存位置"下拉列表框中选择"我的文档"文件夹。

图 4-10　"文件新建数据库"对话框

此时,可以右键单击对话框客户区空白处,选择快捷菜单的"新建"子菜单中的"文件夹"命令,生成一个新文件夹,然后打开它,随后要保存的数据库就会存放其中。

(3) 单击"创建"按钮,保存"教学管理"数据库。

至此,名为"教学管理"的数据库文件已创建完成,数据库窗口将自动显示该数据库(空无一个对象)。在随后的操作中,可以给数据库中添加表及其他对象。

4.3.2　使用向导创建数据库

在 Access 中,除了提供一整套帮助用户在数据库中创建独立对象(查询、窗体等)的向导之外,还提供了一些向导,可以按照 Access 内含的某些标准的数据库模板,帮助用户创建完整的数据库。也就是说,在调用向导所生成的数据库中,包括一套完整的表、查询、窗体和报表等各种对象。

使用数据库向导创建数据库的方法是:打开"模板"对话框,在其中选择合适的模板,启动数据库向导,然后在向导的帮助下完成创建工作。

例 4-3　使用"讲座管理"模板创建数据库。

1. 打开"模板"对话框

1) 打开"新建文件"窗格

单击"开始工作"窗格上的"新建文件"图标;选择"文件"菜单的"新建"选项;或单击工具栏上的"新建"按钮,都可以打开"新建文件"窗格。

2) 打开"模板"对话框

单击"新建文件"窗格上的"本机上的模板"图标,打开"模板"对话框,如图 4-11 所示。切换到"数据库"页之后,可看到许多模板的图标。

2. 启动"数据库向导"

(1) 在"模板"对话框的"数据库"页中,选定要创建的数据库类型的图标,此时可在预

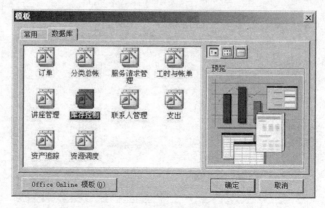

图 4-11 "模板"对话框

览框看到这种数据库的大致形状,单击"确定"按钮,弹出"文件新建数据库"对话框。双击数据库类型的图标,也会弹出"文件新建数据库"对话框。

（2）在"文件新建数据库"对话框中输入或选择文件名、文件类型、保存文件的位置等。然后单击"创建"按钮,则可启动所选择的数据库向导（如讲座管理）。

3. 使用"数据库向导"创建数据库及其对象

在数据库向导的引导下,创建数据库的方法如下:

（1）单击"完成"按钮,完全按照模板的形式创建一个新的数据库。

（2）按照数据库向导显示的简短说明,单击"下一步"按钮,依次定制表（指定表中的字段）、屏幕显示样式、报表形式、数据库标题等。例如,"讲座管理"数据库向导的第一个对话框显示了关于所创建的数据库内容的说明,如图 4-12（a）所示;第二个对话框用于定制数据库中的表,如图 4-12（b）所示。

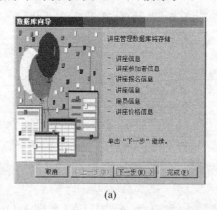

(a)

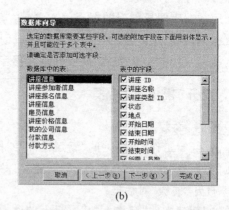

(b)

图 4-12 "数据库向导"对话框

完成了定制操作之后,单击"完成"按钮。向导将生成数据库及其中所有对象,然后打开如图 4-13 所示的主切换面板。

图 4-13 "主切换面板"对话框

4. 使用主切换面板

切换面板是一种具有特殊功能的窗体。它包含了一些命令按钮,用于启动其他窗体和报表。切换面板中的解释性说明和菜单可以帮助用户完成管理所有任务的工作。单击主切换面板上任何一个按钮,可以开始输入或者编辑数据。有些按钮还有子菜单,带有额外的选项。

大多数 Access 数据库向导都可自动生成设计良好的切换面板(如主切换面板)。在Access 中,包括了一个称为切换面板管理器的实用工具,可用来为所有数据库创建和编辑切换面板。使用方法是:选择"工具"菜单的"数据库实用工具"|"切换面板管理器"命令。如果数据库中已包含切换面板窗体,则该命令可以打开它进行编辑,否则,将生成一个新的切换面板。

4.3.3 根据现有文件创建数据库

在 Access 2003 中,提供了"根据现有文件"创建数据库的功能。这种方法是创建一个与已有数据库相同的数据库,相当于制作了一个数据库的副本。

例 4-4 创建"联系人管理"数据库文件创建数据库。

1. 打开"根据现有文件新建"对话框

1)打开"新建文件"窗格

单击"开始工作"窗格上的"新建文件"图标;选择"文件"菜单的"新建"选项;或单击工具栏上的"新建"按钮,都可以打开"新建文件"窗格。

2)打开"根据现有文件新建"

单击"新建文件"窗格上的"根据现有文件"图标,打开"根据现有文件新建"对话框,如图 4-14 所示。

2. 选择数据库文件并创建数据库

在"根据现有文件新建"对话框的"查找范围"下拉列表框中,选择一个文件夹,并在客

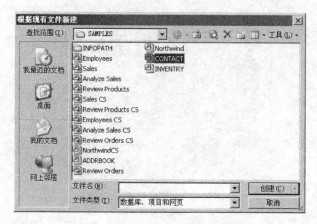

图 4-14 "根据现有文件新建"对话框

户区显示的列表中选择一个数据库文件,然后单击"创建"按钮,即可按选择的数据库文件创建一个相同的数据库。

本例中,选择 Access 系统提供的另一个示例数据库:文件名为"CONTACT.mdb"的"联系人管理"数据库,创建一个名为"CONTACT1"(自动命名)的数据库。这个数据库文件位于文件夹

Program Files\Microsoft office\Templates\2052

中,用于管理个人日常生活及业务联系。在这个数据库中,可以保存每个家庭成员的地址和电话号码,提醒用户及时发送生日卡、打印地址标签,并将地址列表输出到 Word 中去。

Access 还提供了"地址簿"、"家庭财产"等示例数据库。与"联系人管理"数据库同在一个文件夹中,可以用来创建自己的数据库。

4.3.4 数据库的打开和关闭

无论用哪种方法创建了数据库,在创建之后都可以对数据库进行修改或扩充,在对数据库进行任何操作之前都要先打开数据库。操作之后还要关闭数据库,以便将所做的修改保存起来,下次使用时只需打开数据库即可继续工作。

1. 直接打开数据库

(1) 单击工具栏上的"打开数据库"按钮,或选择"文件"菜单的"打开"命令,弹出"打开"对话框,如图 4-15 所示。

(2) 在"打开"对话框的"查找范围"框及列表中选择文档所在的驱动器和文件夹,在"文件名"框中选择或输入文件名。

如果找不到要打开的数据库,则可进行搜索。

① 输入(或选择)文件名和文件类型。

② 单击包含下拉箭头的"工具"按钮,在拉出的菜单中选择"查找"命令,弹出"文件搜

图 4-15 "打开"对话框

索"对话框,如图 4-16 所示。

③ 在对话框中输入(或选择)查询条件,然后单击"开始查找"按钮。

(3) 单击"打开"按钮打开所选文件,或单击"打开"按钮上的下拉箭头,以下列任一方式打开。

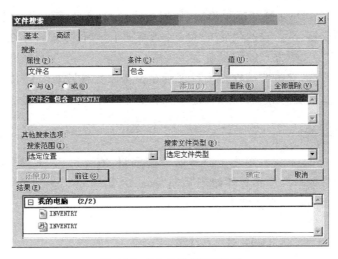

图 4-16 "文件搜索"对话框

① 如果要在多用户环境下以共享方式打开数据库,则应清除"独占"复选框,否则将以独占方式打开数据库。以独占方式打开数据库后,其他用户就不能再打开它了。

② 如果要以只读访问方式打开数据库,则单击"命令和设置"按钮,并选择"以只读方式打开"列表项。这样,用户就不能保存对这个数据库的修改了。

③ 如果要以只读访问方式打开数据库,并且防止其他用户打开,可选择"以独占只读方式打开"项。

【注】 如果要打开一个最近打开过的数据库,可在"文件"菜单上单击其文件名。Access 将使用与最后一次打开文件时相同的选项设置来打开该数据库文件。

2. 使用收藏夹打开数据库文件

收藏夹可以保存常用的(其中包括远程网络上的)文件和文件夹的快捷方式。将文件添至收藏夹时,源文件或文件夹并未移动,实际创建的是指向文件或文件夹的快捷方式。如果将当前数据库文件添加到收藏夹中,则在下次使用时,双击某个快捷方式,即可打开相应的 Access 数据库或项目。

在收藏夹中创建 Access 数据库或项目的快捷方式的方法是:

先在"打开"对话框中选择文件夹及 Access 数据库或项目,然后执行下列某个操作。

(1) 选择"视图"菜单"工具栏"选项的子菜单的"Web"命令,调出"收藏夹"工具栏。

(2) 单击工具栏上"收藏夹"按钮的下拉箭头,选择列表中的"添至收藏夹"项。

(3) 在弹出的对话框中选择要收藏的数据库文件,并单击"收藏"按钮。

3. 使用快捷方式打开数据库(对象)

在文件夹及桌面上都可以创建数据库及其对象的快捷方式。建立快捷方式的方法有以下几种:

(1) 将选定对象拖到文件夹中。

(2) 右键单击对象,选择快捷菜单的"创建快捷方式"命令,弹出"创建快捷方式"对话框。单击"确定"按钮,则新建的快捷方式将放到桌面上(默认方式);可在对话框的"位置"框中输入路径,而将快捷方式放到指定文件夹中。

建立快捷方式后,双击即可打开该对象所在数据库并显示对象。如果要在特定视图中打开快捷方式所代表的对象,则可右键单击快捷方式,然后选择需要的视图。

4. 关闭数据库

如果要退出 Access,只需单击主窗口的关闭按钮,或者选择"文件"菜单的"退出"命令即可。如果只想关闭数据库文件而不关闭 Access,则选择"文件"菜单的"退出"命令,或单击数据库窗口的关闭按钮即可。

4.3.5 数据库属性及操作环境的设置

在 Access 中,一个数据库文件打开后,数据库文件的属性的默认参数,以及与数据库文件相关的信息,可以通过数据库属性对话框查看或设置。数据库中全部资源的基本属性也可以通过"选项"查看或对话框设置。

1. 查看数据库的作者及内容

数据库的作者及所包含的内容都可以在数据库属性对话框中查看或设置。步骤如下。

(1) 选择"文件"菜单的"数据库属性"选项,弹出"数据库属性"对话框。

(2) 切换到"摘要"页,查看或修改数据库的作者,如图 4-17(a)所示。

（3）切换到"内容"页，查看数据库中所有对象的列表，如图4-17（b）所示。

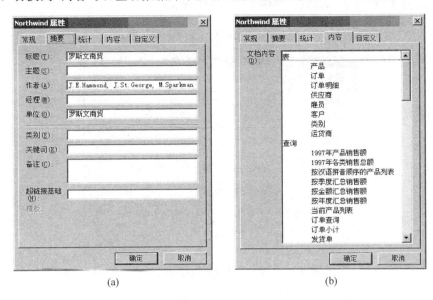

(a) (b)

图4-17　数据库属性对话框的两页

2. 设置数据库的默认文件夹

Access打开或保存数据库文件的默认文件夹是My Documents，通常为了数据库文件管理及操作的方便，常将数据库放在一个专用的文件夹中，这就需要在使用数据库文件时，设置数据库的默认文件夹。步骤如下：

（1）选择"工具"菜单的"选项"选项，弹出"选项"对话框，如图4-18所示。

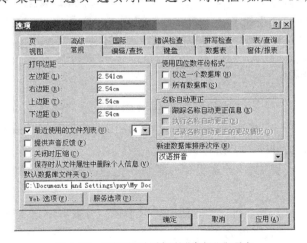

图4-18　"选项"对话框的"常规"选项卡

（2）切换到"常规"选项卡，可在"默认数据库文件夹"中看到默认文件夹。在这个文本框中输入一个文件夹名称，再单击"应用"按钮，可改变默认文件夹。

3. 设置数据库的默认文件格式及打开模式

在"选项"对话框中。切换到"高级"选项卡，如图4-19所示。

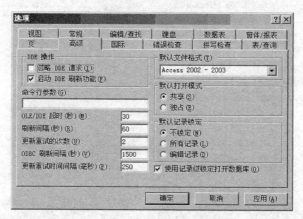

图4-19 "选项"对话框的"高级"选项卡

在"默认文件格式"下拉列表框中选择文件格式（如Access 2002-2003）；在"默认打开模式"单选项组中选择打开模式（如共享）。然后单击"应用"按钮。

4.3.6 数据库的备份和压缩

创建数据库之后，应该进行适当的备份，以避免不必要的损失。通过创建数据库及其对象的备份并修改备份，还可以自定义已存在的数据库。

如果在Access数据库（Access项目）中删除数据或对象，则数据库可能会变成碎片保存，降低磁盘空间的使用效率。压缩数据库可以备份数据库，重新安排数据库文件在磁盘中保存的位置，减少对外存空间的占用，并提高数据库的完全性。

1. 备份数据库

数据库对象的备份通常继承与原数据库对象相关联的属性。但也有例外，例如，在Access数据库中新建一个表或查询的备份时，如果想要它们的子数据表也存在于备份中，则必须打开该备份并插入子数据表。

【注】 在Access项目中，新建的表的备份不继承原表的索引和约束等，在备份中必须重建这些属性。

打开数据库文件（扩展名为mdb）所在的文件夹，利用剪贴板或拖放的方法，都可以将数据库文件复制到所选择的备份媒介上。

在Access系统中，选择"文件"菜单的"备份数据库"命令，或"工具"菜单的"同步复制"子菜单的"创建副本"命令，都可以备份数据库。

备份数据库要注意以下问题：

（1）备份数据库之前应关闭数据库。如果在多用户（共享）数据库环境中，则必须确认所有的用户都关闭了数据库。

（2）备份数据库文件时,同时也应该创建工作组信息（见后）文件的备份。如果该文件丢失或损坏,则要等到还原或更新该文件时才能启动 Access。

（3）可以通过创建空数据库,然后从原始数据库中导入相应的对象,来备份单个的数据库对象。

【注】 如果数据库文件夹中已有的数据库文件和备份副本有相同的名称,则还原备份数据库时可能会替换已有的数据库文件。

2．压缩当前数据库

如果要压缩位于服务器上或文件夹中的多用户共享 Access 数据库（或项目）,则必须先确定没有其他用户打开 Access 数据库（或项目）;然后选择"工具"|"数据库实用工具"|"压缩数据库"命令。

3．压缩未打开的数据库

（1）关闭当前 Access 数据库。如果要压缩的是多用户共享数据库,还要确保没有其他用户打开它。

（2）选择"工具"|"数据库实用工具"|"压缩数据库"命令。

（3）在"压缩数据库来源"对话框中,指定想要压缩的数据库,并单击"压缩"按钮。

（4）在"压缩数据库为"对话框中,指定压缩数据库的名称、驱动器以及文件夹。

（5）单击"保存"按钮。

如果使用相同的名称、驱动器和文件夹,并且数据库也成功压缩了,则 Access 将以压缩版本来替换原始的文件。

4．关闭时自动压缩数据库

Access 数据库可以在每次关闭时自动压缩。具体操作方法是:

（1）打开要自动压缩的 Access 数据库（或项目）。

（2）选择"工具"|"选项"命令,然后选择"选项"对话框的"常规"选项卡,并且选中"关闭时压缩"复选项。但在关闭多用户共享数据库时,如果已有其他用户打开了该数据库,则不会进行压缩。

【注】 如果要在具有"自动编号"字段的表末尾删除记录,则当压缩数据库时,Access会将下一条添加记录的自动编号值重新设置,使其比最后一条未删除的自动编号值大于1。

4.4 创 建 表

Access 提供多种创建表的方法:

（1）使用数据库向导创建一个数据库,包括全部表、窗体及报表等对象;

（2）使用表向导,并从各种预先定义好的表中选择字段;

（3）将数据直接输入到空白的数据表中，当保存新的数据表时，Access 将分析数据并自动为每一字段指定适当的数据类型及格式；

（4）使用"设计"视图，从无到有指定表的结构的全部细节，再填充表中的数据。

不管使用哪一种方法创建表，随时都可以使用表"设计"视图来进一步自定义表，例如新增字段、设置默认值或创建输入掩码等。

4.4.1　表的视图

表是 Access 数据库的基本结构。表以行（记录）、列（字段）组成的二维表格形式显示。创建一个表的过程可分为创建表的结构和填充表中数据两个步骤。在创建了数据库中的基本表之后，还要根据表与表之间的共同字段来建立它们之间的联系。

表有两种视图："设计"视图和"数据表"视图。使用"设计"视图可以创建及修改表的结构。使用"数据表"视图可以查看、添加、删除及编辑表中的数据。

如果要在数据库窗口切换表的视图，可利用数据库窗口工具栏上的最左边的两个按钮。当表在"数据表"视图中显示时，单击"设计"按钮可以切换到"设计"视图，如图 4-20(a)所示。反之，当表在"设计"视图中显示时，单击"打开"按钮可以切换到"数据表"视图，如图 4-20(b)所示。

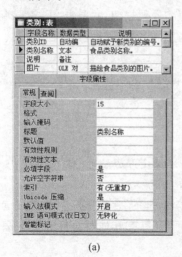
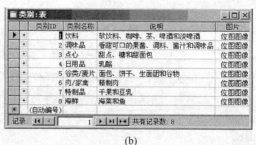

(a)　　　　　　　　　　(b)

图 4-20　表的两种视图

1. 表的设计视图

表的设计视图用于创建表的结构（相当于一个实际的数据表的表头），包括规定表中有多少个字段，每个字段的名称、数据类型、字段宽度，以及设置字段的默认值、值的格式、有效性规则等各种属性。

可以从头开始创建一个表，也可以通过添加、删除或修改表中已有的字段创建一个新表。

2. 数据表视图

数据表视图用于填充表中的数据。

对于刚建立的数据库来说,切换到数据库表视图之后,会显示一个只有表头而没有数据的空表。用户可以按表头的样式逐行、逐字段地填充数据。

如果表中已有一些数据,用户也可以添加、删除或更新表中的数据,检查及打印表中的数据,筛选或排序记录,更改表的外观,甚至可以通过添加或删除列来改变表的结构。

通过在主数据表中显示子数据表,也可以显示来自与当前表相关的表的记录。在某些限制下,可以使用在主数据表中处理数据的方法来处理子数据表中的数据。

4.4.2　使用向导创建表

例 4-5　创建"教学管理"数据库中的"成绩"表。

假设"教学管理"数据库(空)已经打开,则可在数据库窗口中,单击左侧对象栏上的"表"按钮,切换到表对象页,然后按以下步骤创建"学生成绩"表。

1. 启动表向导

下面两种方法都可以启动表向导:

(1) 单击工具栏上的"新建"按钮,打开新建对话框,如图 4-21(a)所示。然后在"新建表"对话框中选择"表向导"。

(2) 在数据库窗口中,双击"使用向导创建表"图标。启动表向导后,屏幕中央出现"表向导"对话框,如图 4-21(b)所示。

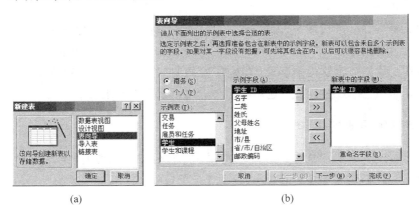

(a)　　　　　　　　　　　　(b)

图 4-21　"新建表"对话模式及"表向导"

2. 定义表

在"表向导"对话框中,先选择所创建的表是个人还是商务应用;然后在"示例表"列表中选择表名;最后在"示例字段"列表中选择相应的字段,将选中的字段组成一个新表。

单击"示例表"框中的"学生和课程"项,"示例字段"框便会显示该表中所有预定义的字段。双击其中的"学生 ID",或单击选中它并单击▷按钮,该字段便添加到"新表中的字段"框中。

可为字段起一个更确切的名字,单击"重命名字段"按钮,在弹出的对话框中输入"学号",单击"确定"按钮,该字段的名称将变为"学号"。

用同样的方法将"示例字段"框中的"课程 ID"和"成绩"添加到"新表中的字段"框中,并将前一字段改名为"课程号"。

如果不需要"新表中的字段"列表的某个字段,选中它并单击按钮◁,就从新字段中删除了。单击▷▷按钮可将"示例字段"框中的所有字段都添加到"新表的字段"框中,而◁◁按钮则可将"新表的字段"框中的所有字段都取消。

3. 设置表名与主键

单击"下一步"按钮,则"表向导"对话框提问表名及是否设置主键,如图 4-22 所示。

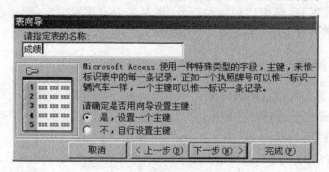

图 4-22   自动设置主键

在对话框中,输入"成绩"作为新表名。在"成绩"表中,每个学生的每一门课程有且仅有一个成绩,因此,应由"学号"和"课程号"两个字段来惟一确定表中的记录。也就是说,"成绩"表中的主键应为这两个字段。"表向导"可自动设置一个"自动编号"类型的主键,虽与要求不符,但此处先接受它(选中"是"单选项),以后再纠正过来。

4. 结束创建表的工作

单击"下一步"按钮,"表向导"对话框中显示了已经收集到的创建该表的全部信息,并提示选择一种在创建新表之后的动作,包括 3 个单选项:
(1) 修改表的设计。
(2) 直接向表中输入数据。
(3) 利用向导创建的窗体向表中输入数据。
此处选择"直接向表中输入数据"项,并单击"完成"按钮。

此后,表向导将按上述信息创建"成绩"表,并在完成之后,弹出"成绩"表的数据表视图,以输入数据,如图 4-23 所示。

至此,已通过"表向导"创建了一个"成绩"表,在数据库窗口的对象列表中可以看到这

图 4-23　成绩表的数据表视图

个新表的图标。

4.4.3　字段的数据类型

利用表向导来创建表时,表中各字段的数据类型、宽度以及值的规定等都是预先定义而可以选择的,不必设置或简单地修改一下即可。但在大多数情况下,都需要在"表设计器"中创建新表,这就需要自定义表的结构,即各字段的名称、数据类型、宽度以及其他属性。下面介绍 Access 中有关字段的数据类型和属性的一些规定。

1. 字段的数据类型

(1) 文本(Text)型:文本或文本与数字的组合,如地址等;也可以是不必计算的数字,如电话号码、零件编号等,最长为 255 个字符。

(2) 备注(Memo)型:适用于长度较长(64 000 个字符以内)的文本及数字,用于存放备注或说明信息。

(3) 数字(Number)型:用于算术运算的数字数据。

(4) 日期及时间(Date/Time)型:100～9999 范围内的日期及时间值,可进行日期及时间的计算,大小为 8 个字节。

(5) 货币(Currency)型:货币值。使用货币类型可避免计算时四舍五入。精度为小数点左方 15 位数及右方 4 位数。大小为 8 个字节。

(6) 自动编号(AutoNumber)型:在添加记录时自动插入的惟一顺序(每次递增 1)或随机编号。大小为 4 个字节。

(7) 是/否(Yes/No)型:用于记录逻辑型数据,只能取两种值中的一种,如 Yes/No、True/False、On/Off。大小为 1 位。

(8) OLE 对象(Object)型:可链接或嵌入其他使用 OLE 协议的程序所创建的对象,如 Word 文档、Excel 电子表格、图像、声音或其他二进制数据等。这些对象可链接或嵌入到 Access 表中,但只能在窗体或报表中使用绑定对象框来显示它们。最大可达 1GB,主要取决于磁盘空间的大小。

(9) 超链接(Hyperlink)型:用于保存超链接的字段。超链接可以是某个 UNC(通用导航计算机)路径或 URL(统一资源定位),最长为 64 000 个字符。

(10) 查阅向导(Lookup Wizard)型:在向导创建的字段中,允许使用组合框来选择另一个表或另一列表中的值。从数据类型列表中选择该项,将打开向导以进行定义。其大小与主键字段的长度相同,且该字段也是"查阅"字段。大小通常为 4 个字节。

2. 数据类型的选择

在定义表中字段的数据类型时,可以从以下几个方面考虑。

(1) 字段中允许使用的值的类型。例如,"数值"型字段中不能包含非数字字符。

(2) 字段宽度的限定。

(3) 该字段用于什么类型的运算。例如,Access 能对数字或货币字段中的值求和,但不能对文本或 OLE 对象字段中的值求和。

(4) 是否需要排序或索引字段。文本、超链接以及 OLE 对象字段都不能排序或索引。

(5) 是否需要在查询或报表中使用字段对记录进行分组。备注、超链接以及 OLE 对象字段都不能用于分组。

(6) 如何排序字段中的值。在文本字段中,数字以字符串形式排序(如 1、10、100、2、20、200 等)而不是按其值排序。数字或货币型字段以数值形式排序。如果将日期数据输入到文本字段中,则不能正确地排序。使用日期与时间字段可正确排序。

在这些数据类型中,自动编号是一种特殊的类型,主要用来为表设置键。一个表中只能有一个自动编号型字段;OLE 对象型所存放的数据比较特殊,包括图像、声音、动画以及其他应用程序动态链接所支持的类型。超链接字段可以保存超链接地址。查询向导型字段可以使用列表框或组合框从另一个表或列表中选择一个值。

4.4.4　字段的属性

每一个字段都有一些用于自定义字段数据的保存、处理或显示的属性。例如,可通过设置文本字段的"字段大小"属性来控制允许输入的最大字符数。在表的"设计"视图中可以看出,表中字段的设置实际上包括两部分内容:一是在窗口上部指定字段的名称、类型、宽度等,二是在窗口下部指定其他属性。

1. 字段属性的种类

属性有以下几种。每个字段的可用属性取决于为该字段选择的数据类型。

(1) 字段大小:指定文本型字段的长度(最多字符数),或数值型字段的类型和大小。如字节型占一个字节,整型占两个字节,长整型占 4 个字节等。

(2) 小数位数:指定小数型(数字和货币型)数据的小数位数。

(3) 格式:指定数据显示或打印的格式。

(4) 输入法模式:对于包含中文字符的字段,如果将输入法模式设置为"输入法开启",则当向表中输入数据时,光标移到该字段便会自动打开输入法窗口。而对于大量输入英文的字段,可设置为"输入法关闭",从而免去切换输入法的麻烦。

(5) 输入掩码:指定输入数据时的格式,可用"输入掩码向导"来编辑输入掩码。

(6) 标题:指定在数据表视图以及窗体中显示该字段时所用的标题。如果某个字段名意义不明确,则可通过该属性再设置一个标题。

（7）默认值：指定当添加新记录时，自动加入到字段中的值。

（8）有效性规则：用于限制输入数据的表达式，如"<100"、"Like ? #"等。可使用表达式生成器来创建有效性规则表达式。

（9）有效性文本：设置在数据不符合有效性规则时所显示的出错提示信息。

（10）必填字段：指定该字段是否必须输入数据。

（11）允许空字符串：用于文本型字段，设置是否允许输入空字符串（长度为0）。

（12）索引：设置对该字段是否进行索引以及索引的方式。索引可加快数据的查询和排序速度，但会使表的更新操作变慢。

对字段进行索引的方式有以下几种。

① 无：不对该字段进行索引。

② 有（有重复）：对该字段索引，字段中允许出现重复值。

③ 有（无重复）：对该字段索引，字段中不允许出现重复值。

2. 字段属性的使用

首先要考虑的是，字段所采用的数据类型是否合适。例如，如果一个字段需要执行日期与时间计算，而当前采用的却是"文本"类型，则应改为"日期/时间"类型。

此外，还有一些字段属性可以对输入字段的值提供进一步的控制。

（1）对于数字字段，可以选择字段大小来控制输入值的类型和范围。

（2）对于文本字段，可以设置输入的最大字符数。

（3）对于除自动编号字段（自动编号字段可以自行生成数据）以外的所有字段，可以要求字段中必须有数据输入。

（4）对于文本、日期与时间、数字字段，可以定义输入掩码来提供输入的空格，并控制允许输入的值。

（5）对于除备注、超链接和"OLE 对象"字段以外的所有字段，可以防止向字段或字段组合中输入重复值。

4.4.5 使用表设计器创建表

使用"表设计器"创建表可分为两步：一是定义表中的字段，包括字段的数据类型以及字段的各种属性；二是定义一个主键。

例 4-6 使用"设计器"创建"教学管理"数据库的"学生"表。

1. 打开表设计器

在数据库窗口中，以下两种方法都可打开表设计器（切换到表的设计视图窗口）：

（1）双击"使用设计器创建表"图标。

（2）单击工具栏上的"新建"按钮，并在弹出的"新建表"对话框中选择"设计视图"项，再单击"确定"按钮。

表设计器上半部用于为字段定义网格，其中每行定义一个字段，包括字段的名称、类型和说明;下半部用于设置更具体的字段属性,如格式、默认值、有效性规则等。

2. 定义字段

1) 文本型字段的定义

(1) 在"字段名称"列输入"学号","数据类型"列选择"文本",并设置"学号"字段的属性:"字段大小"框中输入"6","必填字段"框中选择"是"。

【注】 "文本"型是默认的字段类型,即当焦点移到"数据类型"列时,自动选中"文本"型,单击向下箭头可改换成其他类型。

(2) 按同样方法定义"姓名"字段:宽度为8,是必填字段;并将"输入法模式"属性设为"输入法开启"。

2) "是/否"型字段的定义

在"字段名称"列输入"性别","数据类型"列选择"是/否"。

【注】 "是/否"型只有两个值,-1和0;可约定-1表示"女",0表示"男"。

3) 日期与时间型字段的定义

(1) 在"字段名称"列输入"出生年月","数据类型"列选择"日期/时间"。

(2) 设置"出生年月"字段的属性:在"格式"框中输入"长日期"。这样,该字段将以类似于"2001年6月19日"的格式显示。

4) OLE对象型字段的定义

这里定义一个存储学生照片的OLE对象型字段。在"字段名称"列输入"照片",在"数据类型"列选择"OLE对象"。

5) 超链接型字段的定义

这里定义一个用于存储学生电子邮件地址的字段。在"字段名称"列输入"电子邮件地址",在"数据类型"列选择"超级链接"。由于电子邮件地址基本上是英文,故将其"输入法模式"属性设为"输入法关闭"。

6) 备注型字段的定义

这里定义一个用于记录学生特长的字段。在"字段名称"列输入"特长",在"数据类型"列选择"备注"。由于备注型字段的内容基本上是中文,故将其"输入法模式"属性设为"输入法开启"。"学生"表的最终设计情况如图4-24所示。

3. 设置主键

由于"学号"对每个学生都是惟一的,故用做"学生"表的主键。

在新表设计视图的字段定义网格中,单击"学号"字段所在行,选定它。然后选择"编辑"菜单的"主键"命令;或单击表设计工具栏的"主键"按钮;或右键单击,选择弹出菜单"主键"命令,将其设置为主键(会出现一个小钥匙)。

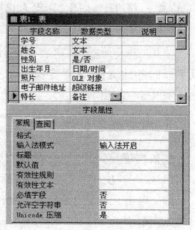

图4-24 学生表的设计视图

对于设置为主键的字段,Access 自动为其添加索引,且是"无重复"类型的,以加快记录的搜索和排序速度。可在该字段的索引属性中看到设置索引的情况,也可打开索引对话框查看。在索引对话框中还可添加新的索引。

4. 保存表

用表设计器设计好新表之后,要关闭表设计器并保存新表。

(1) 单击表设计视图右上角⊠按钮,关闭表设计器,这时会弹出对话框,询问:"是否保存对表设计的修改"。选择"是",则弹出"另存为"对话框。

(2) 在对话框的"表名称"框中输入"学生"作为新表名,并单击"确定"按钮,返回到数据库窗口。这时在数据库窗口中出现刚创建的"学生"表。

也可以通过"表设计"工具栏上的"保存"按钮或"文件"菜单的"保存"命令随时保存对新表的修改。

4.4.6 通过输入数据创建表

如果没有确定表的结构,但手头已有表中所要存储的数据,则可以直接在数据表视图中输入数据。Access 会按照这些数据自动创建表,定义相应的字段并设置主键。创建完成之后,还可以按需要对其中的字段名称、字段属性等进行调整。

例 4-7   创建"教学管理"数据库中的"课程"表。

1. 打开新表的数据表视图

在数据库窗口,以下两种方法均可打开新表的数据表视图:

(1) 双击对象列表的"通过输入数据创建表"快捷方式。

(2) 单击工具栏上的"新建"按钮,弹出"新建表"对话框,选择其中的"数据表视图"项,再单击"确定"按钮。

在新表的数据表视图中,Access 自动生成分别以"字段 1"、"字段 2"……"字段 10"命名的 10 个字段,以及多条空记录。

2. 在新表的数据表视图中输入数据

在"字段 1"所在的列中分别输入几门课程的名称,如图 4-25 所示。

图 4-25   在新表中输入数据

3. 保存新表

（1）单击表工具栏上的"保存"按钮，打开"另存为"对话框，如图 4-26(a)所示。

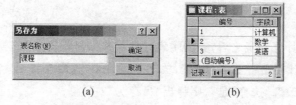

(a)　　　　　　　　　　(b)

图 4-26　"另存为"对话框及课程表

（2）输入"课程"作为表名。单击"确定"按钮，会弹出一个消息框，询问是否建立一个主键。

（3）单击"是"按钮，Access 自动在"课程"表中设置一个主键。

保存了"课程"表后，数据表视图将只显示刚才输入的两个字段和 3 条记录，如图4-26(b)所示。

4. 修改字段名称及属性

（1）切换到"课程"表的设计视图。

（2）将"ID"字段的字段名改为"课程号"，数据类型改为"文本"；将字段名："字段 1"、"字段 2"、"字段 3"分别改为"课程名"、"先修课程号"、"学分"，并将"学分"字段的数据类型改为"数字"。

（3）单击表工具栏上的"打开"按钮（准备切换到数据表视图），弹出一个消息框，询问"是否立即保存该表？"，单击"是"，保存"课程"表。

（4）这时又弹出一个对话框，提示："由于字段长度变小可能会丢失数据"，因本例中输入的数据字符串都很短，故不必考虑。单击"是"按钮继续，则将切换到"课程"表的数据表视图。

4.4.7　创建表与表之间的关系

所谓创建关系，就是在表与表之间指定相关联的字段，以及关联的方式和属性。创建了表与表之间的关系后，Access 便可以在数据表视图中显示子数据表；在创建查询时自动设置表与表之间的关系；并且实施参照完整性，包括自动级联更新相关字段及自动级联删除相关记录。

例 4-8　通过"关系视图"，在"教学管理"数据库的几个表之间创建关系。

假设该数据库中已有"学生"、"课程"、"成绩"和"教师"4 个表，本例将创建它们之间的关系。

1．查对各表的主键

在创建关系之前，应该查对一下所涉及的表的主键，防止因数据类型不匹配或其他问题影响创建工作。本例中，前面创建"成绩"表时，曾将该表的主键设为"学号"字段，现修改为"学号"和"课程号"两个字段。

（1）将鼠标移到"学号"字段左边的小方钮上，则光标变为向右的黑色小箭头。

（2）按下左键并向下拖动，直到选中"学号"和"课程号"两个字段。

（3）单击"表设计"工具栏上的"主键"按钮。

这时，在"学号"和"课程号"两个字段左边都出现了小钥匙，表明主键是由两个字段组成的。

2．创建"学生"表与"成绩"表的关系

（1）激活数据库窗口，单击数据库工具栏上的"关系"按钮，显示"关系视图"及"显示表"对话框。如果未弹出"显示表"对话框，则可单击关系工具栏上的"显示表"按钮。

（2）选中对话框列出的几个表，单击"添加"按钮，这几个表都出现在"关系视图"中。为了方便起见，可调整它们的位置。然后关闭"显示表"对话框。

（3）将"成绩"表的"学号"字段拖动到"学生"表的"学号"字段上，弹出"编辑关系"对话框。其中显示了相关联的两个字段，说明它们的关系为"一对多"，即"学生"表中的一个记录对应于"成绩"表中的多个记录。也就是说，一个学生有几门课程的成绩。

（4）在"编辑关系"对话框中，选中"实施参照完整性"复选框，如图 4-27 所示。

此后，当添加或修改数据时，Access 会检查数据是否违反了这种关系，是则显示出错信息并拒绝数据。选中这个复选框后，另外两个复选框也变为有效，它们的作用如下所示。

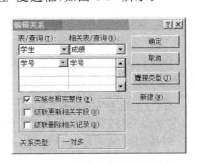

图 4-27 "编辑关系"对话框

① "级联更新相关字段"复选项：如果在定义一个关系时选择了该项，则无论何时更改主表中记录的主键，Access 都会自动在所有相关的记录中将主键更新为新值。例如，如果在"学生"表中更改了某一学生的"学号"，则在有关联的"成绩"表中，将会自动修改该生的 3 条记录中的"学号"，从而使它们之间的关系不会断裂。

② "级联删除相关记录"复选项：如果在定义一个关系时选择了该项，则在删除主表中的记录时，Access 将会自动删除相关表中相关的记录。例如，如果在"学生"表中删除了"学号"为 040801 的学生的记录，则"成绩"表中该生的 3 条记录也将全部删除。

【注】 如果主表中的主键是自动编号字段，则设置"级联更新相关字段"复选框将没有效果，因为自动编号字段的值是不能更改的。

（5）当前关系为"内连接"，即在创建查询时只包含两个表中"学号"字段相等的记录，

而不挑选未参加考试的学生。修改成"外连接"的方法是：单击"连接类型"按钮，弹出"连接属性"对话框，如图 4-28 所示。其中包括以下 3 个单选项，第一项表示"内连接"，通常都选该项；第二项表示"左外联"，即在内联的基础上加上"学生"表中的剩余；第三项表示"右外联"，即在内联的基础上加上"成绩"表中的剩余。

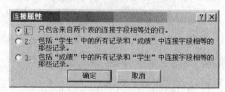

图 4-28 "连接类型"对话框

（6）单击"新建"按钮，创建这个关系。这时，"成绩"表和"学生"表之间将会出现一条连线，两端分别指向两个表的学号字段。而且，在"学生"表一端用"1"标记，在"成绩"表一端用"∞"标记，分别表示"一对多"关系中的"一"和"多"。

如果右键单击连线，并在弹出菜单中选择"编辑关系"命令，则会弹出"编辑关系"对话框，可对这个关系进行编辑修改。

3. 创建"成绩"表与"课程"表的关系

下面用另一种方式来创建这两个表之间的关系。

（1）在"编辑关系"对话框中，单击"新建"按钮，弹出"新建"对话框，如图 4-29 所示。

（2）在 4 个组合框中分别选择输入以下内容。

"左表名称"：课程；

"右表名称"：成绩；

"左列名称"：课程号；

"右列名称"：课程号。

图 4-29 创建关系的对话框

单击"确定"按钮，关闭"新建"对话框。则在"编辑关系"对话框中将显示刚指定的这个关系。

（3）选中"实施参照完整性"、"级联更新相关字段"和"级联删除相关记录"三个复选框，并单击"新建"按钮，创建这个关系。

可依照此法创建教学管理数据库中的其他关系。最后创建的几个表之间的关系如图 4-30 所示。

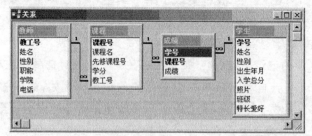

图 4-30 教学管理数据库中表与表之间的关系

（4）关闭"关系视图"，弹出一个消息框，询问是否保存对"关系视图"布局的更改，单击"是"保存。

4.5　表中的数据输入

创建了表的结构(空表)之后,还要输入与编辑数据。在 Access 中,向表中输入数据有两种方式:一是通过"数据表视图"输入;二是在表的基础上创建一个窗体来输入数据。下面介绍前一种方式。

4.5.1　数据表视图中的数据输入

例 4-9　向"学生"表输入数据。

不同类型的数据有各自不同的输入方法。本例将说明几种常用类型数据的输入方法。

输入数据之前,先要打开"学生"表的数据表视图。在数据库窗口中,双击"学生"表或选定"学生"表,再单击"打开"按钮,即可打开表并自动进入表视图;如果正在表设计视图中工作,则可单击数据库窗口工具栏上的"打开"按钮,切换到表视图。

1. 输入文本型数据

文本型数据可直接在网格中输入。本例中先输入首记录的"学号"和"姓名"字段:

990801 李平

输入后的屏幕显示如图 4-31 所示。

在输入第一个字符时,会自动多出一条空记录,且其左侧小按钮上有"＊"标记。

按创建表时的设置,学号字段不能超过 6 个字符。当插入点移到"姓名"字段时,输入法窗口将自动打开,以便输入中文。

图 4-31　输入文本型数据

2. 输入"是/否"型数据

在"性别"字段网格中,显示了一个复选框。选中则表示输入了"是"(-1),不选则表示输入了"否"(0)。

为了使含义更加明确,该字段最好显示"男"字或"女"字,而真正存储到数据库中的数据仍是-1 或 0(人为规定 0 表示"男",-1 表示"女")。实现这种功能需要用到 Access 的字段查阅技术,此处暂不输入"性别"字段的数据。

3. 输入日期与时间型数据

输入这类数据时,只需按最简捷的方式输入,而不必将整个日期全部输入。Access 会自动按设计表时在格式属性中定义的格式来显示这类数据。例如,在"出生年月"字段

中输入

86/6/13

然后按方向键 → 将插入点移到下一字段,则"出生年月"字段的值自动变为

1986 年 6 月 13 日

【注】 输入简化日期时,Access 自动判断是 20 世纪还是 21 世纪,当前分界点为 30,例如,30/1/1 作为 1930 年 1 月 1 日,而 29/1/1 作为 2029 年 1 月 1 日。

4. 输入 OLE 对象型数据

这种字段应使用插入对象的方式来输入数据。本例的"照片"字段按以下步骤输入:

(1) 将插入点移到"照片"字段,网格中出现一个虚线框,表示该字段已选中。

(2) 选择"插入"菜单的"对象"命令,或右键单击"照片"字段,选择快捷菜单的"插入对象"命令,打开"插入对象"对话框,如图 4-32 所示。

(3) 如果选中"新建"单选项,则对话框中显示已在系统注册的对象类型,可以通过与这些对象相关联的程序创建新对象并插入字段中。例如,选中列表中的"BMP 对象",则自动打开与之相关联的 Windows"附件"中的"画图"程序,所制作的图片会插入字段。

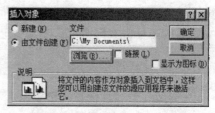

图 4-32　插入 OLE 对象对话框

(4) 如果选中"由文件创建"单选项,则对话框中的对象类型列表框变为显示文件名的文本框,如图 4-32 所示。

单击"浏览"按钮,弹出"浏览"对话框。在其中选择一幅图片,再单击"确定"按钮,则"浏览"对话框关闭。且"插入对象"对话框的文件名文本框中显示所选中的文件的路径名。

(5) 单击"确定"按钮,关闭"插入对象"对话框,所选图片插入"照片"字段。

5. 输入超链接型数据

对于这种字段,可用"插入超级链接"对话框来输入数据。本例的"电子邮件地址"字段可按以下步骤输入:

(1) 将插入点移到"电子邮件地址"字段后,选择"插入"菜单"超级链接"命令;或单击表工具栏上"插入超级链接"按钮,打开"插入超级链接"对话框,如图 4-33 所示。

(2) 在"插入超级链接"对话框中,可以创建 4 种超级链接,即"原有文件或 Web 页"、"此数据库中的对象"、"新建页"、"电子邮件地址"。

输入 lp81613@263.net 作为第一个学生的电子邮件地址后,在"电子邮件地址"框和"要显示的文字"框中,都将显示 mailto:lp81613@263.net,将"要显示的文字"框中的"mailto:"删除。

图 4-33 插入超链接对话框

（3）单击"屏幕提示"按钮，打开"设置超级链接屏幕提示"对话框。在"屏幕提示文字"框输入"李平的电子邮件地址"，单击"确定"按钮，回到"插入超级链接"对话框。

（4）单击"确定"按钮，关闭"插入超级链接"对话框，则"电子邮件地址"字段中显示刚才插入的电子邮件地址 lp81613@263.net。而且，当指针停留在该字段时，还会出现刚才设置的"李平的电子邮件地址"。

此后，如果单击"电子邮件地址"字段中的文字，将启动默认的收发电子邮件软件（如Outlook Express），并新建一封发送到该地址的邮件。

【注】 如果在超链接型字段中直接输入电子邮件地址，则会被看做 HTTP 协议的网页地址。

再输入两条记录以便以后使用。输入的内容如图 4-34 所示。

图 4-34 学生表中输入的数据

6. 输入备注型数据

由于备注型数据较长，在表视图的一个格子中通常显示不下，故使用窗体来输入是更好的选择，输入方式将在后面介绍。

4.5.2 数据表视图的格式和操作

数据表视图的格式和外观可以通过各种菜单命令和操作来改变和设置，从而使添加、修改和删除等数据维护工作更加方便和简捷。

1. 字段的选择

(1) 选中一个网格的内容的3种方法:

① 将 Tab 键或方向键移到某个网格。

② 双击网格。

③ 鼠标停在网格左侧,等变为空心十字时单击。

(2) 选中相邻的多个网格的两种方法:

① 按住 Shift 键,再用方向键移过要选的所有网格。

② 按住 Shift 键,再单击另一网格,则选中以这两个网格作为对角的矩形网格区域。

(3) 选中一个记录:鼠标停在一个记录左侧的小方钮上,等变为向右的小箭头时单击。

(4) 选中一个字段:鼠标停在字段上方的标题方钮上,等变为向下的小箭头时单击。

(5) 选中表中所有内容:单击左上角的小方钮。

2. 调整字段宽度

默认情况下,各字段等宽,可用以下方法调整宽度。

(1) 鼠标停在两个字段的分界线上,等变为左右拉伸形状时,拖动分界线调整宽度。

(2) 双击字段右端分界线,自动调整到该字段最长数据的长度。

(3) 对所有字段进行自动匹配列宽的操作:选中所有字段(列),选择"格式"菜单的"列宽"命令,弹出"列宽"对话框,单击其中的"最佳匹配"按钮。如果要恢复到默认的等宽状态,则选择"列宽"对话框的"标准列宽"复选框。

3. 隐藏列

在浏览数据时,如果表中字段太多,则可将某些字段隐藏起来,需要时再重新显示。例如,如果"客户地址"字段太宽,隐藏它则便于查看"客户名称"和"电话号码"字段。

(1) 隐藏字段:选中字段(可选多个),再选择"格式"菜单的"隐藏列"命令。

(2) 撤销对字段的隐藏:选择"格式"菜单的"撤销隐藏列"命令,弹出"撤销隐藏列"对话框。其中以复选框的形式给出了表中所有的字段,选中其一则相应字段就会显示。若取消选中则相应字段又会隐藏。

4. 冻结列

当字段很多时,有些字段就要通过滚动条才能看到。如果想总能看到某些列,如主键等,则可将其"冻结";即在滚动字段时,这些列在屏幕上固定不动。例如:

(1) 选中"姓名"和"学号"列,然后选择"格式"菜单的"冻结列"命令。则当滚动字段时,这两列始终显示在固定的位置上不动。

(2) 取消对列的冻结的方法是选择"格式"菜单的"取消对所有列的冻结"命令。再滚动字段时,这些列就会随之滚动。

5.记录的排序

可以按照一个或多个字段的内容对记录进行排序,以便按某种方式观察数据。例如,将"学生"表按"出生年月"字段排序的方法如下:

(1)选中"出生年月"字段,单击表工具栏上的"降序"按钮,或右键单击该字段,选择快捷菜单的"降序"命令,即可按"出生年月"字段值的降序对"学生"表中的所有记录排序。同样可以用"升序"按钮,或快捷菜单的"升序"命令对记录进行升序排序。

(2)取消按字段对记录排序的方法是选择"记录"菜单的"取消筛选/排序"命令,或右键单击该字段,选择快捷菜单的"取消筛选/排序"命令。

6.记录的筛选

如果表中记录太多,则会带来不便;此时可将无关的记录暂时筛选掉,只保留感兴趣的记录。

筛选记录是通过指定筛选条件完成的。这里介绍两种最简单、最直接的筛选方式:"按选定内容筛选"和"内容排除筛选"。前者按选定的字段值挑选出记录,后者则排除包含指定字段值的记录。

例4-10 罗斯文示例数据库的"雇员"表中,"头衔"字段值为"销售代表"的记录的两种筛选操作。

(1)挑选出"头衔"字段值为"销售代表"的记录。

① 单击第一条记录的"头衔"字段网格(网格内容为"销售代表")。

② 选择"记录"菜单的"筛选"子菜单的"按选定内容筛选"命令;或单击表工具栏上的"按选定内容筛选"按钮;或右键单击该网格,选择快捷菜单的"按选定内容筛选"命令。

这样,"雇员"表的数据表视图中,将只显示"头衔"为"销售代表"的雇员的记录。

(2)显示记录时,去除"头衔"为"销售代表"的雇员的记录。

① 再次选中第一条记录的"头衔"字段网格。

② 选择"记录"菜单的"筛选"子菜单的"内容排除筛选"命令,或右键单击该网格,选择快捷菜单的"内容排除筛选"命令。

(3)取消对记录的筛选。

选择"记录"菜单的"取消筛选/排序"命令;单击表工具栏上的"删除过滤器"按钮;或右键单击该网格,选择快捷菜单的"取消筛选/排序"命令,都可以取消对记录的筛选。

4.5.3 创建值列表和查阅列表字段

一般情况下,表中大部分字段的内容都来自于用户输入的数据,或从其他数据源导入的数据。但在有些情况下,某个字段的内容也可以取自于一组固定的数据,或者其他表中的某个字段,这就是字段的查阅功能。使用查阅功能可以简化数据的输入,且往往使数据的意义更为明确。

1. 创建值列表字段

例 4-11 使用"查阅向导",为"学生"表的"性别"字段创建意义明确的值列表。

"性别"字段存储的是数值 0 或 −1,但要表现的意义却是"男"或"女",如果创建一个包含"男"、"女"两种数据的值列表,则当向该字段输入数据时,可以在组合框中选择"男"或"女",而不必使用意义不明确的复选框或手动输入了。

(1)打开"学生"表设计视图,选中"性别"字段。

(2)在"数据类型"组合框中选择"查阅向导"项,弹出"查阅向导"对话框。选择"自行输入所需的值"单选项,并单击"下一步"按钮。

(3)在"第 1 列"的网格中输入"男"和"女",在"列数"文本框中输入"2",并单击下面的网格,则出现新的一列"第 2 列";在"第 2 列"的网格中输入"0"和"−1",如图 4-35 所示。图 4-36 是设计视图中显示的查阅情况。

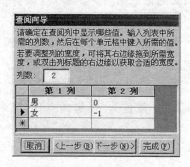

图 4-35　输入列表值

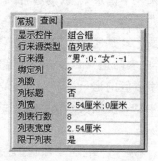

图 4-36　值列表字段的设置

(4)由于希望组合框列表中只显示包含"男"、"女"字样的"第 1 列",而不显示包含实际数据的"第 2 列",故可拖动"第 2 列"的右边界,将其宽度变为 0,即不显示该列。

(5)单击"下一步"按钮,"查阅向导"将提示选择包含要存储到数据库中的实际数据所在的列。这里选"列 2",即数据"0"和"−1"所在的列。然后单击"下一步"按钮。

(6)这时,"查阅向导"询问:"希望为查阅列加什么标签?",保留"性别"作为该查阅列的标签。单击"完成"按钮,关闭"查阅向导"。

(7)保存"学生"表。

创建"性别"字段的值列表之后,再切换到"学生"表的数据表视图,可看到该字段的数据都成了"男",原因在于原有的数据都是 0。如果要变成"女",则将插入点移到该列,使相应网格成为组合框,然后单击下拉按钮,在列表中选择"女"即可。

2. 通过"查阅向导"创建查阅列表

例 4-12 使用"查阅向导",为"学生"表的"学号"字段创建查阅列表。

在"成绩"表中输入数据时,"学号"字段的值必须是"学生"表中已有的学号。因此,可以为这个字段创建查阅列表,通过隐藏包含实际数据列的方法使字段中显示的内容具有更明确的意义。

（1）打开"成绩"表设计视图，选中"学号"字段。

（2）在"数据类型"组合框中，选择"查阅向导"项，弹出"查阅向导"对话框。选择其中"使查阅列在表或查询中查阅数值"单选项，并单击"下一步"按钮。

（3）从"查阅向导"提供的表（或查询）中选择"学生"表，并单击"下一步"按钮。

（4）按"查阅向导"的提示选择用于查阅的列：将"可用字段"列表中的"学号"和"姓名"字段添加到"选定字段"列表中，如图4-37所示，然后单击"下一步"按钮。

（5）调整列宽：在这一步中，"查阅向导"将自动隐藏关键字段，而"学号"是"学生"表的主键，故隐藏了，这正是所需要的。因为"学号"是包含实际数据的列，而"姓名"字段才是要显示的列；因此，直接单击"下一步"按钮。

（6）切换到"常规"页，在"标题"格输入"姓名"，单击"完成"关闭"查阅向导"。

（7）保存"学生"表。

至此，为"成绩"表中的学号字段创建了查阅列表（表/查询类型的查阅列）。通过"字段属性"部分的"查阅"页可以看到该查阅列表的设置情况，如图4-38所示。

图4-37　选择用于查阅的字段

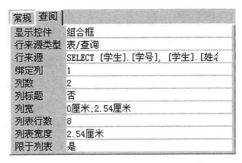

图4-38　学号字段查阅列的设置

3. 手工创建查阅列表

例4-13　通过手工方式为"课程号"字段创建查阅列表。

手工方式就是直接修改"查阅"页中的各种属性。

（1）打开"成绩"表设计视图，选中"课程号"字段。

（2）在"字段属性"部分，选择"查阅"页，可看到该字段默认的"显示控件"是文本框。在"显示控件"组合框中选择"组合框"项，将会显示关于查阅的其他属性及其默认值。

（3）确定"行来源类型"属性为"表/查询"，然后选中"行来源"属性，并单击"行来源"属性框右侧的┄按钮，则同时弹出"SQL语句：查询设计器"和"显示表"对话框。在"显示表"对话框中选中"课程"表，再单击"添加"按钮，则"课程"表添加到查询设计器中。单击"关闭"按钮，关闭"显示表"对话框。

（4）通过查询设计器选出"课程"表中用于查阅的字段：将"课程"表中的"＊"拖动到下面的网格中，则选中"课程"表所有字段，如图4-39所示。

关闭查询设计器，并在随后出现的消息框中单击"是"按钮，则"行来源"属性框中将显

示使用查询设计器生成的查询语句,如图 4-40 所示:

SELECT 课程. * FROM 课程;

图 4-39　选中课程表全部字段

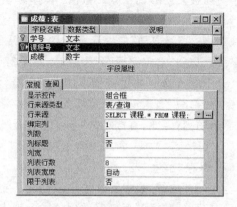

图 4-40　成绩表设计视图

(5) 确定其他属性。

① 设置"绑定列"属性的值为"1"。绑定列指包含实际数据的列,本例为第一列。

② 设置"列数"属性的值为"2",即该查阅列表有两列。

③ 设置"列宽"属性的值为"0",即第一列宽度为 0,隐藏包含实际数据的"课程号"。

列宽设置的规定为:设多个列宽时,用分号";"隔开;0 表示隐藏该列;不指定列宽表示为默认列宽。例如,";0"表示第一列为标准列宽,隐藏第二列。

④ 将"限于列表"属性的值改为"是",即只接受从列表中选出的值。

⑤ 切换到"常规"页,在"标题"格输入"课程"。

(6) 保存"成绩"表。

至此,已通过手工方式为"课程号"字段创建了查阅列表。如果切换到"成绩"表的数据表视图,则在输入"学号"字段和"课程号"字段的数据时,就可以在下拉列表中选择了。可以看出,"学号"字段和"课程号"字段以及查阅列表中显示的内容是具体的学生姓名和课程名称,如图 4-41 所示。而这正是将包含实际数据的"学号"列和"课程号"列隐藏的结果。另外,这两个字段的标题也变为"姓名"和"课程"了,这是在两个字段的"标题"属性中设置的内容。

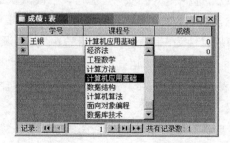

图 4-41　查阅列表的使用

4.6　表设计技巧

在创建表时,需要在表设计视图的下半部分定义表中字段的各种属性,如指定格式(字段宽度、进一步细分的数据类型等)、设置输入掩码、创建索引等。这些操作都要遵守Access的规定,且有一定的操作技巧。在定义某些属性(如有效性规则)的过程中,经常要使用各种表达式,可以使用表达式生成器来构造。

4.6.1　数据库对象中的表达式

在数据库对象的设计过程中,经常要输入表达式来执行某些特定操作。表达式由符号、值和标识符组成,可以进行数字的计算,或者生成其他类型的值。

1. 表达式的使用范围

1）表中字段的有效性规则

设计表中的独立字段时,可以包括一个有效性规则,用来指定字段本身可接受的输入范围。创建有效性规则就是根据表达式来检验每个输入,若表达式的值为 True,则接受输入,否则不接受输入。

例如,可创建一条规则,禁止用户在"销售日期"字段中输入以后的数据或者 30 天以前的数据。如果给定的输入不符合规则,Access 就会拒绝接受。

2）查询中的计算字段

查询中计算字段的功能是:将同一个表或其他相关表中的一个或多个字段的值代入指定的表达式求值,并将结果作为本字段的值。例如,如果查询中已有两个字段:"单价"和"数量",则可设置一个"金额"字段,以表达式"单价 ∗ 数量 ∗ 0.8"的求值结果作为该字段的值。

3）查询中的条件

查询中的条件也是表达式,用于选择一组执行特定操作的记录。满足条件(条件表达式值为 True)的记录进入该组,不满足的(条件表达式值为 False)则被排除在组外。

4）窗体、报表或数据访问页中的计算控件

窗体、报表或数据访问页中的计算控件的功能类似于查询中的计算字段,是将其他控件(分别表示数据源中的不同字段)的值代入指定表达式求值的结果作为该控件的值。

2. 运算符

在表达式中,常要使用某种类型的运算符,以便生成相应类型的值。

1）算术运算符

用于连接数字操作数,得到数字结果。包括＋,－,∗,/,∧,\\(整除),MOD(整数相除取余数)。

2）关系运算符

关系运算的结果是逻辑值 True 或者 False。关系运算符包括 $<,<=,<>,>,>=$,Between(指定一个数字范围)。

3）逻辑运算符

逻辑运算的结果为逻辑值。逻辑运算符包括以下几种。

(1) And(逻辑与)：两个操作数都为 True 时,表达式的值才为 True。例如,如果查询条件为

$>A$ And $<=B$

则只有查询表中的数值介于 A、B 之间的记录,才能进入查询结果集。这个表达式等价于

Between "A" And "B"

(2) Or(逻辑或)：两个操作数中只要有一个为 True,表达式的值即为 True。

(3) Not(逻辑非)：生成操作数的相反值。

(4) Eqv：两个操作数相同时,表达式的值为 True。

(5) Imp：当第一个操作数为 True,第二个操作数为 False 时,表达式的值为 True。

(6) Xor：两个操作数的值不同时,表达式的值为 True。

(7) &(字符串合并)：将运算符两边的文本连接在一起。

3. 表达式生成器

Access 提供了如图 4-42 所示的"表达式生成器"对话框,可用于书写表达式。其中包括代表操作数的按钮以及分类的标识符,可作为表达式的组成部分。

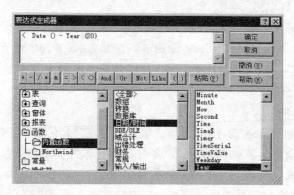

图 4-42 "表达式生成器"对话框

1）打开"表达式生成器"

打开"表达式生成器"的方法有以下几种：

(1) 单击某字段文本框旁的"生成器"按钮(带有"…"标记)。

(2) 单击工具栏上的"生成器"按钮。

(3) 选择快捷菜单的"生成器"项。

2）表达式生成器的使用

生成器上方是一个表达式框,下方是用于创建表达式的元素。将这些元素粘贴到表达式框中可形成表达式,也可直接输入表达式。生成器中间是常用运算符按钮。单击某个按钮,将在表达式框中的插入点处插入相应运算符。

生成器下部 3 个列表框的功能如下:

(1) 左框包含几个文件夹,列出表、查询、窗体及报表等数据库对象,以及内置和用户定义的函数、常量、运算符和常用表达式。

(2) 中框列出左边框中选定文件夹内指定的元素或指定元素的类别。例如,如果在左边的框中单击"内置函数",中间的框内便会列出 Access 函数的类别。

(3) 右框列出左框和中框中选定元素的值。例如,打开(单击)左框的"运算符"文件夹,选定中框列表中的"比较"项,则右框会列出所有的"比较运算符"。

例 4-14 表达式的例子。

表 4-1 是一些常用的表达式的例子,这些表达式可用于表的有效性规则,查询的计算字段或条件,以及窗体、报表、数据访问页的计算控件等。

表 4-1 表达式的例子

表达式	含 义	符合条件的值
Between ♯04-5-1♯ And ♯05-9-1♯	介于 04-5-1 和 05-9-1 之间	04-7-8,05-8-30
Not ″王中奇″	不是王中奇	王涛,张富美
>=10	大于等于 10	10.5,11,100
Year([运输日期])=2005	运输日期为 2005 年	2005-1-10,2005-12-31
Is Not Null	不为空	″ ″,0,(或任何值)
Like ″＊静＊″	字符串任何位置含有″静″字	张静宜,李小静

【注】 如果表达式中输入的数据是日期,Access 将自动用 ♯ ♯ 包围,如果是文本,将自动用″ ″包围。

4.6.2 字段的格式属性

使用"格式"属性,可在不改变数据实际存储的情况下,改变数据显示或打印的格式。例如,可以选择以"月/日/年"或其他格式来设置日期,也可从预定义格式的列表中选择自动编号、数字、货币、日期与时间、是/否等类型的格式,或者创建自定义格式。除 OLE 对象型之外,可为任何数据类型的字段创建自定义格式。

在表"设计"视图、查询"设计"视图、窗体"设计"视图或报表"设计"视图中都可以设置"格式"属性,但如果是在表"设计"视图中设置字段的属性,则设置值将自动应用于查询"设计"视图中的字段,并结合到该字段的窗体或报表控件(只要控件是在表"设计"视图中设置属性之后创建的)上。当然,在某些情况下,也可以在查询设计视图、窗体设计视图或报表设计视图中设置属性。例如,要在数据表中显示不同于报表中显示的格式,可以在查询设计视图中设置字段的"格式"属性,然后使报表基于该查询。如果使用非绑定控件(参见"窗体"章的内容),则需要在窗体"设计"视图或报表"设计"视图中设置"格式"属性。

1. 文本和备注型数据的格式

文本和备注型数据的自定义格式最多可有 3 个区段,以分号(;)隔开,分别指定字段内不同数据格式的规格。3 个区段是:

- 描述文字字段格式;
- 描述零长度字符串字段格式;
- 描述 Null 值字段格式。

可用于构建字符串格式表达式的格式字符如表 4-2 所示。

表 4-2　指定字符串格式的格式字符

字　符	名　称	意　义
@	字符占位符	输入字符为文本或空格
&	字符占位符	不必使用文本字符
<	强制小写	将所有字符以小写格式显示
>	强制大写	将所有字符以大写格式显示
!	强制由左向右填充字符占位符	默认值是由右向左填充字符占位符

例如,如果在格式属性中输入格式表达式

(@@@)@@@@@@@@

则输入数字 01012345678 时,将会显示为(010)12345678。

2. 数字和货币型数据的格式

数字型和货币型数据有以下几种默认格式。

(1) 一般数字:输入时显示数字,如 123。

(2) 货币:每三位空 1/4 字符,负数用括号与红色表示,小数位为两位,如 $3 456.12。

(3) 整数:显示至少一位数。

(4) 标准:每三位空 1/4 字符,小数位为两位。

(5) 百分比:以百分比形式存放,如 1.23%。

(6) 科学记数法:以标准科学记数法显示数值。

可用于指定数字型和货币型数据的格式字符如表 4-3 所示。

表 4-3　指定数字和货币型格式的格式字符

字　符	意　义
0	一个小数位的占位符。显示一个数字或 0
♯	一个小数位的占位符。显示一个数字或一个空格(无数字)
$	显示 $ 符号,作为货币符号
%	将输入数据表示成百分数
E-或 e-	用科学记数法显示数据,负数前有一号,正数前无符号
E+或 e+	用科学记数法显示数据,负数前有一号,正数前有+符号

例如,下面的格式表达式有两个区段,前一个定义正值和零的格式,后一个定义负值。

"＄＃,＃＃0;(＄＃,＃＃0)"

如果分号之间没格式,则遗漏的区段以正值的格式表示。例如,下面的格式以第一个区段显示正值及负值;如果值为零则显示 Zero。

"＄＃,＃＃0;;\\Z\\e\\r\\o"

3．日期和时间型数据的格式

(1) 日期和时间型数据的 7 种预定义格式。

① 通用日期:例如,4/3/93 05:34 PM、4/3/93,05:34 PM。日期的显示依系统设置而定。

② 完整日期:例如,Wednesday, February 13, 1997。

③ 中日期:以适当的主应用程序语言版本的中日期格式显示日期。

④ 简短日期:以系统的短日期格式显示日期。例如,6/19/97。

⑤ 完整时间:例如,05:34:10PM。

⑥ 中时间:例如,05:34PM。

⑦ 短时间:例如,17:32。

(2) 用于自定义日期/时间型格式的格式字符,如表 4-4 所示。

表 4-4　指定日期和时间格式的格式字符

字　符	意　义
：	时间分隔符的真正字符在格式输出时取决于系统的设置
/	日期分隔符的真正字符在格式输出时取决于系统设置
C	以 ddddd 来显示日期,并且以 ttttt 显示时间。如果想显示的数值无小数部分,则只显示日期部分;如果想显示的数值无整数部分,则只显示时间部分

(3) 用 d、w、m、q、y 等表示日、星期、月、季、年,如表 4-5 所示。

表 4-5　日期和时间的表示

类　别	格　式	意　义
日	d	以没有前导零的数字显示日(1～31)
	dd	以有前导零的数字显示日（01～31）
	ddd	以简写表示日（Sun～Sat）
	dddd	以全称表示日（Sunday～Saturday）
	ddddd	以完整日期表示法显示,Windows 默认的短日期格式为 m/d/yy
	dddddd	以完整日期表示法显示日期系列数,Windows 默认的长日期格式为 mmmm dd, yyyy
周	w	一周中的日期以数值表示(1 表示星期日,7 表示星期六)
	ww	一年中的星期以数值表示(1～54)

类 别	格 式	意 义
月	m	以没有前导零的数字显示月(1~12)。如果 m 直接跟在 h 或 hh 之后,则显示分而不是月
	mm	以有前导零的数字显示月(01~12)。如果 m 直接跟在 h 或 hh 之后,则显示分而不是月
	mmm	以简写表示月(Jan~Dec)
	mmmm	以全称表示月(january~december)
季	q	一年中的季以数值表示(1~4)
	y	一年中的日以数值表示(1~366)
年	yy	以两位数表示年(00~99)
	yyyy	以 4 位数表示年(0100~9999)
时	h	以没有前导零的数字显示小时(0~23)
	hh	以有前导零的数字显示小时(00~23)
分	n	以没有前导零的数字显示分(0~59)
	nn	以有前导零的数字显示分(00~59)
秒	s	以没有前导零的数字显示秒(0~59)
	ss	以有前导零的数字显示秒(00~59)
午	am/pm	以 12 进制计时,标识上、下午

4. "是/否"型数据的格式

3 种格式分别如下所示。

(1)"是/否":-1 为是,0 为否。

(2)"真/假":-1 为 True,0 为 False。

(3)"开/关":-1 为开,0 为关。

4.6.3 定义输入掩码

使用"输入掩码"属性可以设置输入掩码(也称为字段模板),输入掩码使用原义字符来控制字段或控件的数据输入。例如,图 4-43 表示输入掩码要求所有的电话号码输入项必须包含足够的数字,以便能够表示某个单位的电话号码,并且只能输入数字。输入时,只需往空格中填入即可。

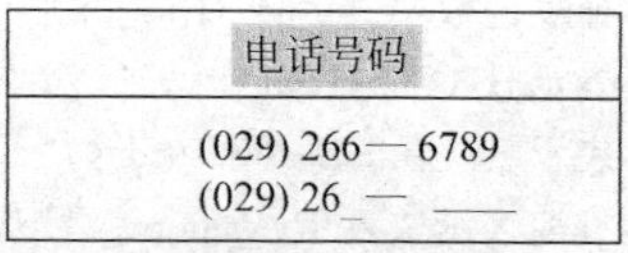

```
电话号码
(029) 266 — 6789
(029) 26 —  ____
```

图 4-43　电话号码掩码

设置输入掩码时,可以使用特殊字符来要求输入某些必需的数据(如电话号码的区号),而其他数据(如电话分机号码)则是可选的。这些特殊字符指定了在输入掩码中必须输入的数据类型(如数字或字符)。

1. 定义输入掩码的格式字符

Access 按照表 4-6 所示转译"输入掩码"属性定义中的字符。如果要将表中字符用作字面字符,应在字符前面加上反斜线(\)。字面字符可以是该表以外任何其他字符。

表 4-6 定义输入掩码的字符

字　符	意　义	说　明
0	数字	0～9,必需,不能用加号(＋)与减号(一)
9	数字或空格	可选,不能用加号和减号
♯	数字或空格	可选,将空白转换为空格,可以用加号和减号
L	字母	A～Z,必需
?	字母	A～Z,可选
A	字母或数字	必需
a	字母或数字	可选
&	任一字符或空格	必需
C	任何字符或一个空格	可选
．，：；－／	十进制占位符和千位、日期和时间分隔符	实际字符按照 Windows 控制面板中"区域设置属性"的设置而定
＜	所有字符转换为小写	
＞	所有字符转换为大写	
！	输入掩码从右到左显示	输入掩码中的字符本来是从左到右填入。可以在输入掩码中包含感叹号使其变为从右到左显示
\	其后字符显示为原义字符	该字符可用于将该表中任何字符显示为原义字符。例如,\A 显示为 A
密码	将"输入掩码"属性设置为"密码"	将"输入掩码"属性设置为"密码",创建密码项文本框。其中输入的字符都按字面字符保存,但显示为星号(＊)

2. 输入掩码示例

例 4-15 输入掩码的例子。

输入掩码由用于分隔输入空格的原义字符(如空格、点、点划线和括号)组成。"输入掩码"属性设置由文本字符和特殊字符组成,特殊字符将决定输入的数值类型。输入掩码主要用于文本和日期/时间字段,但也可以用于数字或货币字段。

表 4-7 是一些输入掩码定义和可能值的例子。

表 4-7 输入掩码的例子

输入掩码定义	允许值示例
(000) 000-0000	(206) 555-0248
(999) 999-9999!	(206) 555-0248
	(　) 555-0248
(000) AAA-AAAA	(206) 555-TELE
♯999	－20 与 2000

输入掩码定义	允许值示例
>L0L 0L0	T2F 8M4
00000-9999	98115- 与 98115 -3007
ISBN 0-&&&&&&&&&-0	ISBN 1-55615-507-7 与 ISBN 0-13-964262-5
>LL00000-0000	DB51392-0493

输入掩码定义包括用分号隔开的 3 部分。例如,(999)000-0000!;0;″″。

(1) 输入掩码本身。

(2) 决定是否保存原义显示字符。"0"表示以输入的值保存原义字符,"1"或者空白表示只保存输入的非空格字符。

(3) 显示在输入掩码处的非空格字符,可以使用任何字符。″ ″(双引号、空格、双引号)代表一个空格。如果省略该节,则显示下划线(_)。

Access 转义"输入掩码"属性定义的第一部分的字符。如果要定义原义字符,可输入该表以外的任何其他字符,包括空格和标号。如果要将标记定义字符的某一个字符定义为原义字符,则在字符前面加上"\"。

3. 掩码表达式的输入

在表"设计"视图、查询"设计"视图或窗体"设计"视图中都可以设置"输入掩码"属性。大多数情况下,都在表"设计"视图中设置字段的属性。这样输入掩码将自动应用于查询"设计"视图中的字段,以及结合到该字段的窗体或报表中的控件(只要控件是在表"设计"视图中设置属性之后创建的)上。在某些情况下,也可能在查询"设计"视图或窗体"设计"视图中设置属性。例如,在表中忽略输入掩码,但将其包括在文本框中。如果使用非绑定(未与某个数据源中的字段关联)控件,则需要在窗体"设计"视图中设置"输入掩码"属性。

可以使用输入掩码向导来输入"掩码表达式",但只有在文本型或日期/时间型字段中才能使用。对于数字型或货币型字段只能直接输入。操作步骤如下:

(1) 单击"输入掩码"文本框右侧的按钮,弹出"输入掩码向导"对话框。

(2) 在"输入掩码"列表中选择掩码类型,在"数据查看"列表中给出对应的例子。

4.6.4 添加索引

索引有助于 Access 快速查找和排序记录。Access 在表中使用索引来查找数据,就像在书中使用索引来查找某些内容一样。

对经常搜索的字段、排序字段或查询中连接到其他表字段的字段,通常要设置索引。当索引太多时,若要执行某些查询(如追加查询),则会因为有许多字段的索引需要更新,而使其执行速度减慢。

1. 需要设置索引的字段

表的主键将自动设置索引,而对备注、超链接、OLE 对象等数据类型的字段则不能设置索引。对于其他的字段,如果符合下列条件,则可以考虑为其设置索引。

(1) 字段的数据类型为文本、数字、货币或日期/时间。

(2) 搜索保存在字段中的值。

(3) 排序字段中的值。

(4) 在字段中保存多个不同值。如果字段中相同值太多,则索引加快查询速度的效果可能不会太明显。

可以创建单字段索引或多字段索引。多字段索引可以区分开第一个字段值相同的记录。

2. 创建单字段索引

在表的设计视图中,选定要创建索引的字段,然后切换到"常规"页,在"索引"格(已成为下拉列表框)中选择"有(有重复)"或"有(无重复)"项。选择前者可确保任一记录中该字段都没有重复值。

在"索引"窗口添加单一字段索引后,该字段的 Indexed 属性变为 Yes。

3. 创建多字段索引

如果经常要同时搜索或排序两个或两个以上的字段,可以为组合字段创建索引。

例 4-16 为"学生"表创建两字段索引:{入学总分,姓名}。

(1) 在表设计视图中,单击工具栏上的"索引"按钮,弹出"索引"对话框(见图 4-44)。

(2) 在"索引名称"列的第一个空行输入索引名称。可使用索引字段的名称之一来命名索引,也可用其他名称。

(3) 在"字段名称"列中,选择索引的第一个字段;在下一行选择索引的第二个字段,并使该行的"索引名称"列为空。重复这一步,直到选择了索引中应包含的所有字段(最多 10 个字段)。

图 4-44 索引对话框

"排序次序"的默认值是"升序"。可在"索引"窗口的"排序次序"列选择"降序",本例中选择"分数"字段为降序。

使用多字段索引时,将首先使用索引定义中第一个字段;如果记录的第一个字段中有重复值,则使用索引中的第二个字段,以此类推。

可以根据需要创建多个索引。在表设计视图中,可以随时添加或删除索引。索引在保存表时创建,在更改或添加记录时自动更新。

4.7 数据库安全

数据库安全主要包括保护 Access 数据库文件,使用用户级安全设置保护数据库对象,保护 VBA 代码,保护数据访问页,保护应用程序以及多用户环境下的安全机制。

Access 提供了设置数据库安全的两种传统方法：一是为数据库设置密码；二是设置用户级安全，将用户能够访问或更改的权限控制在一定的范围内。

除这两种方法之外，还可以将数据库保存为 MDE 文件，以删除数据库中可编辑的 VBA 代码，防止对窗体、报表和模块的修改。

4.7.1　设置数据库密码

维护数据库安全的最简单的方法是为打开的数据库设置密码。设置密码后，再要打开数据库时，便会显示要求输入密码的对话框。只有输入正确的密码，才能打开数据库。Access 会对密码进行加密，因此直接查看数据库文件是无法得到密码的。

一般来说，对于在某个用户组中共享的数据库或者单机上的数据库，设置密码就可以满足安全性的要求了。

如果要复制数据库，则不必使用数据库密码；否则，所复制的数据库的副本将不能与原数据库同步操作。

例 4-17　为"教学管理"数据库设置密码。

(1) 关闭"教学管理"数据库。如果数据库是网络上共享的，则应使所有用户都关闭该数据库。

(2) 为安全起见，将数据库复制一个备份。

(3) 选择"文件"菜单的"打开"命令，或单击"数据库"工具栏上的"打开"按钮，弹出"打开"对话框。

(4) 选定"教学管理"数据库，单击"打开"按钮右侧的下拉箭头，选择其中的"以独占方式打开"命令，打开数据库。

(5) 选择"工具"菜单的"安全"|"设置数据库密码"命令，弹出"设置数据库密码"对话框，如图 4-45 所示。

(6) 在该对话框的"密码"文本框中输入密码（1～20 个字符，区分大小写字母），在"验证"文本框中再次输入密码确认，然后单击"确定"按钮。

密码设置完成后，下次打开数据库时，将显示要求输入密码对话框，如图 4-46 所示。

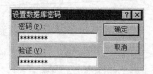

图 4-45　"设置数据库密码"对话框

图 4-46　输入密码提示

如果遗忘了密码，则密码不能恢复，因而将无法再打开数据库。因此，用户应以自己最熟悉、最容易记住的字符串来设置密码，最好能做成文本，放在安全的地方备查。

对密码也可以修改或者撤销。方法是：打开数据库，选择"工具"菜单的"安全"|"撤销数据库密码"命令，弹出"撤销数据库密码"对话框。在其中的"密码"文本框中输入数据库密码，并单击"确定"按钮，密码就被撤销了。在旧密码撤销后，还可以为数据库设置新

密码。在对数据库密码进行撤销或修改操作时,同样要将数据库以独占方式打开。撤销密码之前,Access 会提示用户输入旧密码;如果输入不正确,则不能撤销或修改密码。

4.7.2　设置用户级与组的权限

设置数据库密码只能防止非法用户打开数据库,而在数据库打开之后,所有的数据库对象对于用户都是开放的。只有通过"用户级安全",才能有效地维护数据库中对象的安全性。

设置用户级安全是设置数据库安全的最灵活和使用最广泛的方法。这种安全类似于很多网络中使用的方法,它要求用户在启动 Access 时确认自己的身份并输入密码。

1. 工作组

工作组就是在多用户环境中的一组用户,他们共享数据并拥有相同的工作组信息文件。如果数据库设置为"用户级安全",则工作组成员将记录在用户账号和组账号中,这些账号保存在 Access 工作组信息文件中。用户密码也保存在这个文件中。对于这些账号,可以指定其操作数据库及其对象的权限,权限本身将存储在安全数据库中。在启动时,Access 读取该数据库的工作组信息文件。

Access 提供两种默认的组:管理员组和用户组(也可定义其他组)。默认的工作组是由安装程序在安装 Access 文件夹时创建的工作组信息文件中自动定义的。可以使用"工作组管理器"来指定其他工作组信息文件,也可以创建新的 Access 工作组信息文件。

如果从安全性来考虑,则只需要一个管理员组和用户组,使用默认的管理员组和默认的用户组即可,不必创建额外的组。在这种情况下,只需给默认的用户组指定适当的权限,并将新的管理员添加到管理员组中。所有新添加的用户都会自动添加到用户组中。用户组的常见权限一般包括对表和查询的"读取数据"、"更新数据"权限,以及对窗体和报表的"打开/运行"权限。

如果要更严格控制不同的用户组,可以自己创建组,并为它们指定不同的权限集合,然后再将用户添加到适当的组中。为了简化权限管理,最好对组指定权限(而不是对用户),然后再将用户添加到适当的组中。

2. 工作组和组内成员的权限

为组和组内的成员授予权限,可以规定他们如何使用数据库中的对象。例如,规定有些用户组成员可以查看、输入或修改"顾客"表中的数据,但不能更改表的设计;另一些成员只允许查看包含订单数据的表,而不能访问"工资"表;管理员组的成员对数据库中的所有对象都具有完全的权限。如果要设置更严格的控制,则可以创建自己的组账号,并为其指定适当的权限,然后将用户添加到组中。如果某一用户不再需要了,也可以将其删除。

在创建安全账号之前,应该选择存储这些安全账号的 Access 工作组信息文件。可以使用默认的工作组信息文件,指定其他工作组信息文件,或者创建新的工作组信息文件。如果要确保工作组及其权限不可复制,则不宜使用默认的工作组信息文件,并且必须确保所选择的工作组信息文件是使用惟一的工作组 ID(使用"工作组管理器"创建工作组信息文件时输入的字符串,由字母和数字组成)创建的。如果不存在这样的工作组信息文件,则应该使用"工作组管理器"来重新创建。

3. 设置用户与组的权限

Access 在设置用户级安全时,一般要设置用户与组对数据库的使用权限。设定用户级安全时,可以对数据库或数据库中的各种对象(表、查询、窗体、报表、页、宏和模块)定制相应的使用权限,使不同用户对同一个数据库或对象具有不同的权限。

在 Access 中,指定或删除数据库及对象权限的步骤如下:

(1) 打开包含要设置安全性的对象的数据库。登录时所使用的工作组信息文件中必须包含要指定权限的用户账号或组账号,不过也可以在为组指定权限后再将用户添加到组中。

(2) 选择菜单项:"工具"│"安全"│"用户与组权限"命令,弹出"用户与组权限"对话框。

(3) 切换到"权限"页(见图 4-47(a)),在其中设置用户或组对数据库及对象的使用权限。

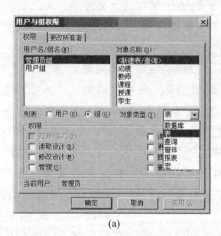 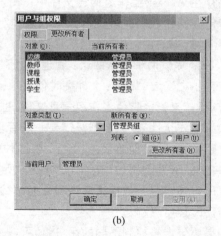

(a)　　　　　　　　　　　　　　(b)

图 4-47 "用户与组权限"对话框

① 在"用户名/组名"列表框中选择要指定权限的用户或组。

② 在"对象类型"组合框中选择对象类型(如"表"),然后在"对象名称"列表框中选择要指定权限的对象名称(如"成绩")。"对象名称"框中可以同时选定多个对象。方法是,在要选择的对象上按下并拖动鼠标,或按住 Ctrl 键然后单击所需对象。

③ 在"权限"复选项组中,选择(或清除)要指定的权限。例如,选择"删除数据"复选项,数据库使用者将不能删除数据库中任何数据。设置之后,单击"应用"按钮。

④ 重复步骤②、③,为当前用户或组指定(或删除)对其他对象的权限。

(4) 重复步骤(3),为其他用户或组指定或删除权限。完成之后单击"确定"按钮。

设置某些权限之后,与之相关的其他权限将会自动隐藏。例如,对表的"更新数据"权限会自动隐藏"读取数据"和"读取设计"权限,因为只有具有这两项权限才能修改表中的数据。"修改设计"和"读取数据"权限将隐藏"读取设计"权限。对宏的"读取设计"权限隐藏"打开/运行"权限。

在编辑和保存对象时,将会保留指定的权限。但当将对象以其他名称保存时,与对象相关的权限会丢失,必须重新设定。这是因为新建对象将使用为新对象指定的默认权限。

【注】 指定或删除对 VBA 代码(窗体、报表或模块)的权限,只有在关闭和重新打开数据库时才会生效。

(5) 切换到"更改所有者"标签页,(见图 4-47(b)),在其中更改各种数据库对象的所有权。

① 在"对象类型"组合框中选择对象类型(如"表"),然后在"对象"列表框中选择要更改所有者的对象名称(如"成绩")。

在"对象名称"框中可以同时选定多个对象。方法是,在要选择的对象上按下并拖动鼠标,或按住 Ctrl 键后单击所需对象。

② 在"列表"框架中选中"组"单选按钮,然后单击"更改所有者"按钮,则数据库对象的当前所有者由管理员变为管理员组。

③ 重复步骤①、②,为当前选定的其他对象更改所有者。

(6) 重复步骤(5),选定新的对象类型及对象,并更改所有者。

完成之后单击"确定"按钮。

4.7.3　建立用户与组的账号

在设置用户级安全时,一般要建立一个用户与组的账号。这样,当用户启动 Access 时,系统会弹出对话框,提示用户输入登录的用户名称及用户所设密码,以便确认;同时也将验证用户所属的组。

1. 建立用户

(1) 使用某个安全工作组启动 Access,打开数据库。

(2) 选择"工具"|"安全"|"用户与组账号"菜单项,弹出"用户与组账号"对话框,如图 4-48 所示。该对话框有 3 个标签页,分别用于设置用户、组及登录密码。

(3) 切换到"用户"页,单击"新建"按钮,弹出"新建用户/组"对话框,如图 4-49 所示。

图 4-48　"用户与组账号"对话框

图 4-49　"新建用户/组"对话框

（4）在"名称"文本框中输入用户登录的名称,在"个人 ID 号"文本框中输入个人标识符（PID）,然后单击"确定"按钮,即新建账号。

用户名称可以包含 1～20 个字符,可以包含字母、重音符号、数字、空格和标点符号等,但以下字符除外:

① ″、/、\\、[、]、:、|、<、>、+、=、;、,、?、* ;

② 前导空格;

③ 控制字符,即 ASCII 字符中的 0～31。

【注】 用户必须以管理员组成员身份登录到数据库中,才能新建用户与组。在 Access 未设管理员账号之前,系统默认以管理员的身份登录,即管理员的登录密码为空白。

（5）在用户创建 PID 后,Access 即将其隐藏,所以,用户必须确认所输入的用户或组账号名称和 PID 号。PID 必须由 4～20 位的数字或字符组成。如果要重新创建账号,必须提供其名称和 PID。遗忘账号名和 PID 将无法恢复。

2. 删除用户名

如果想要删除不必要的用户名,可在"用户与组账号"对话框中的"用户"栏"名称"组合框中选择用户名,然后单击"删除"按钮。如果要将用户的登录密码删除,则同样要先选择用户名,然后单击"清除密码"按钮。

新建组的方法与建立用户的方法相同,在"组"标签页中设置即可。

如果想要更改登录密码,在"更改登录密码"标签页中设置即可。

【注】 如果数据库已设定了用户级安全,则在未设该数据库管理权限的情况下,不能设定数据库的密码。数据库密码是在用户级安全之上设定的。

4.7.4 用户级安全向导的使用

使用"用户级安全性向导"可以方便地设置数据库的用户级安全。该向导创建一个新的数据库,并将原数据库中所有对象的副本导出到新数据库中,通过取消用户组对新数据库对象的所有权限,为向导的每个对话框中的选定对象类型设置安全,然后加密新数据库。使用向导时,原有数据库不进行任何更改。表之间的关系和所有的链接表在新的数据库中都将重建。但是,只运行该向导并不能完成完全保护数据库所需的所有步骤。

设置用户级安全的主要目的在于:防止用户无意间更改应用程序所依赖的代码或对象而破坏应用程序,保护数据库中的敏感数据,保护代码的知识产权。

1. 设置"用户级安全"

例 4-18 为"教学管理"数据库设置用户级安全。

（1）打开"教学管理"数据库。

（2）选择"工具"|"安全"|"设置安全机制向导"菜单项,弹出"设置安全机制向导"的第一个对话框。

（3）在对话框中选择"新建工作组信息文件"单选项，单击"下一步"按钮，弹出安全向导的第二个对话框，如图 4-50 所示。

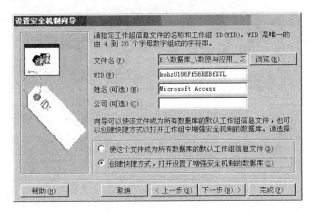

图 4-50   设置工作组信息文件及工作组 ID

（4）选择"创建快捷方式，打开设置了增强安全机制的数据库"单选项，单击"下一步"按钮，弹出安全向导的第三个对话框，如图 4-51 所示。

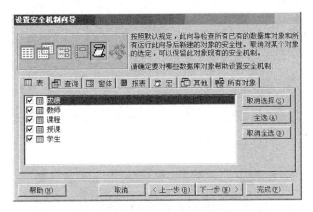

图 4-51   选择要设置安全机制的数据库对象

（5）切换到"表"页，单击"全选"按钮，对数据库中的表设置安全机制，单击"下一步"按钮，弹出安全向导的第四个对话框，用于设置 VBA 项目的密码。在文本框中输入密码将保护数据库中所有的代码模块。单击"下一步"按钮，弹出安全向导的第五个对话框，如图 4-52 所示。

（6）本例中，选择"只读用户组"复选框。即指定用户对数据库中的对象只有读取的权限，而不能对数据库对象进行修改。单击"下一步"按钮，弹出安全向导的第六个对话框，可设置是否授予用户组某些权限。选择"是，是要授予用户组一些权限"单选项，单击"下一步"按钮，弹出安全向导的第七个对话框，如图 4-53 所示。

（7）本例中，在"用户名"文本框中输入"参加者"；在"密码"文本框中输入 attendee。单击"添加新用户"按钮，在用户列表框中将显示参加者用户。单击"下一步"按钮，弹出安全向导的第八个对话框，用于设置用户组，如图 4-54 所示。

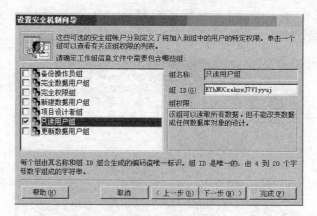

图 4-52　设置组权限

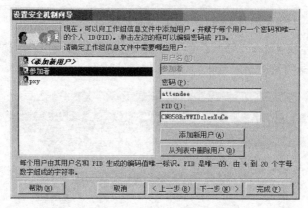

图 4-53　添加新用户

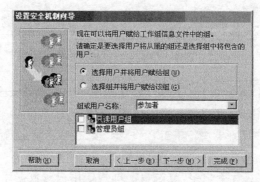

图 4-54　设置用户组

　　(8) 在"组或用户名称"组合框中选择"参加者",在组列表框中选择"只读用户组",单击"下一步"按钮,弹出安全向导的第九个对话框,用于设置无安全机制的数据库备份。在该对话框的文本框中显示的是无安全机制的原数据库备份文件。单击"完成"按钮,就完成了设置用户级安全的操作。屏幕上将会显示"设置安全机制向导报表",如图 4-55所示。

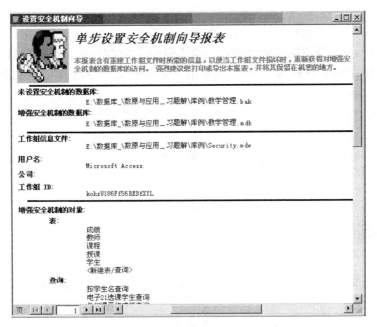

图 4-55　设置安全机制向导报表

（9）完成了"用户级安全性向导"操作后，通过向导设置的数据库密码和用户信息都保存在"设置安全机制向导报表"中，可打印或导出报表，并保存在比较安全的地方。

（10）关闭"教学管理"数据库，返回到 Windows 桌面，可看到该数据库的快捷方式。

至此，完成了设置"教学管理"数据库安全性的操作，创建了"参加者"用户，并赋予其只读权限。

2. 使用设置了"用户级安全"的数据库

此后，如果再次打开"教学管理"数据库，则弹出"登录"对话框，要求用户输入登录的信息。如果以"参加者"的身份进入了数据库，则只能浏览表而不能修改。"参加者"是用户组中的成员，用户组与管理组不同。管理组具有数据库中的所有权限，数据库开发人员应是管理组中的成员。

3. 删除"用户级安全"

删除用户级安全的过程分为两步：一是以工作组管理员身份登录并授予用户组对所有对象的权限，二是将数据库及其对象的所有权返回给默认的管理员账户，操作方法是退出并以管理员身份登录，创建一个空数据库，然后将原来数据库的所有对象导入到新数据库中。

操作步骤如下：

（1）启动 Access，以工作组管理员（管理员组成员）身份登录。

（2）打开设置了用户级安全的数据库，授予用户组对数据库中所有对象的全部权限。

（3）退出并重启动 Access，再以管理员身份登录。

（4）新建一个空数据库，使其处于打开状态。

（5）将原有数据库的所有对象导入到新数据库中。

（6）如果用户打开数据库时要使用当前工作组信息文件，则必须清除管理员的密码，以关闭当前工作组的"登录"对话框。如果用户使用安装 Access 时创建的默认工作组信息文件，则不必执行这一步。

新数据库是完全没有保护的。任何可打开新数据库的人对数据库中的所有对象都具有全部权限。这对所有的工作组都是一样的，因为每个工作组信息文件的管理员账号都是一样的。在步骤（5）中，创建新数据库时使用的当前工作组信息文件将为新数据库定义管理员组。

习　题

1. 以罗斯文示例数据库为例，说明关系型数据库是如何实现数据库中数据的连接的。

2. 什么是主键？主键和外键有什么关系？

3. 哪些字段适合于设定为索引？主键是否适合于设定为索引？

4. 以罗斯文示例数据库中的表为例，说明一对多关系是怎样形成的。

5. 以罗斯文示例数据库中的表为例，说明如何处理多对多关系。

6. 举例说明如何使数据库的设计遵循第三范式。

7. 列举 3 种在 Access 中创建数据库的方式。

8. 数据库的直接打开、使用收藏夹打开和使用快捷方式打开这 3 种方式，各有什么优缺点？还有什么打开方式？

9. 简述创建表的几种方式。

10. 举例说明定义字段时如何选择数据类型。

11. 举例说明字段的有效性规则属性和有效性文本属性的意义和使用方法。

12. 通过直接输入数据来创建表时，能否修改字段的定义？如何修改？

13. 举例说明在"关系视图"中修改表与表之间关系的方法。

14. "隐藏列"和"冻结列"有什么区别？如何显示被隐藏的列？如何取消对列的冻结？

15. 记录的排序和筛选各有什么作用？如何取消对记录的排序？如何执行"内容排除筛选"操作？

16. 举例说明不使用向导创建值列表字段的方法。

17. 在罗斯文示例数据库中，"产品"表中的"供应商 ID"字段并未显示实际的"供应商 ID"值，为什么？如何设置才能如此？

18. 写出下列表达式：

（1）日期在 2001 年 3 月 1 日到 2002 年 3 月 1 日之间。

（2）在 −10 到 10 之间，但不等于 0。

（3）姓"温"但不包括"温世明"。

19．在 Access 中，按下列要求创建"工资管理"数据库。

（1）使用向导创建数据库。

（2）创建"职工登记"表，其中包括以下字段：

工号、姓名、性别、职务、出生年月、基本工资、电话、籍贯、特长。

（3）创建"工资"表，其中包括以下字段：

工号、津贴、补助数、劳保、扣除。

（4）创建"加班工资"表，其中包括以下字段：

工号、加班时间、加班时数、单位工时报酬。

（5）保存数据库。

20．不使用数据库向导，创建本章中介绍的"教学管理"数据库。要求：

（1）在教师简况表中增添 OLE 对象型的"照片"字段，将给定的照片添加到记录中。

（2）建立表与表之间的关系。

21．什么是工作组？ 它有什么作用？

22．为 Access 数据库设置密码与设置用户级安全有什么区别？

23．利用向导创建一个数据库（自拟内容），并为其设置密码。

24．利用用户级安全向导，为刚建立的数据库设置用户级安全（自拟内容）。

第 5 章 查 询

查询是进行数据检索并对数据进行分析、计算、更新及其他加工处理的数据库对象。查询是通过从一个或多个表中提取数据并进行加工处理而生成的,查询结果可以作为窗体、报表或数据访问页等其他数据库对象的数据源。

查询是以表或其他查询作为数据源的再生表,查询的记录集都是在执行查询时从数据源中提取数据实时组建的,因此,查询的结果总是与数据源中的数据保持同步。

5.1 查询的概念与设计

创建了数据库之后,就可以对其中的表进行各种管理工作,其中最重要的操作就是查询。查询是数据浏览、数据重组、统计分析、编辑修改、输入输出等操作的基础。Access提供了多种查询工具,通过这些工具,可以方便地创建和执行查询,并通过查询完成其他工作。

5.1.1 查询的概念

在设计一个数据库时,为了节省存储空间,常常把数据分类,并分别存放在多个表里。尽管在数据表中可以进行许多操作,如浏览、排序、筛选和更新等,但很多时候还是需要检索一个或多个表(或查询)中符合条件的数据,将这些数据集合在一起,执行浏览、计算等各种操作。查询实际上就是将这些分散的数据再集中起来。使用查询可以执行一组选定的数据记录集合,虽然这个记录在数据库中实际上并不存在,只是在运行查询时,Access才从数据源表中提取数据创建它,但正是这个特性,使查询具有了灵活方便的数据操纵能力。

查询的基本作用如下:

(1)通过查询浏览表中的数据,分析数据或修改数据。

(2)利用查询可以使用户的注意力集中在自己感兴趣的数据上,而将当前不需要的数据排除在查询之外。

(3)将经常处理的原始数据或统计计算定义为查询,可大大简化数据的处理工作。

用户不必每次都在原始数据上进行检索,从而提高了整个数据库的性能。

(4) 查询的结果集可以用于生成新的基本表,可以进行新的查询,还可以为窗体、报表以及数据访问页提供数据。由于查询是经过处理的数据集合,因而适合于作为数据源,通过窗体、报表或数据访问页提供给用户。

Access 允许创建几种不同类型的查询。最常用的是选择查询,它能够从一个或多个表中抽取数据;也可以创建交叉表查询,它能够以行与列的格式分组和汇总数据,就像一个 Excel 的数据透视表一样;操作查询是 Access 提供的功能强大的查询方式,由于它会根据查询中定义的条件改变基本表中的数据,因而要格外小心。

在 Access 中,设计查询有多种方法。用户可以通过查询设计器和查询设计向导来设计查询。设计好一个查询之后,使用者可以直接在数据库窗口中通过简单的选择操作(双击查询对象或单击对象再单击某个按钮)来执行这个查询。

查询结果将以工作表(结果集)的形式显示出来,如图 5-1 所示。

从形式上看,这种工作表与基本表的外观十分相似,也是由行与列组成的表。但表是用来存储原始数据的,而查询是在表或其他查询的基础上创建起来的,是对原有数据的再加工。

图 5-1　查询结果工作表

Access 的每个查询对象只记录查询方式,包括查询条件与执行的动作(添加、删除、更新等)。当用户调用一个查询时,就会按照它记录的查询方式进行查找,并执行相应的工作,如显示一个结果记录集,或执行某个其他动作等。

由此可见,结果集有一定的生存期。在关闭一个查询之后,其结果集就不存在了。结果集中的所有记录都保存在原来的基本表中。

这样处理至少有两个好处:

(1) 节约外存储器空间。因为用户对查询的要求是多种多样的,所以长期使用数据库,必然会生成大批量的、种类繁多的查询;如果将这些查询的结果都保存下来,必然会占用巨大的外存空间。另外,许多查询用过之后可能再也不会使用了,也没有必要长期保存。

(2) 当记录数据信息的基本表发生变化时,仍可再用这些查询进行同样的查找,并且获得的是变化之后的实际数据。也就是说,可以使查询结果集与基本表的更改保持同步。

5.1.2　查询的种类

在 Access 中,可以创建 5 种类型的查询,即选择查询、参数查询、交叉表查询、操作查询和 SQL 查询,其中操作查询和 SQL 查询是在选择查询的基础上创建的。

1. 选择查询

选择查询是最常见的查询类型,它从一个或多个表中检索数据,在一定条件下,还可以更改相关表(数据源)中的记录。选择查询中可以对记录进行求和、计数以及求平均值等多种类型的计算,也可以分组进行这些运算。

2. 参数查询

参数查询是一种特殊的选择查询。是将选择查询的条件设置成一个带有参数的"通用条件",在运行查询时,由用户指定参数值,也就是说,参数查询会在执行时弹出对话框,提示用户输入必要的信息(参数),然后按照基于指定参数的条件进行检索。例如,可以设计一个参数查询,以对话框来提示用户输入两个日期,然后检索这两个日期之间的所有记录。

参数查询便于作为窗体和报表的基础。例如,以参数查询为基础创建月盈利报表。打印报表时,Access 显示对话框询问所需报表的月份。用户输入月份后,Access 便打印相应的报表。也可以创建自定义窗体或对话框,来代替使用参数查询对话框提示输入查询的参数。

3. 交叉表查询

交叉表查询用于计算并重新组织数据的结构,以便更好地观察和分析数据。交叉表查询可以在一种紧凑的(类似于 Excel 的数据透视表)的格式中,显示数据源中指定字段的合计值、计算值、平均值等。交叉表查询将这些数据分组,一组列在数据表的左侧,一组列在数据表的上部。

【注】 可以使用数据透视表向导来按交叉表形式显示数据,无须在数据库中创建单独的交叉表查询。

4. 操作查询

操作查询除具有从数据源中抽取记录的功能之外,还具有更改记录的功能。也就是说,可以在操作查询中设置条件,更改数据源中符合条件的记录。操作查询可以分为删除查询、更新查询、追加查询和生成表查询 4 种类型。

(1) 删除查询:从一个或多个表中删除一组记录。例如,可以使用删除查询来删除没有订单的产品。使用删除查询,将删除整个记录而不只是记录中的一些字段。

(2) 更新查询:对一个或多个表中的一组记录进行批量更改。例如,可以给某一类雇员增加 5% 的工资。使用更新查询,可以更改表中已有的数据。

(3) 追加查询:将一个(或多个)表中的一组记录添加到另一个(或多个)表的尾部。例如,获得了一些包含新客户信息表的数据库,利用追加查询将有关新客户的数据添加到原有"客户"表中即可,不必手工输入这些内容。

(4) 生成表查询:可以将查询的结果转存为新表。

5. SQL 查询与 SQL 特定查询

SQL 查询是使用 SQL 语句创建的各种查询。

在查询设计视图中创建查询时,Access 将在后台构造等效的 SQL 语句,大多数查询功能也都可以使用 SQL 语句中等效的子句或选项来实现,因此,可以通过直接输入 SQL 语句(在 SQL 视图中)的方式来设计查询。

还有一些无法在查询设计视图中创建的 SQL 查询,称为"SQL 特定查询",包括联合查询、传递查询、数据定义查询和子查询。

(1)联合查询:将来自多个表或查询中的相应字段(列)组合为查询结果中的一个字段(使用 UNION 运算符合并多个选择查询的结果)。例如,如果每月都有 6 个销售商发送库存货物列表,可使用联合查询将这些列表合并为一个结果记录集,然后基于这个联合查询创建一个生成表查询来生成新表。

(2)传递查询:用于直接向 ODBC 数据库服务器发送命令。通过使用传递查询,可以直接使用服务器上的表,而不用让 Microsoft Jet 数据库引擎处理数据。

(3)数据定义查询:包含数据定义语言语句的 SQL 特定查询。这些语句可用来创建或更改数据库中的表及其他对象。

(4)子查询:包含在另一个选择查询或操作查询之内的 SQL Select 语句。

对于传递查询、数据定义查询和联合查询,必须直接在 SQL 视图中输入 SQL 语句创建。对于子查询,可以在查询设计网格的"字段"行或"条件"行输入 SQL 语句创建。

5.1.3 查询的使用及设计方式

Access 中的表用于保存记录,查询负责取出记录,两者的用途是相通的,也都可以将记录以表格的形式显示出来。因此,Access 将查询与表看作同类型对象,一个数据库中的查询与表不能同名。

Access 提供了多种不同种类的查询及多种不同风格的查询设计方式,用户可以根据自己的需求选用某种查询,并按照实际情况采用不同的方式来设计查询。

1. 不同种类查询的选择

使用不同种类的查询可以按照不同的方式查看、更改和分析数据。各种查询的特点及适用范围大致如下。

(1)在各种查询中,选择查询用得最多,这种查询主要用于浏览、检索、统计分析数据库中的数据。

(2)参数查询通过指定参数来创建动态查询结果,可以更方便、更有效地检索数据。

(3)操作查询主要用于数据库中数据的更新、删除,为数据源表追加数据,以及按查询结果生成新表,便于维护数据库中的数据。

(4)SQL 查询为熟悉 SQL 语言的用户提供了方便,并且可以完成通过其他方式难以完成的更为复杂的功能。

创建查询的目的常常不是为了直接使用查询,而是用来制作窗口、报表和数据访问页的,也就是说,查询的设计常常是为创建其他对象作准备的。在数据库系统的实际开发过程中,通常是在创建表之后,立即创建窗口及报表,必要时再回过头来创建查询。

2. 查询设计方式

Access 提供了多种创建不同查询的向导。像表向导、窗体向导及其他向导一样，Access 查询向导能够详细解释需要用户在创建过程中做出的选择，有效地指导用户创建查询，并可以用图形方式显示查询结果。

Access 还提供了"查询设计器"（设计视图）。在查询设计器中，可以完成新建查询的设计，修改已有的查询，也可以修改作为窗体、报表或数据访问页记录源的 SQL 语句。查询设计器中所做的更改也会反映到相应的 SQL 语句中去。

启动查询向导或打开查询设计器的方法是：

(1) 在数据库窗口中，切换到"查询"页，如图 5-2(a)所示。

(2) 单击工具栏上的"新建"按钮，弹出"新建查询"对话框，如图 5-2(b)所示。

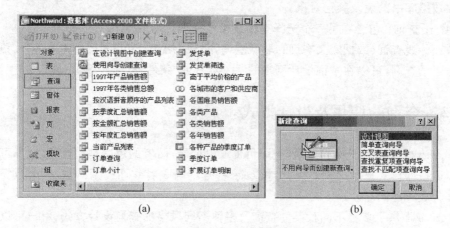

(a)   (b)

图 5-2　数据库窗口与"新建查询"对话框

(3) 在对话框的列表中选择"设计视图"或"向导"。

另外，数据库窗口查询页的列表框中的前两项："在设计视图中创建查询"与"使用向导创建查询"，也可以分别打开查询设计器或启动查询向导。

对创建查询来说，设计器功能更为丰富，但使用向导创建基本的查询比较方便。可以先利用向导创建查询，然后在设计视图中打开它，加以修改。

查询的设计方法不仅适用于创建专门的查询，也适用于在窗口、报表、数据访问页中，为它们及其所包含的控件构造提取数据的表达式，或为表的查阅字段构造表达式。

5.2　使用向导创建查询

Access 提供了 4 种查询向导，即简单查询向导、交叉表查询向导、查找重复项查询向导、查找不匹配项查询向导。它们创建查询的方法基本相同，用户可以按自己的需要选择。

5.2.1 使用简单查询向导

简单查询向导只能生成一些简单的查询,如果在所查询的表中没有计算字段,该向导就只有两个对话框,一个用于选择查询所包含的表和字段,另一个用于命名查询。

例5-1 在教学管理数据库中创建一个"学生"查询。

1. 启动查询向导

(1) 打开教学管理数据库。

(2) 在数据库窗口中,切换到"查询"页,单击工具栏上的"新建"按钮,弹出"新建查询"对话框。

(3) 单击"简单查询向导"项,选定它,然后单击"确定"按钮,或双击该项,启动"简单查询向导",弹出第一个对话框,如图5-3(a)所示。

2. 创建查询

(1) 在"表/查询"下拉列表中选择"表:学生",则"学生"表的所有字段都出现在"可用字段"列表中。

(2) 将"可用字段"列表的"学号"、"姓名"、"性别"、"班级"、"入学总分"5个字段移到"选定的字段"列表中。

(3) 单击"下一步"按钮,弹出第二个向导对话框,选择"明细(显示每个记录的每个字段)"单选项(默认),如图5-3(b)所示。

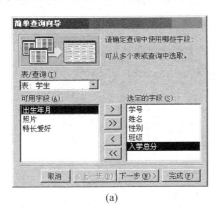
(a)

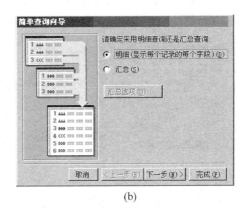
(b)

图5-3 "简单查询向导"的两个对话框

(4) 单击"下一步"按钮,弹出最后一个对话框,要求为查询指定标题,这里接受默认的查询名称"学生 查询",并接受默认的"打开查询查看信息"单选项的选定状态。然后单击"完成"按钮。

此时,所创建的查询结果在"数据表"视图中显示出来,如图5-4所示。

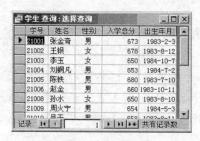

图 5-4 "学生 查询"的查询结果

5.2.2 创建子查询

如果一个查询的数据源仍是查询,而不是表,则称为子查询。

例 5-2 在教学管理数据库创建一个基于"学生"查询的子查询。

1. 启动查询向导

(1)打开教学管理数据库,切换到数据库窗口"查询"页,单击工具栏上的"新建"按钮,弹出"新建查询"对话框。

(2)单击"简单查询向导"项,选定它,然后单击"确定"按钮,或双击该项,启动"简单查询向导",弹出第一个对话框。

2. 创建子查询

(1)在"表/查询"下拉列表中选择"查询:学生 查询",则"学生 查询"查询的所有字段都出现在"可用字段"列表中,如图 5-5(a)所示。

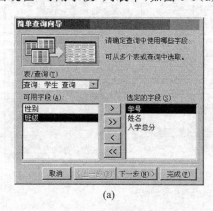

(a)

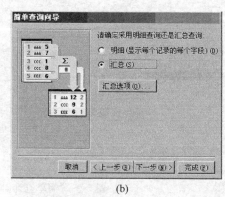

(b)

图 5-5 创建子查询时的简单查询向导

【注】 如果单击"新建"按钮之前,选定了将要作为子查询数据源的"学生 查询"查询,则简单查询向导启动后,"可用字段"列表中自动出现该查询的所有字段。

(2)将"可用字段"列表的"学号"、"姓名"、"入学总分"3 个字段移到"选定的字段"列表中。

（3）单击"下一步"按钮，弹出第二个向导对话框，选择"汇总"单选项，如图 5-5（b）所示。

（4）单击"汇总选项"按钮，弹出"汇总选项"对话框，选中其中的"平均"复选项，如图 5-6 所示。

（5）单击"确定"按钮，返回"简单查询向导"的第二个对话框，然后单击"完成"按钮。

至此，一个自动命名为"学生 查询 查询"的子查询创建完成，并自动显示出来，如 5-7 所示。

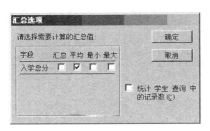

图 5-6 "汇总选项"对话框

图 5-7 子查询执行结果

5.2.3 创建基于多表的选择查询

查询的优点在于能将多个表（或查询）中的数据集合在一起，或对多个表（或查询）中的数据执行指定的操作。例如，在罗斯文示例数据库中，要查看客户及其订单的信息，需要来自"客户"和"订单"表中的数据。

例 5-3 使用查询向导，创建一个学生成绩查询，其中包括 3 个字段，即"姓名"、"课程"和"成绩"，分别来自"学生"表、"课程"表和"成绩"表 3 个表。

在使用向导创建基于多表的查询之前，作为数据源的几个表之间要建立关系。本例中，要创建的查询涉及教学管理数据库中的 3 个表，都已经建立了关系，故可直接使用。

1. 启动查询向导

（1）打开教学管理数据库，切换到数据库窗口"查询"页，单击工具栏上的"新建"按钮，弹出"新建查询"对话框。

（2）单击"简单查询向导"项，选定它，然后单击"确定"按钮，或双击该项，启动"简单查询向导"，弹出第一个对话框。

2. 创建多表查询

（1）分别选择来自于 3 个表的字段。

① 在"表/查询"下拉列表中选择"表：学生"，则"学生"表的所有字段都出现在"可用字段"列表中。将"姓名"字段移入"选定的字段"列表。

② 在"表/查询"下拉列表中选择"表：课程"，则"课程"表的所有字段都出现在"可用

字段"列表中。将"课程名"字段移入"选定的字段"列表。

③ 在"表/查询"下拉列表中选择"表：成绩"，则"成绩"表的所有字段都出现在"可用字段"列表中。将"成绩"字段移入"选定的字段"列表。

（2）单击"下一步"按钮，弹出第二个向导对话框，选择"明细……"单选项（默认）。

（3）单击"下一步"按钮，弹出第三个向导对话框，将查询名称改为"成绩查询"，然后单击"完成"按钮。

本例中所创建的"成绩查询"的结果记录集与教学管理数据库中"成绩"表的数据表视图中显示出来的记录集相同，有以下 3 个原因：

- "成绩"表的"学号"为查阅字段，存储的是学生的学号，显示出来的却是相关联的"学生"表中同一学生的姓名。
- "成绩"表的"课程号"为查阅字段，存储的是课程号，显示出来的却是相关联的"课程"表中同一课程的"课程名"。
- "学号"字段的标题为"姓名"，"课程号"字段的标题为"课程名"。

5.2.4　创建交叉表查询

交叉表查询是将表或查询中的某些字段中的数据作为新的字段，按照另外一种方式查看数据的查询。在行与列的交叉处可以对数据进行各种计算，包括求和、求平均值、求最大值与最小值、计数等。

可以使用向导，也可以用查询设计器来创建交叉表查询。在查询设计器中，需要指定将作为列标题的字段值、作为行标题的字段值，以及进行总和、平均、计数或其他类型计算的字段值。

例 5-4　使用向导，创建一个检索每名学生各科成绩的交叉表查询。

本例将创建一个基于"成绩"表的交叉表查询，检索每名学生的各科成绩。其中"姓名"字段为行标题、"课程"字段为列标题、"成绩"字段为总计内容。

1. 启动查询向导

（1）打开教学管理数据库，切换到数据库窗口"查询"页，单击工具栏上的"新建"按钮，弹出"新建查询"对话框。

（2）单击"交叉表查询向导"项，选定它，然后单击"确定"按钮，或双击该项，启动"简单查询向导"，弹出第一个对话框。

2. 创建交叉表查询

（1）在"视图"框中选择"查询"单选项，并选择列表框中的"成绩 查询"项，如图 5-8(a)所示。然后单击"下一步"按钮，弹出第二个对话框。

（2）选择行标题：将"可用字段"列表中的"姓名"移入"选定字段"框中，如图 5-8(b)所示。然后单击"下一步"按钮，弹出第三个对话框。

（3）选择列标题：选定列表中的"课程名"，如图 5-8(c)所示。然后单击"下一步"按钮，弹出第四个对话框。

（4）选择行列交叉点处的值：选定"字段"列表中的"成绩"；选定"函数"列表中的"求和"，如图 5-8(d)所示。然后单击"下一步"按钮，弹出第五个对话框。

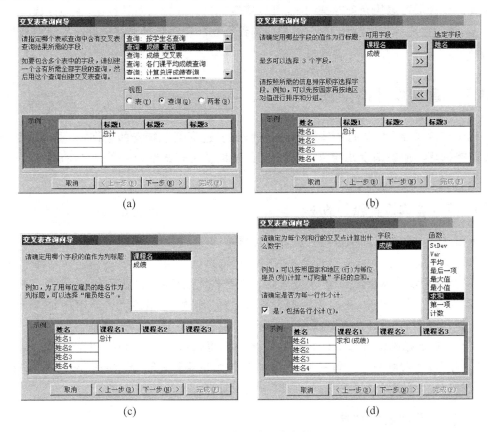

(a)　　　　　　　　　　　　　　　　(b)

(c)　　　　　　　　　　　　　　　　(d)

图 5-8　交叉表查询向导

（5）接受对话框中显示出来的查询名称："成绩 查询_交叉表"，选择"查看查询"单选项（默认），并单击"完成"按钮，结束创建交叉表查询的工作。

此时，Access 自动打开刚创建的查询的"数据表视图"窗口，显示查询结果，如图 5-9所示。

姓名	总计 成绩	计算方法	计算机算法	经济法	面向对象编程	数据库技术
陈棋	56				56	
李玉	176	85			91	
林地	95					95
刘铜凡	76				76	
王银	160			90	70	
吴天	96				96	
张金奇	237	81		83	73	
赵金	67		67			
周火宁	53		53			

记录：◄ ◄ 1 ► ►► 共有记录数：9

图 5-9　交叉表查询结果记录集

5.3　在查询设计器中创建查询

查询设计器可以用来创建查询,也可以修改查询。与查询向导相比,查询设计器是功能更强、更为重要的查询设计工具,掌握查询设计器的用法是学习查询设计过程中最为重要的环节。

5.3.1　查询设计器的使用

使用查询向导只能进行一些简单的查询,或者进行某些特定的查询,如查找重复项、不匹配查询等。而查询设计器功能强大,不仅可以从头开始设计一个查询,而且还可以对一个已有的查询进行编辑和修改。

1. 打开查询设计器的方法

下面几种方法都可以用来打开查询设计器:

(1) 在数据库窗口中,单击对象栏的"查询"按钮,切换到查询状态。选择查询对象列表框中的"使用设计器创建查询"快捷方式。打开查询设计器及"显示表"对话框。

(2) 在数据库窗口中,单击该窗口工具条上的"新建"按钮,弹出"新建查询"对话框;然后选择列表中的"设计视图"选项。打开查询设计器和"显示表"对话框。

(3) 先在数据库窗口选中一个表或一个查询,再选择"插入"菜单的"查询"命令;或单击"新对象"按钮右侧的倒三角图标,在下拉列表中选择"查询"项,弹出"新建查询"对话框。选择列表中的"设计视图"选项,打开查询设计器。

2. 查询设计器的构造

查询设计器如图 5-10 所示。

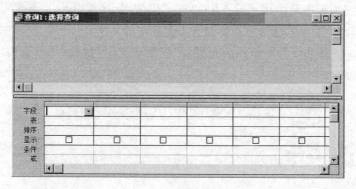

图 5-10　查询设计器

这个对话框分为上下两部分,上半部分是表或查询的显示区,下半部分是查询设计区。前者用于显示查询所使用的基本表或查询,可以是多个表或查询;后者用于指定具体的查询条件。

查询设计区网格的每一列都对应着查询结果集中的一个字段,每一行分别是字段的属性及要求,列举如下所示。

(1)"字段":查询工作表中所使用的字段名。

(2)"表":该字段所属的表。

(3)"排序":确定是否按该字段排序以及按什么方式排序。

(4)"显示":确定该字段是否在查询工作表中显示。

(5)"条件":指定该字段的查询条件(在以前的版本中称为"准则")。

(6)"或":提供多个查询条件。

3. 查询设计视图中的工具栏

打开查询设计器后,主窗口中的工具栏成为查询设计工具栏,如图5-11所示。

图 5-11　查询设计视图中的工具栏

工具栏上几个常用按钮的功能如下所述。

(1)视图按钮:在查询的3种视图之间切换。

(2)查询类型按钮:可在选择查询、交叉表查询、生成表查询、更新查询、追加查询和删除查询之间切换。

(3)执行按钮:执行查询,以工作表形式显示结果集。

(4)显示表按钮:显示"显示表"对话框,列出当前数据库中所有的表和查询,以便用户选择查询所要使用的数据源。

(5)合计按钮:在查询设计区添加"总计"行,可用于进行各种统计计算,如求和,求平均值、求最大值等。

(6)上限值按钮:对查询结果的显示进行约定,用户可在文本框内指定所要显示的范围。

(7)属性按钮:显示光标处的对象属性。若光标在查询设计窗口内的数据表/查询显示区内,则将显示查询的属性;若光标在查询设计区内,则将显示字段列表的属性;若光标在字段内,则将显示字段属性。

(8)生成器按钮:弹出表达式生成器对话框,用于生成条件表达式,该按钮只在光标位于查询设计区的"条件"栏内时有效。

(9)数据库窗口按钮:回到数据库窗口。

(10)新对象按钮:打开"新建表"、"新建查询"、"新建报表"等各种对话框,准备生成相应的对象。

4. 添加插入查询的字段

选择了查询所依据的表和查询之后,就要从中选择查询所用的字段。添加字段的方法有以下几种。

1) 添加单个字段

(1) 将查询设计器中添加的表或查询(在上部显示)中的字段拖放到下部网格"字段"栏的某个(任意)列中。

(2) 双击表或查询中的一个字段,该字段将出现在下部网格的"字段"栏里。

(3) 选中下部网格的"字段"栏的某一列,单击这一格右端出现的下拉按钮,在下拉列表中选择字段。

(4) 选中下部网格的"字段"栏的某一列,直接输入字段名。

2) 同时添加多个字段

同时选中多个字段,并将其拖放到设计器下部网格的"字段"栏即可。选中多个字段的方法有以下几种。

(1) 双击设计器内某个表的标题栏,选中表中全部字段。

(2) 单击设计器内某个表的字段列表的第一行的行选定器,选中该表全部字段。

(3) 单击某一字段,按住 Shift 键,再单击该表中另一字段,则选中两个字段之间的全部字段。

(4) 按住 Ctrl 键,再单击所要选定的字段。

查询设计器中的字段是按指定顺序显示的,如果想在某个位置上显示特定的字段,将该字段拖放到该位置即可。

5. 设置字段属性

默认情况下,查询中的字段保持作为其数据源的表中该字段的属性设置。用户可以为查询中的字段设置属性,但这种设置不改变表中该字段的属性设置。

在查询设计器中设置属性的方法是:单击网格中某一字段的列选择器,选定它,再单击工具栏上的"属性"按钮,弹出如图 5-12 所示的"字段属性"对话框,在其中设置字段的属性。

图 5-12 "字段属性"对话框

5.3.2 查询的 3 种视图

每个查询有 3 种视图:一是设计视图,即查询设计器对话框;二是数据表视图,用于显示查询结果集;三是 SQL 视图,通过 SQL 语句进行查询。

例 5-5 "各类产品"查询的 3 种视图。

在罗斯文示例数据库中,有一个"各类产品"查询,其中包括 5 个字段,即类别名称、产品名称、单位数量、库存量、中止,分别来自于类别表和产品表两个表,这两个表之间建立了一对多的联系。该查询的 3 种视图:设计视图、数据表视图和 SQL 视图分别如

图 5-13(a)、(b)、(c)所示。

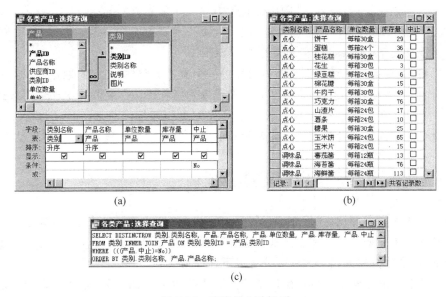

(a)

(b)

(c)

图 5-13　查询的 3 种视图

1. 查询的设计视图

查询设计视图是用来设计查询的窗口。查询设计的过程大致如下：

(1) 先选择查询所使用的表,放在上半部分。

(2) 再从表中选择所需的字段,放在下半部分的设计网格中。

(3) 然后输入查询条件(本例中条件为产品表中"中止"字段为 false 值),设置排序方法,设置是否显示等。

2. 查询的数据表视图

数据表视图用于显示按照用户在设计视图中指定的查询条件,或者说,按照所形成的 SQL 查询命令,在指定的表或查询中查找出来的包含指定字段的数据记录的集合。本例中,查询结果集中包含的是"产品"表所有记录中的"产品名称"、"单位数量"、"库存量"和"中止"字段的数据,以及来自于"类别"表的"类别名称"信息;查询的条件是产品表中"中止"字段的值为 false;查询结果记录集以"类别名称"的升序排列,同类记录再以"产品名称"的升序排列。

3. 查询的 SQL 视图

查询的 SQL 视图是用来显示当前查询的 SQL 语句的窗口。

可以用 SQL 来查询、更新和管理 Access 数据库。在查询"设计"视图中创建查询时,Access 将在后台构造等效的 SQL 语句。另外,某些查询不能在设计网格中创建。对于传递查询、数据定义查询和联合查询,必须直接在 SQL 视图中创建 SQL 语句。

可以在 SQL 视图中编辑或查看 SQL 语句。如果在 SQL 视图中更改了查询,则该查询可能与其原先在查询"设计"视图中的显示方式有所区别。

【注】 在 Access 中,也可以在输入表名、查询名或字段名等许多地方使用 SQL 语句。在某些情况下,Access 会帮助用户填入 SQL 语句。

可以看出,查询的 3 种视图是互相关联的一个有机的整体。其中,数据表视图是查询的结果,而设计视图和 SQL 查询视图是查询设计的两种手段。在学习 Access 时,经常将 3 种视图互相对照,能够加快加深对概念及操作方法的理解。而且,在实际设计时,也可以通过设计手段的互相补充以及手段和效果的互相对照而加快设计速度,提高设计质量。

5.3.3 在查询设计器中创建选择查询

与使用查询向导相比,使用查询设计器可以自主、灵活地设计查询,尤其是创建基于多表的查询时更是如此。在将多个表(或查询)添加到查询中时,表与表之间的关系将决定 Access 抽取数据的方式。大致可分为以下几种情况:

(1) 如果事先已经在"关系"窗口中建立了表与表之间的关系,则在查询中添加相关表时,Access 将自动在"设计"视图中显示连接线。如果实施了参照完整性,Access 还将在连接线上显示"1"和"∞"符号,以指示一对多关系中的"一"方和"多"方。

(2) 如果没有创建关系,但添加到查询中的两个表都具有相同的或兼容的数据类型字段,并且两个连接字段中有一个是主键,Access 将自动地为它们建立连接;但不显示"1"和"∞"方符号,因为还没有实施参照完整性。

(3) 如果查询中的表不是直接或间接地连接在一起的,则 Access 无法了解记录和记录间的关系,只能显示两表间记录的全部组合(交叉乘积)。因此,有可能花了很长的时间来执行查询,得到的却是意义不大的结果。

有时候,查询中包含的表没有可供连接的字段,则须添加其他表(或查询)作为表之间的桥梁。例如,如果查询中包含"客户"和"订单明细"表,但找不到可连接的字段,考虑到"订单"表与这两个表都相关,可将其添加到查询中,作为两个表之间的连接。

建立了表(和查询)与表之间的连接之后,如果在查询"设计"视图中同时将两个表(或查询)中的字段添加到设计网格中,查询将检查连接字段的匹配值(内部连接)。如果匹配,则将两条记录组合成一条,显示在查询结果中。如果一个表(或查询)在另一个表(或查询)中没有匹配记录,则两者的记录都不在查询结果中显示。有时候,可能希望无论有没有匹配记录,都选取一个表(或查询)的全部记录,此时则需要更改连接类型。

【注】 内连接只显示相匹配的字段,如果要选取某个表中的全部字段,则需要双击表间的连接线,然后在弹出的"新建属性"对话框中更改连接类型。

例 5-6 在查询设计器中创建一个"不及格成绩"查询。

(1) 在"数据库"窗口中,切换到查询状态,打开查询设计器。

(2) 分别将"学生"表、"成绩"表、"课程"表添加到查询设计视图中。

(3) 将"学生"表的"姓名"字段、"课程"表的"课程名"字段、"成绩"表的"成绩"字段分别添加到设计网格中。

（4）在"成绩"字段排序格中选择性地输入"降序"。

（5）在"成绩"字段条件格中输入条件表达式"＜60"。此时，查询设计器如图 5-14(a)所示。

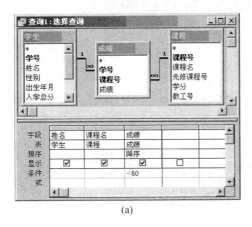

(a)　　　　　　　　　　　　　　　　　(b)

图 5-14　不及格成绩查询的设计视图与运行结果

（6）单击"保存"按钮，在"另存为"对话框中输入"不及格成绩查询"作为新查询的名称，再单击"确定"按钮。

查询结果如图 5-14(b)所示，可与该数据库中已有的查询："成绩 查询"互相对照。

5.3.4　在查询设计器中创建参数查询

通常，在查询中定义的所有条件都保存在查询中，如果想看一下查询结果，则运行已有的查询即可。但如果要在每次运行时都改变条件，则需要使用参数查询。

运行任何一个参数查询时，都会显示对话框，要求输入一些数据作为查询中相应条件的一部分。这些表达式应该包含设计者想要显示出来作为提示的文字。

1．在选择查询基础上创建参数查询

例 5-7　在"教学管理"数据库中，将选择查询："成绩 查询"作为数据源，创建一个参数查询。该查询根据用户输入的学生姓名和课程名两个参数，显示相应的成绩。

（1）在"数据库"窗口中，切换到查询对象页。

（2）在查询对象列表中，选中"成绩 查询"，并单击"设计"按钮，则显示"成绩查询"的设计视图。

① 在"姓名"字段的"条件"格中输入"[请输入学生姓名：]"。

② 在"课程名"字段的"条件"格中输入"[请输入考试课程名：]"。

这时，查询设计器如图 5-15(a)所示。

（3）切换到数据表视图，查看参数查询的结果。

先弹出输入姓名的对话框，如图 5-15(b)所示。输入姓名后，单击"确定"按钮。接下来弹出输入课程名的对话框，如图 5-15(c)所示。输入后，单击"确定"按钮。这时，显示参

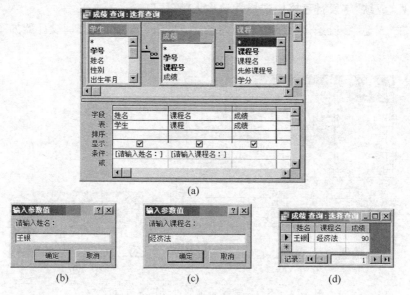

图 5-15 基于选择查询的参数查询

数查询的结果,如图 5-15(d)所示。

【注】 也可创建自定义窗体或对话框,来代替参数查询对话框提示输入查询的参数。

2. 在交叉表查询基础上创建参数查询

例 5-8 在"教学管理"数据库中,将交叉表查询:"成绩 查询_交叉表"作为数据源,创建一个参数查询。该查询根据用户输入的学生姓名,显示其各科成绩的查询结果。

(1) 在"数据库"窗口中,切换到查询对象页。

(2) 在查询对象列表中,选中"成绩 查询_交叉表",并单击"设计"按钮,显示查询的设计视图。在行标题"姓名"字段的"条件"格中输入"[请输入学生姓名:]",如图 5-16(a)所示。

以上操作与上面基于"成绩查询"所创建的参数查询的操作基本相同,但当运行该参数查询时,Access 将显示出错信息,故需要对参数的属性作进一步设置。

(3) 选择"查询"菜单的"参数"命令,弹出"查询参数"对话框;其中包含"参数"和"数据类型"两列,在"参数"的第一个格子输入"请输入学生姓名:";在右边的"数据类型"组合框中,选择"文本"类型,并单击"确定"按钮,如图 5-16(b)所示。

(4) 切换到数据表视图,查看参数查询的结果,则弹出要求输入姓名的对话框。输入姓名后,单击"确定"按钮,则显示参数查询的结果,如图 5-16(c)所示。

【注】 在交叉表查询或者基于交叉表查询及基于图表的参数查询中,必须指定查询参数的数据类型。在交叉表查询中,还必须设置"列标题"属性。在其他参数查询中,要用"是/否"数据类型以及来源于外部 SQL 数据库表中的字段来指定字段的数据类型。

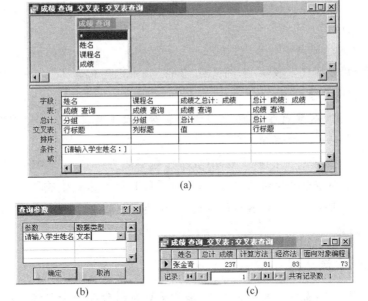

图 5-16　基于交叉表查询的参数查询

5.4　查询中的条件

在使用查询设计器的过程中,经常要指定条件来限定查询的范围和结果,因此,条件表达式的构造和使用也是用户必须掌握的基本技术。

5.4.1　条件的使用

使用条件可以使查询结果集中刚好包含而且仅仅包含所需的数据记录。例如,如果某个企业的经理想查看一下自己的产品在某个地区的用户的情况,可以在创建查询时,给"地区"字段指定条件,使查询结果集中刚好包含而且仅仅包含该地区的用户的数据记录。

创建查询时,在查询设计器的条件行中输入的条件表达式使 Access 只显示那些符合条件的记录。这些表达式可以很简单,例如"10",指定只显示该字段的值大于 10 的记录;也可以使用比较复杂的表达式,例如"Between 1000 And 5000",指定显示该字段的值在 1000～5000 之间的记录;还可以在一列中或多列中使用多个条件。

1. 查询中输入条件的方法

在查询中输入条件时,可以自行输入表达式中各元素,组合成表达式;也可以通过表达式生成器来构造表达式。表达式生成器的使用方法如下:

(1) 在"设计"视图中打开查询,单击(或使用 Tab 键)要设置条件的字段的"条件"行网格,将插入点移入其中。

（2）单击"查询设计"工具栏上的"生成器"按钮，或右键单击并选择快捷菜单的"生成器"命令，打开表达式生成器。

（3）在表达式生成器中构造表达式。

如果在启动"表达式生成器"的网格或"条件"列中已经包含了一个值，则该值将自动复制到其中的表达式框中。

【注】 如果查询包含链接表，由于从链接表的字段上指定在条件中的值是区分大小写的，所以必须与基表中的值相匹配。

由于条件表达式有一定的格式要求（如字段名要用方括号括起来等），因而在构造表达式时，应该尽量使用选择性输入的方法，以便尽量利用表达式生成器的自动构造功能。必要时，可以打开某个已有且内容相似的查询，切换到它的设计视图，查看由 Access 自动构造的 SQL 语句。

2．创建条件表达式

所谓创建表达式，实际上是将标识符、值和运算符组合成一个整体以产生某种结果。表达式可以是简单的算术表达式，如 $(1+2)$；也可以执行复杂的数据运算以及其他操作。例如，表达式

$=[\text{Country}]\ \text{In}\ (''\text{France}'',\ ''\text{Italy}'',\ ''\text{Spain}'')\ \text{And}\ \text{Len}((\ [\text{PostalCode}])<>5)$

的含义为限制"Country"字段的值是 France、Italy 或 Spain，并且"PostalCode"字段只能包含 5 个字符。

根据所执行的操作，可以按表 5-1 所示的说明在设计网格中不同位置上输入表达式。

表 5-1　输入查询表达式的位置

任　　　务	输入表达式的位置（网格）
为选择查询、交叉表查询或操作查询（或高级筛选）指定条件	查询（或高级筛选）设计网格中的"条件"格
创建计算字段	查询（或高级筛选）设计网格中的"字段"格
根据表达式结果更新记录（仅更新查询）	查询（或高级筛选）设计网格中的"更新到"格
指定所需记录如何分组、分组条件或如何排序	SQL 视图的 SQL 语句中

在设计网格中输入表达式并按回车键后，Access 将按下列约定来显示表达式：

（1）如果表达式中没有包含运算符，则默认为"="运算符。例如，如果在 Country 字段中输入 Denmark 作为条件，Access 将显示"Denmark"，并将表达式解释为

Country = "Denmark"。

（2）如果在表达式中包含了对字段名的引用，则此字段必须包含在已添加到查询的表中（除非正在使用 DLookUp 函数或子查询）。但不能将字段拖放到设计网格的表达式中。

5.4.2 查询中的多个条件

设计查询时,如果在多个"条件"网格中都输入了表达式,则 Access 自动使用 And 运算符或者 Or 运算符进行组合,组合的原则如下:

- 如果在同一条件行的几个字段上都输入了条件,这几个条件用 And 运算符连接起来。也就是说,只有同时满足该行上所有条件的记录才会包含在查询中。
- 如果在设计网格的不同行中都输入了条件,这几个条件用 Or 运算符连接起来。也就是说,匹配任何一个单元格中条件的记录都将包含在查询中。

例 5-9 查询设计器中多个条件的自动组合。

本例中给出了查询条件的 3 种情况,分别说明如下:

(1) 在图 5-17(a)中,同一条件行包含了两个条件,其含义为查找公司名称以"联"开头,且地区为"华北"的公司的记录。相当于自动组合成了表达式:

Like "联" And "华北"

字段:	公司名称	地区	城市
表:	客户	客户	客户
排序:	升序		
显示:	☑	☑	☑
条件:	Like "联"	"华北"	
或:			

(a)

字段:	公司名称	地区	城市
表:	客户	客户	客户
排序:	升序		
显示:	☑	☑	☑
条件:		"华北"	
或:		"西北"	

(b)

字段:	公司名称	地区	城市
表:	客户	客户	客户
排序:	升序		
显示:	☑	☑	☑
条件:	Like "联"	"华北"	
或:		"西北"	Like "西"

(c)

图 5-17 查询设计器中的多个条件

(2) 在图 5-17(b)中,两个条件行分别包含了一个条件,其含义为查找地区为"华北"或"西北"的公司的记录。相当于自动组合成了表达式:

"华北" Or "西北"

（3）在图 5-17（c）中，两个条件行分别包含了两个条件，其含义为查找公司名称以"联"开头且地区为"华北"，或地区为"西北"且城市名以"西"开头的公司的记录。相当于自动组合成了表达式

Like "联" And "华北" Or "西北" And Like "西"

5.4.3　条件表达式

设置查询的条件与设计表时设置字段的有效性规则的方法相似。如果只是简单地查找某个字段为某一特定值的记录，只要把这个值输入到该字段所对应的"条件"行的网格中即可（文本要用引号引起来）。如果查询条件比较复杂，就要用到条件表达式了。当然，一个值实际上也是一种简单的表达式。

1. 条件表达式中的运算符

在条件表达式中，除了使用常规的算术运算符之外，还经常使用以下几种特殊的运算符。

1）And 运算符

称为"逻辑与"运算符。条件表达式

〈A〉And〈B〉

限定查询结果记录集中的记录必须同时满足由 And 所连接的两个条件 A 和 B。

2）Or 运算符

称为"逻辑或"运算符。条件表达式

〈A〉Or〈B〉

限定查询结果记录集中的记录只需要满足由 Or 所连接的两个条件 A 和 B 中的一个。

3）In 运算符

用于指定某一系列值的列表。例如，

In("西安","南京","广州")

等价于

"西安" Or "南京" Or "广州"。

当表达式中包含的值很多时，使用 In 运算符要简短得多，而且意义也更为明晰。

4）Between And

用于指定一个范围。主要用于数字型、货币型、日期型字段。条件表达式

Between〈A〉And〈B〉

限定查询结果记录集中的记录值介于 A、B 之间。

5）Like

用于查找指定样式的字符串,可使用一些通配符来实现模糊查询。例如,

Like "Smith"

指定查找包含字符串"Smith"的记录,而

Like "Sm＊"

则指定查找包含以"Sm"开头的字符串的记录。

2. 通配符

在指定字符串的样式时,可以使用的通配符如表 5-2 所示。

表 5-2　字符串样式中的通配符

通　配　符	匹配的内容
？	一个字符
＊	零个或多个字符
♯	一个数字(0～9)
［字符表］	字符表中的一个字符
［! 字符表］	字符表中没有的一个字符

可用方括号"［ ］"为字符串中该位置的字符设置一个范围,如[a-z]、[0-9]、[! 0-9]等,用连字符"-"来隔开范围的上下界。例如,表达式

Like "P[A-F]♯♯♯"

的含义为查找以字母 P 开头,后跟 A 到 F 之间的任何字母和 3 个数字的数据。又如,表达式

Like "a? [a-f]♯[! 0-9]＊"

的含义为查找的字符串中第一个字符为 a ,第二个为任意字符,第三个为 a～f 中的任意一个字符,第四个为数字,第五个为非 0～9 的任何字符,其后为任意字符串。

方括号中的一组字符可以匹配表达式中任何的单一字符,而且字符表中几乎可以包含 ANSI 字符集中的任何字符,包括数字。事实上,特殊字符,如左括号(［)、问号(?)、井号(♯)和星号(＊),当它们括在括号内时,可以直接和它们自己匹配。一组字符内的右括号（ ］)不能匹配它自己,但是如果它是一组之外的单一字符,就能用来匹配。

3. 表达式的例子

表 5-3 是一些条件表达式的例子。

表 5-3　表达式示例

表 达 式	意 义
Len([公司名称])＞Val(30)	公司名称在 30 个字符以上
In("美国","英国","加拿大")	美国、英国或加拿大
Between ♯2/2/2005♯ And ♯12/1/2005	2005 年 2 月 2 日到 2005 年 12 月 1 日
订购日期＜ Date( )－ 30	30 天之前
订购日期 DateSerial(Year([订购日期]), Month([订购日期])+1, 1)－1	订购日期为每个月最后一天
货主地区 Is Not Null	"货主地区"字段包含有值
货主名称 Like " * Imports"	"货主名称"以 "Imports" 结尾。
运货费＞(DStDev("[Freight]","订单") + DAvg("[Freight]","订单"))	运货费高于平均值加上货运成本的标准偏差

5.5　查询中的计算

在 Access 中,查询不仅具有查找数据功能,而且具有计算功能。查询中可以执行许多类型的计算。例如,可以计算一个字段值的总和或平均值,使两个字段的值相乘,或者计算从当前日期算起 3 个月后的日期。查询中有预定义计算和自定义计算两种基本计算。

预定义计算就是"总计"计算,用于对查询中的记录组或全部记录进行统计或汇总,包括求总和、平均值、记录数、最小值、最大值、标准偏差或方差等。

自定义计算就是使用一个或多个字段中的数据在每个记录上执行数值、日期或文本计算。对于这类计算,需要直接在设计网格中创建新的计算字段。

【注】　在字段中显示计算结果时,结果并未存放在基表中。Access 在每次执行查询时都要重新进行计算,以使计算结果始终以数据库中最新的数据为准。因此,不能手动更新计算结果。

5.5.1　创建总计字段

前面设计过的查询都是常用的标准查询,可以直接在查询设计器中进行设计,查询的某些特定功能,如分组、求和、求平均值等,在查询设计器中通常是关闭的。如果要使用这些功能,必须单击查询设计工具栏上的 Σ(总计)按钮,Access 系统在查询设计器下部设计网格中插入一个"总计"行,以便用户进行各种"总计"计算。

如果一个字段具有对数据源中的数据进行某种总计计算的功能,则可称为总计字段。总计字段使用某种汇总函数(如求总和、求平均值、求值的个数等)对数据源中相应的字段值进行处理,并将处理的结果作为该字段的值。

使用查询设计网格中的"总计"行,可以为某个字段指定一个用于总计计算的汇总函数,包括"总和"、"平均值"、"计数"、"最大值"、"最小值"、"标准偏差"、"方差"等。总计计算可以用于查询中的全部记录,也可以用于一个或多个记录组。

例 5-10 创建一个具有分类统计功能的查询。

本例将在罗斯文数据库中创建一个名为"各类产品的平均单价"的查询,其中包括 3 个字段,即类别名称、产品名称和单价,分别来自类别表和产品表,查询的功能是将结果记录集按"类别名称"分组,分别求出每组产品的单价的平均值。

1. 创建一个选择查询

(1) 在数据库窗口中,切换到查询页,打开查询设计器。

(2) 将"产品"表、"类别"表添加到查询设计器上半部。

(3) 将"类别"表的"类别名称"字段以及"产品"表的"类别名称"字段和"单价"字段添加到下半部设计网格的前 3 个字段中。

2. 设定总计计算功能

(1) 单击查询设计工具栏上的 Σ 按钮,在查询设计器下半部的设计网格中插入一个"总计"行。

(2) 单击"总计"行的"类别名称"网格,选中它,并在下拉列表中选择"分组"。

(3) 单击"总计"行的"类别名称"网格,选中它,并在下拉列表中选择"第一条记录"。

(4) 单击"总计"行的"单价"网格,选中它,并在下拉列表中选择"平均值"。

此时,查询设计器如图 5-18(a)所示。

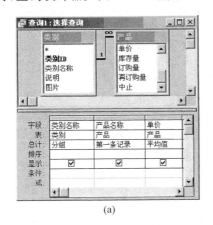

(a)　　　　　　　　　　　　(b)

图 5-18　查询中的预定义计算

(5) 切换到"数据表视图",查看该查询的执行结果,如图 5-18(b)所示。

可以看到,因为对字段使用了总计函数,Access 将函数和字段名合并,用来命名查询中的字段。例如,使用了求"平均值"函数的"单价"字段自动命名为"单价之平均值"。

(6) 将该查询以文件名"各类产品平均单价"保存。

【注】 也可以使用"简单查询向导"进行某些类型的总计计算,包括总和、平均值、数目、最小值和最大值等。但如果要添加条件,则只能使用查询设计网格。

3. 定义字段标题

如果用户不想使用 Access 自动命名的字段标题,可以用以下两种方法指定查询中某个字段的标题。

(1) 单击"字段"行中要指定标题的字段网格,将光标移到字段名前面,输入自定义的字段标题,然后输入一个冒号":"(必须是英文的冒号)。

(2) 右键单击要指定标题的字段栏任意位置,选择快捷菜单中的"属性"命令,弹出"字段属性"对话框,在其中的"标题"属性栏中输入自定义的字段标题。

本例中,可将第二个字段标题定义为"第一种产品",第三个定义为"平均单价"。

5.5.2 总计列表中的选项

在查询设计器中,将光标移入设计网格中"总计"行(单击 Σ 按钮添加)的某个网格时,该网格成为下拉列表框,可在其中选择性地输入"汇总"函数。下拉列表中包含 12 个选项,其中 9 个为汇总函数,其他为非函数选项。

1. "总计"列表中的汇总函数

用于创建总计字段的汇总函数如表 5-4 所示。在中文版 Access 2003 中,这些函数名及其他选项都是中文的,Access 2000 及以前的版本为英文,表中一并列出两种名称。

表 5-4　查询使用的汇总函数

函　数　名	英　文　名	适用的数据类型
总计	Sum	数值、日期/时间、货币、自动编号
平均值	Avg	数值、日期/时间、货币、自动编号
最小值	Min	文本、日期/时间、货币、自动编号
最大值	Max	文本、数值、日期/时间、货币、自动编号
计数	Count	文本、备注、数值、日期/时间、货币、自动编号、是/否、OLE 对象
标准差	StDev	数值、日期/时间、货币、自动编号
方差	Var	数值、日期/时间、货币、自动编号
第一条记录	First	所有类型
最后一条记录	Last	所有类型

其中,"计数"函数用于统计值(记录)的个数。对于空白值(如零长度字符串)也统计在内,但空值(表示没有值或值不确定)不进行统计。

2. "总计"列表中的非函数选项

除了 9 个总计函数之外,总计行的下拉列表中还包含一些非函数选项。

1) 分组(Group By)

定义要执行计算的组。例如,如果要按类别显示销售额总计,则要在"总计"行的"类别名称"网格选择"分组"。

2）表达式（Expression）

创建表达式中包含总计函数的计算字段。通常，在表达式中使用多个函数时，将创建计算字段。

3）条件（Where）

指定不用于分组的字段准则。如果选择了这一项，Access 将清除"显示"复选框，隐藏查询结果中的这个字段。

3．使用汇总函数时的注意事项

汇总函数对某个字段是否有效取决于该字段的数据类型。例如，如果字段中包含文本，就不能使用"合计"、"最小"或"最大"函数，但可使用"计数"函数。

使用汇总函数进行总计计算时，不能包含有空（Null）值的记录。例如，"计数"函数返回所有非空值的记录的个数，如果记录中某个字段为空值，就会影响查询的结果。尤其是某些数据类型的字段（如"文本"、"备注"、"超链接"）经常包含空值或空字符串，必要时应该进行适当的处理。

5.5.3 创建计算字段

在设计表时，为了减少存储空间，且避免在更新数据时产生不能同步进行的错误，剔除了那些可以通过其他字段计算得到的字段，如果用户需要这些字段的值，则需要在查询设计网格中直接添加计算字段。利用计算字段，可以用一个或多个字段的值进行数值、日期及文本等各种计算。

计算字段是对基表或查询中的数值型字段进行横向计算产生结果的字段，是在查询中自定义的字段。它显示的是指定表达式的计算结果而不是字段所存储的值。当表达式的值改变时，该字段的值将会重新计算。创建计算字段的方法是将表达式直接输入到查询设计网格中的"字段"格中。

例 5-11 创建一个具有计算字段的查询。

本例将在罗斯文示例数据库中创建一个名为"产品金额"的查询，其中包括来自于"产品"表的 3 个字段，即产品名称、单价、库存量，以及计算字段："金额"。查询的功能是根据产品的单价和库存量计算其金额。

1．设计一个选择查询

（1）在数据库窗口中，切换到查询页，打开查询设计器。

（2）将"产品"表添加到查询设计器上半部。

（3）将"产品"表的"产品名称"、"单价"和"库存量"3 个字段添加到下半部设计网格的前 3 个字段中。

2．设计计算字段

（1）在设计网格中，单击"字段"行的第四个网格（此时为空），选定它。

（2）在这个网格中输入

金额：[单价]＊[库存量]

这时，查询设计器如图 5-19(a)所示。

（3）切换到"数据表视图"，查看该查询的执行结果，如图 5-19(b)所示。

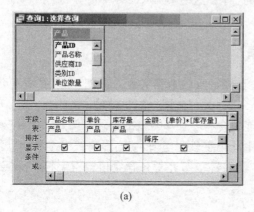

<table>
<tr><td>(a)</td><td>(b)</td></tr>
</table>

图 5-19　查询中的计算字段

（4）将该查询以文件名"各种产品的金额"保存。

可以看到，计算字段的标题为"金额"，值为"单价"和"库存量"两个字段的乘积。

5.6　创建操作查询

前面讲过的选择查询、参数查询都是用于获取新的数据集的，而操作查询是在选择查询的基础上创建的，它不仅具有选择查询、参数查询的特性，还有对数据源中的数据进行更新、追加、删除的功能，以及在选择查询基础上创建新的数据表的特性。

操作查询能够改变已有数据表中的数据或创建一个新表。Access 允许创建 4 种操作查询，即删除查询、追加查询、更新查询和生成表查询，分别用于对数据表执行相应的操作。

5.6.1　创建删除查询

删除查询用于从一个或多个表中删除那些符合指定条件的记录。删除查询可以将作为数据源的表中的无用数据一次性删除，从而保证表中数据的有效性和可用性。但被删除了的数据是无法恢复的，故在运行删除查询之前，应该先切换到"数据表视图"，预览一下该查询涉及的数据。必要时，可以预先制作相关表的备份，以便在错删了数据之后，能够从备份副本中恢复它们。

某些情况下，执行删除查询不仅会删除作为数据源的表中的记录，而且会同时删除建立了关系的其他表中的记录，即使该查询并未将其作为数据源也有可能。例如，如果查询将一个一对多关系中"一"方的表作为数据源,并且允许对该关系使用"级联删除"功能,则当删除"一"方表中的记录时,也会同时删除"多"方表中的记录。

【注】 级联删除的意思是:对于在表之间实施参照完整性的关系,当删除主表中的记录时,相关表(一个或多个)中的所有相关记录也随之删除。

例 5-12 在教学管理数据库中,创建"删除转学学生"查询。

在"教学管理"数据库中,一个学生的数据保存在两个表:"学生"表和"成绩"表中,当从"学生"表中删除某个学生的记录时,这个学生在"成绩"表中的成绩记录也应该同时删除。因此,该查询应该具有"实施参照完整性"和"级联删除相关记录"功能。

1. 编辑作为数据源的两个表之间的关系

(1)在数据库窗口中,单击数据库工具栏上的"关系"按钮,打开"关系"窗口。

(2)双击"学生"表和"成绩"表之间的连线,弹出"编辑关系"对话框。

(3)在对话框中,选中"实施参照完整性"和"级联删除相关记录"复选框。以保证在"学生"表中删除学生记录的同时,"成绩"表的学生成绩记录也能删除。

2. 创建一个删除查询

(1)在数据库窗口中,切换到查询页,打开查询设计器,并将"学生"表添加到查询设计器上半部。

(2)选择"查询"菜单的"删除查询"命令,或单击查询设计工具栏上"查询类型"按钮旁的下拉箭头,并选择列表中的"删除查询"项,在查询设计网格中插入"删除"行。

(3)从"学生"表的字段列表中,将星号"*"拖放到查询设计网格中。这时,"删除"行相应的网格中显示"From"字样。

(4)将需要指定删除条件的"学号"字段拖放到查询设计网格中,这时,"删除"行相应的网格中显示"Where"字样。然后在该字段"条件"行网格中输入

［请输入学生的学号：］

这时,查询设计器如图 5-20(a)所示。

(a)　　　　　　　　　　　(b)

图 5-20　删除查询的设计

（5）切换到数据表视图，弹出"输入参数值"对话框，如图5-20（b）所示。

（6）在对话框中输入要删除的学生的学号，并单击"确定"按钮。这时，这个要删除的学生的记录显示出来。

（7）确认显示出来的就是要删除的学生记录之后，关闭查询窗口，弹出消息框，访问是否保存查询，单击"是"按钮，弹出"另存为"对话框。

（8）在对话框中输入查询名称："删除转学学生"，并单击"确定"按钮。

至此，创建了一个名为"删除转学学生"的操作查询。

3. 执行删除查询

（1）在数据库窗口中，切换到"查询"状态，双击"删除转学学生"查询图标，或单击选定它，再单击"打开"按钮，弹出如图5-21（a）所示消息框。

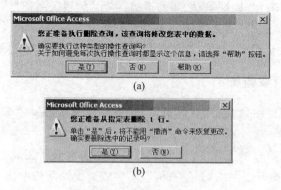

图5-21 删除查询的设计

（2）单击"是"按钮，弹出"输入参数值"对话框，在其中输入要删除的学生的学号，并单击"确定"按钮，弹出如图5-21（b）所示消息框。

（3）单击"是"按钮，执行该查询。

"删除转学学生"查询的执行结果是：删除"学生"表中用户指定的某个学生的记录以及相关表中该生的记录。

【注】 执行删除查询时是否显示要求用户确认的消息框，可以选择"工具"菜单的"选项"命令，并在弹出的"选项"对话框中设置。

5.6.2 创建追加查询

追加查询用于将一个表中的一组记录追到另一个表的尾部。使用追加查询的前提是，追加与被追加的两个表拥有属性相同的字段。

例5-13 在教学管理数据库中，创建"毕业生追加"查询。

"毕业生"表是"教学管理"数据库中新建的专门存储毕业生记录的表，目的是把删除查询中删除的毕业生记录另外保存起来，以便日后查阅。

1. 创建将要追加数据的表

在"教学管理"数据库中,创建一个空表,包括以下字段:

学号(主键、文本型)、姓名(文本型)、性别(是/否型)、照片(OLE 对象型)。
并以"毕业生"为表名保存。

2. 创建一个追加查询

(1) 打开查询设计器,用"显示表"对话框将"学生"表添加到设计器中。

(2) 单击查询设计工具栏上的"查询类型"下拉按钮,在下拉列表中选择"追加查询"项,或选择"查询"菜单的"追加查询"命令,弹出"追加查询"对话框。

(3) 在对话框中选中"当前数据库"单选项,并在"表名称"组合框中选"毕业生"表,单击"确定"按钮,则查询设计视图中多出一个"追加到"行。

(4) 分别将"学生"表的"学号"、"姓名"、"性别"和"照片"4 个字段添加到设计网格中。

(5) 在"追加到"行选择被追加的表中相应的字段,这里选择"学号"、"姓名"、"性别"和"照片"4 个字段。然后,在"学号"字段的"条件"格输入

[追加哪年的毕业生?] = Left([学号],2)

则只有满足上述条件的记录才能追加到"毕业生"表中。此时,查询设计器如图 5-22(a)所示。

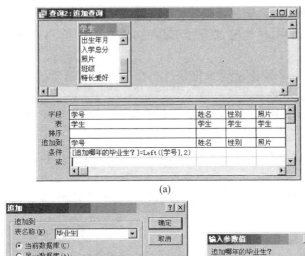

(a)

(b)

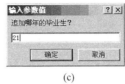

(c)

图 5-22　追加查询的设计

【注】　Left 函数使"学号"前两位等于用户参数,"学号"前两位代表年级,中间两位代表班级,最后两位代表学生在班中的编号。

(6) 切换到数据表视图,弹出要求输入年级的对话框,本例中输入"21",再单击"确

定"按钮,则显示将要追加到"毕业生"表中的学生记录,如图 5-22(b)所示。

(7) 确认要追加的学生记录,再切换到设计视图,关闭查询设计器,并以"毕业生追加"为名保存。

3. 执行追加查询

(1) 在数据库窗口中,切换到"查询"状态,双击"毕业生追加"查询图标,或单击选定它,再单击"打开"按钮,弹出"您正准备执行追加查询,…"的消息框

(2) 单击"是"按钮,弹出"输入参数值"对话框,在其中输入要追加的学生的年级,本例中输入"21",再单击"确定"按钮,弹出消息框,提示将要追加的行数,如图 5-22(c)所示。

(3) 单击"是"按钮,执行该查询,完成追加操作。

5.6.3 创建更新查询

更新查询用于替换已有记录,适合于数据的批量修改。要设计一个更新查询,首先需要定义选择条件去获取目标记录,还要提供一个表达式去创建替换后的数据。使用更新查询可以立刻改变一组记录,如改变地区代码或增加表中的价格等。

更新查询的结果,是对数据源中的数据进行物理更新,因此,在设置更新条件时,要确保准确无误,以免带来不必要的损失。

使用更新查询改变一组记录的方法是:

(1) 创建一个选择查询,不选择包含要更新记录和设置条件字段的表或查询。

(2) 在查询设计器中,单击查询设计工具栏上"查询类型"按钮旁边的箭头,再单击"更新查询"选项。

(3) 从字段列表中将要更新或指定条件的字段拖放到查询设计网格中。如果有必要,可以在"条件"网格中指定条件。

在要更新字段的"更新到"网格中,按照如图 5-23 所示的样式,输入用来改变这个字段的表达式或数值。

(4) 如果要查看将要更新的记录列表,切换到数据表视图。返回查询设计视图,还可以进行必要的更改。

图 5-24 为一个更新查询的设计视图,该查询的功能是:在"课程"表中查找学分大于

图 5-23 "更新到"网格中的表达式　　　图 5-24 更新查询的设计视图

3 的记录,并在这些记录的"课程号"之前加上"A"字符。例如,"数据结构"为 4 学分,原来的课程号为"37000",执行查询后成为"A37000"。

5.6.4 创建生成表查询

使用生成表查询,可以使查询结果成为一个新表。这个新表的内容可以是作为数据源的表修改后的结果,也可以是其中一部分,还可以是由多个表(或查询)创建的新表。例如,可以构造一个查询,将那些去年没有订货的客户列出来,将它们的记录放在另外一个表中。这种查询不必改变基础表的内容。

例 5-14 在教学管理数据库中,通过生成表查询,创建"不及格成绩"表。

本例所创建的查询功能是:按"学生"表中的"姓名"、"成绩"表中的"课程名",查找"成绩"表中的小于 60 的"成绩",然后按查询结果创建一个名为"不及格成绩"的表。

(1) 在数据库窗口中,调出查询设计器,用"显示表"对话框将"学生"、"课程"和"成绩"3 个表添加到设计器中。

(2) 单击查询设计工具栏上的"查询类型"下拉按钮,选择列表中的"生成表查询"项,或选择"查询"菜单的"生成表查询"命令,弹出"生成表"对话框,如图 5-25(a)所示。

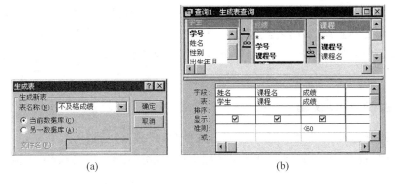

(a)   (b)

图 5-25 生成表查询的设计

(3) 在对话框中选中"当前数据库"单选项,并在"表名称"组合框中输入"不及格成绩",单击"确定"按钮。

(4) 分别将"学生"表的"姓名"字段、"课程"表的"课程名"字段以及"成绩"表的"成绩"字段添加到设计网格中。然后在"成绩"字段的"条件"格中输入"<60",如图 5-25(b)所示。

(5) 切换到数据表视图,查看生成的新表。确认无误后再切换到设计视图。执行查询,则弹出消息框,提示确认生成表操作并提示将向新表粘贴的记录个数。

(6) 单击"是"按钮,这时将生成新表"不及格成绩"。打开该表的数据表视图,可看到通过生成表查询生成的记录。

5.7 使用 SQL 语句创建查询

在使用查询向导或查询设计器创建查询时,Access 自动构造等效的 SQL 语句,可以切换到 SQL 视图查看这个语句。将这两种视图互相对照就会看到:查询设计器中的大多数查询属性都可以在 SQL 视图中找到等效的可用子句和选项。因此,对于熟悉 SQL 语言的用户来说,也可以直接在 SQL 视图中输入 SQL 语句创建查询。

然而,查询设计器功能有限,无法创建"SQL 特定查询",包括联合查询、传递查询、数据定义查询和子查询。其中前 3 种查询必须直接在"SQL"视图中输入 SQL 语句创建,后一种(子查询)要在查询设计网格的"字段"行或"条件"行中输入 SQL 语句创建。

【注】 如果要将一个查询作为另一个对象(如窗体或报表)的数据源,可以在 SQL 视图中打开这个基础查询,将其中的内容全部复制到剪贴板上,然后再把它粘贴到该对象的"记录源"属性框中。

5.7.1 使用 SQL 语句创建选择查询

通过使用 SELECT 语句创建查询。

例 5-15 在"教学管理"数据库中,使用 SQL 语句创建"电信学院教师任课"查询。

本例中创建的查询的功能是:按照"教师"表中电信"学院"全体教师的"教工号",查找"课程"表中相应的"课程号"与"课程名",拼接成查询结果中的记录,并按"教师"表中的"姓名"排序。

1. 切换到 SQL 视图

(1)打开查询设计器,关闭自动显示出来的"显示表"对话框。

(2)利用"视图"菜单或查询设计工具栏上的"视图"按钮,切换到 SQL 视图。

2. 创建选择查询

(1)在 SQL 语句编辑窗口中,输入 SQL 语句

```
SELECT 教师.教工号,姓名,课程号,课程名
FROM 教师 INNER JOIN 课程 ON 教师.教工号=课程.教工号
WHERE 学院="电信"
ORDER BY 姓名;
```

(2)切换到数据表视图,查看查询的执行结果。

(3)关闭 SQL 语句编辑窗口,并以"电信学院教师任课"为名保存查询。

本例中输入的 SQL 语句所对应的查询设计器状态如图 5-26(a)所示。如图 5-26(b)所示为作为数据源的两个表之间的连接属性。SQL 语句中各子句和选项与查询设计器中各查询属性的对应关系如表 5-5 所示。

表 5-5　SQL 语句与查询设计器的对应关系

SQL 语句	查询设计器
SELECT 子句	"字段"行
FROM 子句	"表"行
INNER JOIN...ON 选项	连接属性①
WHERE 子句	"条件"行
ORDER BY 子句	"排序"行

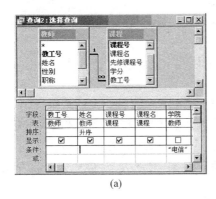
(a)
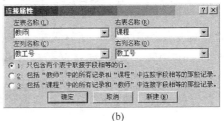
(b)

图 5-26　SQL 语句对应的查询器及连接属性

5.7.2　使用 SQL 语句创建操作查询

创建动作查询的 SQL 语句为 INSERT、UPDATE 与 DELETE,使用 SQL 语句设计操作查询的操作步骤与上一节中使用 SQL 语句设计选择查询的步骤相同。

例 5-16　使用 SQL 语句,为教学管理数据库中的"教师"表插入一个新记录。

打开查询设计器,切换到 SQL 视图,在 SQL 语句编辑窗口中输入语句

INSERT
INTO 教师(教工号,姓名,性别,职称)
VALUES("9098","李丽",False,"副教授");

并以"教师表追加记录"为名保存;然后运行查询,运行过程与使用查询设计器设计的追加查询相同,运行结果为在"教师"表中追加一条记录。

例 5-17　使用 SQL 语句,将"课程"表中"课程名"字段的"计算机算法"改为"软件开发技术"。

在 SQL 语句编辑窗口中输入语句

UPDATE 课程
SET 课程名="软件开发技术"

---

① 对应的机上提示为"联接属性",但地道的中文译名应为连接属性。

WHERE 课程名="计算机算法";

并以"修改课程名"为名保存;然后运行查询。

例 5-18 使用 SQL 语句,删除"教师"表中"人文"学院的教师的记录。

在 SQL 语句编辑窗口中输入语句

```
DELETE
FROM 教师
WHERE 学院="人文";
```

并以"删除教师记录"为名保存;然后运行查询。

5.7.3 使用 SQL 语句创建联合查询

联合查询是使用 UNION 运算符来合并两个或更多个选择查询的结果。

例 5-19 使用联合查询,将教学管理数据库的"学生"表和"毕业生"表中的记录联合为"全体学生联合查询"。

(1) 打开教学管理数据库,打开查询设计器。如果"显示表"对话框处于打开状态,则将其关闭。

(2) 选择"查询"菜单的"SQL 特定查询"子菜单的"联合"命令,则显示设计联合查询的 SQL 窗口。

(3) 在窗口中输入创建联合查询的 SQL 语句

```
SELECT 学号,姓名
FROM 毕业生
UNION SELECT 学号,姓名
       FROM 学生
       ORDER BY 学号;
```

(4) 将该查询以"全体学生联合查询"为名保存。在保存之前,可以先切换到数据表视图,查看查询的执行效果。

(5) 执行查询,得到结果记录集。

例 5-20 使用联合查询,在查询输出中将"教师"表和"学生"表中的"姓名"字段重命名为"教师_学生_姓名"。

在 SQL 语句编辑窗口中输入语句

```
SELECT 教工号,姓名 AS 教师_学生_姓名,性别
FROM 教师 BACK
UNION SELECT 学号,姓名 AS 教师_学生_姓名,性别
       FROM 学生 BACK;
```

并以"重命名字段"为名保存;然后执行查询。执行的结果为显示"学生"表和"教师"表中所有记录的"教工号"或"学号"字段、"姓名"字段及"性别"字段,并将"姓名"字段重命名为"教师_学生_姓名"。

5.7.4　使用SQL语句创建数据定义查询

数据定义查询是使用SQL语句创建新表、添加字段、删除字段或设置字段的属性等。其操作步骤与上一节中使用SQL语句设计联合查询的步骤相同。但应注意,每个数据定义查询只能由一个数据定义语句组成。

例5-21　使用SQL语句,创建一个"讲座"表,并进行添加字段、删除字段等操作。

本例将使用SQL语句在教学管理数据库中创建"讲座"表,其中记载学校开设的各种讲座的情况,包括编号、讲座名称、演讲人、日期和时数等。

1.创建"讲座"表的数据定义查询

(1)打开教学管理数据库,再打开查询设计器。

(2)选择"查询"菜单的"SQL特定查询"子菜单的"数据定义"命令,显示SQL数据定义查询编辑窗口。

(3)在窗口中输入下面的SQL语句

```
CREATE TABLE 讲座( 编号 TEXT(8),讲座名 TEXT,
                 演讲人 TEXT(15), 来自 TEXT(15),照片 GENERAL,
                 日期 DATE,时数 INTEGER )
```

(4)将该查询以"创建讲座表"为名保存。

(5)执行查询,在弹出如图5-27(a)所示的对话框时,单击"是"按钮。该查询将创建一个名为"讲座"的表。

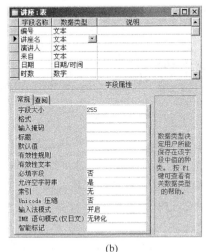

(a)　　　　　　　　　　　　　(b)

图5-27　数据定义查询执行时提示信息及相应的表设计视图

(6)在数据库窗口中,切换到"表"对象状态。

(7)打开"讲座"表,查看是否符合要求,这个表的设计视图如图5-27(b)所示。

2. 创建一个在"讲座"表中插入字段的数据定义查询

在 SQL 数据定义查询编辑窗口中输入语句

ALTER TABLE 讲座
ADD 电话 INTEGER;

并以"讲座表电话字段"为名保存,然后运行该查询,给讲座表插入一个"整型"的"电话"字段。也可在查询设计状态中运行查询,然后关闭查询设计器。

3. 创建一个修改"讲座"表中指定字段的数据类型的查询

在 SQL 数据定义查询编辑窗口中输入语句

ALTER TABLE 讲座
ADD 电话 TEXT(13)

并以"修改讲座表电话字段"为名保存,然后运行该查询,则讲座表中"电话"字段成为文本型字段。也可在查询设计状态中运行查询,然后关闭查询设计器。

4. 创建一个删除"讲座"表中指定字段的数据定义查询

在 SQL 数据定义查询编辑窗口中输入语句

ALTER TABLE 讲座
DROP 照片;

并以"删除讲座表照片字段"为名保存,然后运行该查询,删除讲座表中"照片"字段。也可在查询设计状态中运行查询,然后关闭查询设计器。

习 题

1. 与表相比较,查询有什么优点?

2. 在 Access 中,查询可以完成哪些功能?

3. 选择查询、交叉表查询和参数查询有什么区别?操作查询分为哪几种?

4. 简述创建子查询的操作步骤。

5. 查询设计器有哪几种打开的方法?查询设计网格中开始时一般显示哪几行?举例说明怎样调出其他行。

6. 什么是查询的 3 种视图?各有什么作用?

7. 在教学管理数据库中,用查询设计器创建以下查询。

(1) 教师任课查询,包括字段、姓名、性别、课程名。

(2) 电信学院教师任课查询,包括姓名(电信学院)、性别、课程名。

8. 能否在查询设计器中修改表与表之间的关系?如果能,应该如何修改?

9. 参数和条件有什么区别?

10. 写出与如下所示的设置等效的条件表达式?

字段:	公司名称	地区	城市
表:	客户	客户	客户
排序:	升序		
显示:	☑	☑	☑
条件:	Like "联"		
或:		"华北"	

11. 举例说明在 Access 中使用多个条件的各种情况。

12. 在教学管理数据库中,创建"各班学生平均成绩"查询,其中包括学号、班级和平均成绩。

13. 在罗斯文示例数据库中,创建"产品库存"查询,其中包括产品 ID、产品名称、单价、库存量、金额,其中"金额"字段为"单价"和"库存量"两个字段的乘积。

14. 用查询设计器修改例 5-4 创建的"成绩 查询_交叉表"查询,要求添加计算每个学生的"平均分"的字段。

15. 在教学管理数据库中,创建一个查询,删除"学生"表中指定班级的学生的记录及他们在"成绩"表中的相关记录。

16. 在教学管理数据库中,创建一个查询,给"学生"表中插入几个学生的记录,要插入的源表的格式及内容自拟。

17. 在教学管理数据库中,创建一个查询,查找所有成绩在 60 分以上的学生的记录,并生成一个"通过学生"表,其中包括字段:学号、姓名、课程名、成绩。

18. SQL 查询语句与 Access 查询有什么关系?

19. 在罗斯文数据库中,创建一个联合查询,从"供应商"表和"客户"表中选择所有公司名称和城市名,并按城市的字母顺序对数据进行排序。

20. 在教学管理数据库中,使用 SQL 语句创建以下查询。

(1)"创建总评成绩表"查询,创建"总评成绩"表,其中包括字段:学号、课程号、成绩。

(2)"追加成绩表数据"查询,将"成绩"表中所有数据追加到"总评成绩"表中。

(3)"修改总评成绩表字段名"查询,将"总评成绩"表中的字段名"成绩"修改为"考试成绩"。

(4)"总评成绩表插入字段"查询,在"总评成绩"表中插入"平时成绩"字段。

第 **6** 章 窗 体

窗体是 Access 数据库中常用的对象,是数据库呈现在用户面前的便于人机对话的界面。在窗体上可以放置控件,用于进行数据操纵,如添加、删除和修改等各种操作;也可以接受用户的输入或选择,并根据用户提供的信息执行相应的操作,调用相应的对象等。

由于窗体可以提供形式美观且操作方式灵活多样的用户界面,故在 Access 中,数据库的使用和维护经常是通过窗体进行的,特别是备注型、OLE 对象型等较为复杂的字段更是如此。通过窗体可以控制数据库的工作流程,这也是窗体的重要功能。

6.1　窗体的功能与构造

在 Access 中,窗体是一种数据对象的格式,是输入和维护表中数据的另一种方式。Access 提供了多种创建窗体的工具,可以创建多种形式的窗体。如果运用得当,则可使数据库的内容更丰富,形式更灵活。

6.1.1　窗体的功能

窗体作为 Access 数据库的重要组成部分,起着联系数据库与用户的桥梁作用。窗体提供了查阅、新建、编辑和删除数据的最富弹性的方法。如果表中包含图形文档,以及从其他程序中得到的对象等特殊形式的信息,则可以在窗体视图中看到实际对象。可以说,窗体是 Access 中最灵活的部分。

窗体和报表都可用于数据库中数据的维护,但两者的目的不同。窗体主要用于数据输入,报表则用于在屏幕或打印输出的窗体中查阅数据。

具体来说,窗体具有以下功能。

1. 数据的显示与编辑

窗体的最基本功能是显示与编辑数据,窗体可以显示来自多个数据表中的数据。用户利用窗体对数据库中的相关数据进行添加、删除、修改以及设置数据的属性等各种操作。

一般地,用一个窗口(运行以后的窗体)显示一条记录(也可以显示多条记录)。使用窗口上提供的移动按钮、滚动条等控件,可以直观地翻查数据库中的任何记录或者记录中的任何字段。

2. 数据输入

窗体经常被用来创建一个填充数据的窗口,作为数据库中数据输入的接口。在这种情况下,窗体利用表或查询作为自身的数据源。窗口的数据输入功能也正是它与报表功能的主要区别。

一个设计优良的窗体能使数据输入更加方便而准确。例如,当数据库中的表比较复杂时,期望所有的数据库用户都能有效地利用数据表视图中的每个表格来输入数据是不大可能的。应该创建一个窗体来从众多的表中选出相关的表,显示希望用户看到的内容。通过仔细地安排输入数据的位置和提供解释性的文字,就能指引用户完成数据输入操作以及其他操作。

3. 应用程序流控制

在使用流行的软件开发工具,如 Visual Basic 等所开发的应用程序中,窗体是重要的组成部分。一般地,窗体提供程序和用户之间信息交互的界面及一些简单的操作任务,而实际的工作主要由程序代码来完成。Access 中的窗体也可以与函数、子程序这样的程序代码段相结合。在每个窗体中,都可以使用 VBA 来编写代码,并利用代码执行相应的功能。

4. 信息显示和数据打印

在窗体中,可采取灵活多样的形式显示一些警告或解释的信息,另外,窗体也可以用来打印数据库中的数据。

6.1.2 窗体的构造

在 Access 中,根据功能的不同,可以将窗体分为 3 种类型。

1. 数据维护窗体

数据维护窗体是 Access 中最基本、最常用的窗体,通过创建于表或查询的数据维护窗体,可以进行添加、删除、修改等各种数据维护操作。一般情况下,数据库管理员可以使用数据表视图进行数据的维护工作,而数据库系统的使用人员,即最终用户,最好让他们使用基于表或查询的数据维护窗体进行数据的维护工作。本章主要介绍数据维护窗体的创建和使用方法。

2. 开关面板窗体

开关面板窗体也就是 Access 数据库系统的主画面,可以通过创建开关面板窗体来打开和调用数据库中的其他对象,如窗体、报表和数据访问页等。

3. 自定义对话框

通过创建自定义对话框类型的窗体,可以接受用户的输入或选择,并根据用户提供的信息执行相应的操作。

在窗体上放置一些称为"控件"的图形化对象,可与数据源之间创建链接。这些对象包括文本框、标签、单选钮、复选钮、列表框、命令按钮等 Windows 窗口和对话框中常见的元素,如图 6-1 所示。

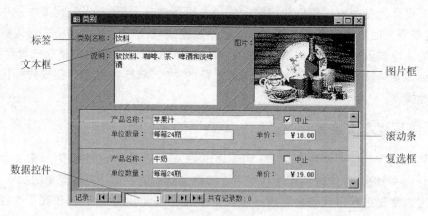

图 6-1 窗体的例子

窗体的大部分信息都来自于窗体所连接的数据源。在设计窗体时,还可以存储与窗体有关的其他非数据信息,如文本、计算和图形等。例如,在图 6-1 中,使用了几个文本框分别显示一个记录的几个字段;多行文本框用于显示记录中的备注型字段的说明性文字;图片框显示记录中的图片字段;窗体底部有一组导航按钮,可以在所连接的表中的记录之间跳转以便选择记录。标签控件上显示的"产品名称"、"单位数量"等说明性文字,以及有些文本框中的计算等,都保存在窗体的设计中。

窗体上的控件大致可以分为以下两类:

(1)一些控件直接与一个表或查询的字段相联系,这种控件称为绑定控件。如果在一个与特定字段相连的绑定控件上输入数据,则 Access 将在此字段上添加这些数据;当利用表查看数据时,Access 查看每一个控件源的控件属性来决定应该显示哪些数据。图 6-2 表示的是在基本表中与"单位数量"字段相连的文本框的属性对话框。

(2)还有一些控件是非绑定的,即与任何数据源都不相关。一条线、一个对话框或独立的标签等,都可以是非绑定控件。例如,在图 6-1 中,使用了几个文本框分别显示一个记录的几个字段,它们都是绑定控件,而"类别名称:"、"单位数量:"、"单价:"等字符串都是用非绑定的标签控件来显示的。

在设计视图中打开窗体,可以改变字体、字的大小、

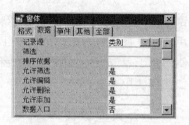

图 6-2 控件的属性对话框

颜色、边框,以及任何控件属性中的其他格式。

每种控件都有许多属性,用于指定控件的大小、颜色、位置、行为方式等。例如,可以通过设置一个控件的"Tab 键索引"属性来定义焦点在控件之间移动的次序,也可以通过设置"允许编辑"、"允许删除"、"允许添加"的"否"属性来设置整个窗体(窗体也是控件)的属性,从而达到仅将窗体用于查看数据的目的。

简单的窗体通常只用来显示一条记录的内容。同时,窗体也可以带有一个子窗体,子窗体用来显示相关表和查询的信息。利用这种形式的窗体,可以在记录组之间进行滚动,也可以通过筛选或其他工具来搜索信息。

6.1.3 窗体类型

Access 系统提供了 6 种窗体类型,包括纵栏表、表格、数据表、主/子窗体、数据透视表和图表。

1. 纵栏式窗体

所谓纵栏式窗体,是指在窗体界面中每次只显示表或查询中的一条记录,而将该记录中的每个字段纵向排列在窗体中,如图 6-3 所示。这样,用户可以在一个画面中完整地查看并维护一条记录的全部数据。

图 6-3 纵栏式窗体

纵栏式窗体通常用于输入数据。这种窗体可以占一个或多个屏幕页,字段可以随意安排在窗体中,每个字段的标签一般都放在字段左边。可以使用 Windows 的大多数控制操作,从而提高输入效率。另外,还可以在窗体中设置直线、方框、颜色、特殊效果等,使窗体的界面友好、便于使用。

2. 表格式窗体

表格式窗体将每条记录中的字段横向排列,而将记录纵向排列,从而在窗体的一个画面中显示表或查询中的全部记录。每个字段的标签都放在窗体顶部,叫做窗体页眉。可通过滚动条来查看和维护其他记录。滚动窗体时,页眉部分不动。

在表格式窗体中,一次可以看到多条记录,每条记录也可占用多行,如图 6-4 所示。可以将特殊效果,如阴影、三维效果等添加到字段中,也可在该窗体上使用字段控制,如下拉式列表等,以简化数据的输入。

3. 数据表式窗体

数据表式窗体就是直接将数据表视图摆放到窗体中。如果用户熟悉数据表视图,则可创建数据表式窗体,以便进行数据维护操作。其实,数据表式窗体和表格式窗体是同一窗体的不同显示方式,可以在这两种窗体方式之间进行切换。

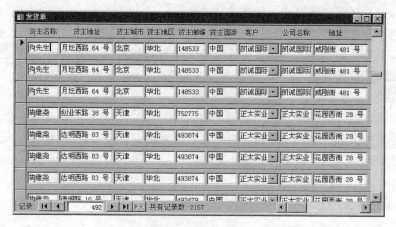

图 6-4　表格式窗体

4. 组合式窗体

图 6-5 为含有子窗体和数据表窗体的组合式窗体。一般地，数据表窗体表示的是主数据表(查询)中的数据，而子窗体中表示的是被关联的数据表(查询)中的数据。这种窗体集合了窗体和数据表的优点。

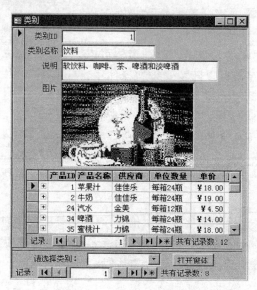

图 6-5　组合式窗体

5. 图表窗体

图表窗体将数据表示成商业图表，可以表示图表本身，也可以将它嵌入到其他窗体中作为子窗体。Access 提供了多种图表，包括折线图、柱形图、饼图、圆环图、面积图、三维条形图等。

6. 数据透视表窗体

数据透视表是一种交互式的表，可以进行某些计算，如求和与计数等。所进行的计算与数据在数据透视表中的排列有关。例如，可以水平或者垂直显示字段值，然后计算每一行或列的合计；也可以将字段值作为行号或列标，在每个行列交汇处计算出各自的数量，然后计算小计和总计。

例如，如果要按季度来分析每个雇员的销售业绩，可以将雇员名称作为列标放在数据透视表的顶端，将季度名称作为行号放在表的左侧，然后对每一个雇员计算以季度分类的销售数量，放在每个行和列的交汇处，如图 6-6 所示。

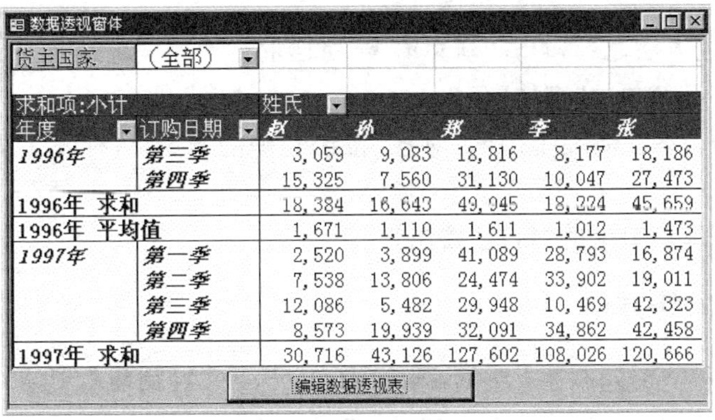
数据透视窗体

货主国家 (全部)

求和项:小计		姓氏				
年度	订购日期	赵	孙	郑	李	张
1996年	第三季	3,059	9,083	18,816	8,177	18,186
	第四季	15,325	7,560	31,130	10,047	27,473
1996年 求和		18,384	16,643	49,945	18,224	45,659
1996年 平均值		1,671	1,110	1,611	1,012	1,473
1997年	第一季	2,520	3,899	41,089	28,793	16,874
	第二季	7,538	13,806	24,474	33,902	19,011
	第三季	12,086	5,482	29,948	10,469	42,323
	第四季	8,573	19,939	32,091	34,862	42,458
1997年 求和		30,716	43,126	127,602	108,026	120,666

编辑数据透视表

图 6-6　数据透视表

之所以称为数据透视表，是因为可以动态地改变它们的版面布置，以便按照不同方式分析数据，也可以重新安排行号、列标和页字段。每一次改变版面布置时，数据透视表会立即按照新的布置重新计算数据。另外，如果原始数据发生更改，则可以更新数据透视表。

在 Access 中可以用“数据透视表向导”来创建数据透视表。这种向导调用 Excel 创建数据透视表，再用 Access 创建内嵌数据透视表的窗体。

6.2 创建窗体

Access 提供了一个完整的设计窗体的界面和控制窗体功能的平台。在 Access 中，可以采用自动窗体、窗体向导和窗体设计器(设计视图)3 种方法来创建窗体。

使用自动窗体功能创建窗体时，用户只要选择性地输入窗体所要连接的数据源(表或查询)，就可以自动生成由系统预先定义的格式的窗体；使用窗体向导时，用户可以按照向导逐步显示出来的对话框的提示，选择数据源、选择窗体所要显示的字段、选择窗体的布局及窗体样式等，能够创建比使用自动窗体功能时较为灵活多样的窗体；使用设计视图时，用户可以完全根据自己的意愿，设计出个性化的窗体。假定把创建一个窗体比做置办一件衣服，那么，使用自动窗体相当于买一件成衣，使用窗体向导相当于请裁缝做一件衣服,而使用窗体设计器相当于自己动手做一件衣服。

6.2.1 创建自动窗体

使用"自动窗体"功能创建窗体的方法是:打开"新建窗体"对话框,然后在其中选择创建窗体的方法及数据源即可。这是创建数据维护窗体的一种最迅速、最简便的方法,可以创建一个显示选定的表或查询中所有字段及记录的窗体。

1. 打开"新建窗体"对话框

(1) 在数据库窗口中,切换到窗体对象页。

(2) 使用下列方法之一,打开"新建窗体"对话框:

① 选择"插入"菜单的"窗体"命令。

② 单击主窗口内工具栏上的"新对象"按钮右侧的▼按钮,打开下拉列表,选择其中的"窗体"命令。

③ 单击数据库窗口上的"新建"按钮。

2. 创建窗体的方法

"新建窗体"对话框如图 6-7 所示,其中列出了以下几种创建新窗体的方法。

(1)"设计视图":使用"窗体设计器"手动创建窗体。

(2)"窗体向导":使用"窗体向导"创建窗体。

(3)"自动创建窗体:纵栏式":自动创建基于表或查询的纵栏式窗体。

(4)"自动创建窗体:表格式":自动创建基于表或查询的表格式窗体。

(5)"自动创建窗体:数据表":自动创建基于表或查询的数据表窗体。

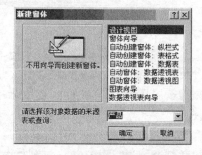

图 6-7 "新建窗体"对话框

(6)"自动窗体:数据透视表(图)":自动创建具有交互功能的数据透视表(图)。

(7)"图表向导":使用"图表向导"创建包含图表的窗体。

(8)"数据透视表向导":通过 Excel 创建包含数据透视表的窗体。

例 6-1 使用自动窗体功能创建一个纵栏式窗体。

打开"新建窗体"对话框之后,在"请选择该对象数据的来源表或查询"框中选择"订单"表,并单击"确定"按钮,创建一纵栏式的自动窗体,如图 6-8 所示。

可以在这个数据维护窗体中对"订单"表中的数据进行添加、修改和维护操作。

在窗体上进行数据维护与在数据表视图中基本相同,但也有所区别,例如,

(1) 可用 Tab 键和方向键在字段之间移动。如果从一个记录的最后一个字段再向后移动,则移到下一条记录的第一个字段;如果从第一个字段再向前移动,则移到上一条记录的最后一个字段。

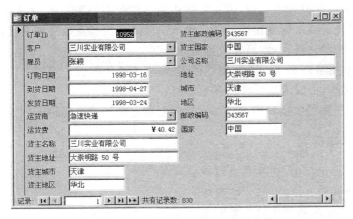

图 6-8　基于订单表的纵栏式自动窗体

（2）用数据控件上的按钮在记录之间移动。如▶表示移到下一条记录；|◀表示移到第一条记录；▶|表示添加新记录等。

例 6-2　使用自动窗体功能创建一个表格式窗体。

在"新建窗体"的列表中选择"自动创建窗体：表格式"，然后在数据来源组合框中选择"产品"表，并单击"确定"按钮。这时，Access 将基于"产品"表创建一个表格式的自动窗体，如图 6-9 所示。

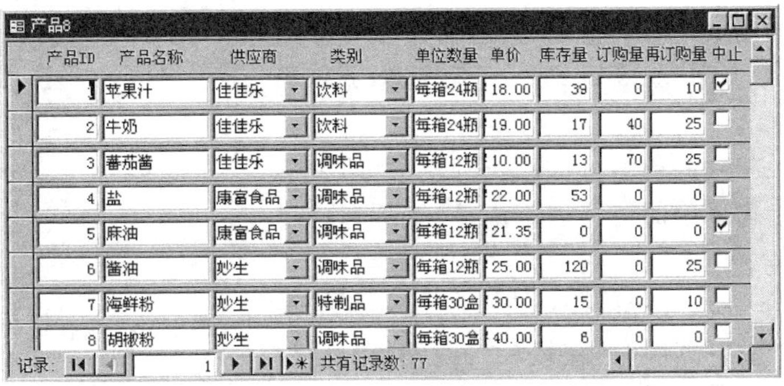

图 6-9　基于产品表的表格式自动窗体

表格式自动窗体的布局和数据表视图很相似，但比数据表视图具有更丰富的格式和更友好的界面。

6.2.2　使用窗体向导创建调整表格式窗体

窗体向导是更为常用的一种创建窗体的方式。窗体向导虽然不如自动窗体直接、快捷，但比自动窗体提供的选项多，可以更全面、更灵活地控制窗体的数据来源和格式。例如，自动窗体只能基于某个表或查询，而窗体向导允许从表或查询中挑选字段；自动窗体套用默认的窗体样式，而窗体向导则允许在多种窗体样式中选择。

使用窗体向导时，Access 会提示输入有关信息，并根据指示创建窗体。窗体向导可以代替用户完成所有的基本工作,因而能加快窗体的创建过程。即使已有相当的创建窗体的经验,仍可能需要在创建窗体时使用窗体向导来加快布置控件的速度,然后再切换到"设计"视图中,稍做完善后,即可完成窗体的自定义。

除了可以使用自动窗体功能创建纵栏式、表格式和数据表式窗体之外,还有一种称为调整表格式的窗体,可以通过窗体向导来创建。

例 6-3 在罗斯文数据库中的"产品"表的基础上创建调整表格式的窗体。

1. 打开窗体向导

(1)在数据库窗口中,切换到窗体对象。

(2)用以下两种方法之一打开"窗体向导":

① 双击窗体对象列表中的快捷方式"使用向导创建窗体"。

② 单击数据库工具栏上"新建"按钮,弹出"新建窗体"对话框,选择列表中的"窗体向导",并单击"确定"按钮。则弹出"窗体向导"对话框。

2. 创建窗体

(1)在"窗体向导"第一步中,向导提示从表或查询中选择字段,可从一个或多个表(查询)中选择。本例选"产品"表的所有字段。选择后单击"下一步"按钮,如图 6-10 所示。

(2)在"窗体向导"第二步中,向导提示在"纵栏表"、"表格"、"数据表"和"调整表"几种窗体布局中选择一种,选中某个单选按钮即可。本例中选"调整"表。

图 6-10　窗体向导中选择字段

所谓调整表格式的窗体,指的是按照字段的大小和顺序对字段在窗体中的位置进行调整,使所有的字段充满整个窗体。

(3)单击"下一步"按钮,接下来要选择一种窗体样式,窗体样式包括"国际"、"宣纸"、"工业"、"标准"、"蓝图"等。在本例中选择"宣纸"。

(4)单击"下一步"按钮,在"窗体向导"最后一步中,输入"学生调整表"作为窗体的名称。

(5)单击"完成"按钮,则"窗体向导"按照上面提供的信息创建调整表格式的窗体,如图 6-11 所示。

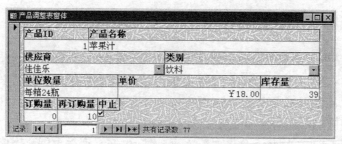

图 6-11　调整表格式的窗体

6.2.3 窗体的设计视图

在许多情况下,无论是格式还是内容,使用自动窗体或"窗体向导"所生成的窗体都不能满足要求,因此,需要使用"设计"视图从无到有地创建窗体。

1. 窗体的 3 种视图

窗体有 3 种视图,即"设计"视图、"窗体"视图和"数据表"视图。

(1)"设计"视图:与表、查询等的设计视图窗口的功能相同,也是用来创建和修改设计对象(窗体)的窗口,但其形式与表、查询等的设计视图差别很大。

(2)"窗体"视图:是能够同时输入、修改和查看完整的记录数据的窗口,可显示图片、其他 OLE 对象、命令按钮以及其他控件。

(3)"数据表"视图:以行列方式显示表、窗体或查询中的数据,可用于编辑字段、添加和删除数据以及查找数据。

窗体的设计视图如图 6-12 所示。

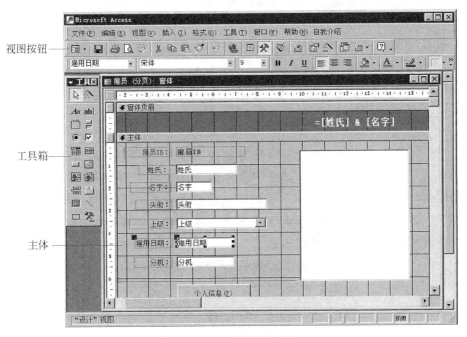

图 6-12 窗体设计视图

2. 窗体设计工具栏

在窗体设计视图中,主窗口自动出现"窗体设计"工具栏,如图 6-13 所示。

工具栏上一些按钮的功能如下所述。

(1)视图:单击该按钮后,窗体在"窗体视图"和"设计视图"两者之间切换。单击右

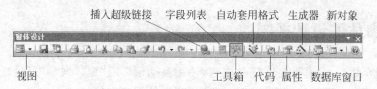

图 6-13　窗体设计工具栏

侧的箭头,在下拉列表中显示"设计视图"、"窗体视图"和"数据表视图"3 项,用于在 3 种视图之间切换。

(2) 插入超级链接:单击该按钮,弹出"插入超级链接"对话框,帮助用户创建一个超级链接。

(3) 字段列表:单击该按钮,显示用户所选择的表或者查询的字段列表。

(4) 工具箱:单击该按钮,显示工具箱栏。

(5) 自动套用格式:单击该按钮,显示一个"自动套用格式"对话框。

(6) 代码:单击该按钮,显示当前窗体的代码。

(7) 属性:单击该按钮,显示窗体属性对话框。

(8) 生成器:单击该按钮,弹出"选择生成器"对话框,有 3 种生成器可供选择,即"表达式生成器"、"宏生成器"和"代码生成器"。

(9) 数据库窗口:单击该按钮,返回数据库窗口。

(10) 新对象:单击其右侧箭头,拉出一个菜单,可以选择其中选项新建对象。

3. 工作区

在设计视图中,屏幕显示一个用于窗体创建或对窗体进行修改、添加等操作的工作区。通常,一个完整的工作区由 5 部分(节)组成,如图 6-14 所示。一般情况下,Access 只打开窗体的"主体"部分,其余 4 部分可以根据需要进行添加,只需要选择"视图"菜单的"页面页眉/页脚"或"窗体页眉/页脚"命令即可。在工作区还有网格和标尺,这是为方便放置控件而设置的,可以用拖拉操作来改变工作区和各组成部分的大小。

图 6-14　窗体工作区

4．属性窗口

窗体或窗体上的每个控件都有自己的属性，包括它们的位置、大小、外观以及所要表示的数据等。图 6-15 是一个放在窗体上并装入了数据的控件的属性窗口。

属性窗口分为"格式"、"数据"、"事件"、"其他"和"全部"5 页，每页都包含若干个属性。可在属性窗口上通过直接输入或选择来设置属性。打开属性窗口的方法有以下几种：

（1）将焦点移到要显示属性窗口的控件，然后选择"视图"菜单的"属性"命令。

（2）右键单击要显示属性窗口的控件，选择快捷菜单的"属性"命令。

5．字段列表

在设计视图中，当用户创建基于某个表或查询的窗体时，通常要在窗体中显示相关表或查询的字段值，如图 6-16 所示。

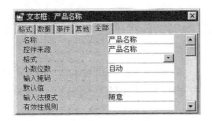

图 6-15　属性窗口

图 6-16　字段列表

在新建窗体的设计视图状态下，当选定数据来源后，Access 会按用户的选择，自动弹出字段列表。也可单击"窗体设计"工具栏的"字段列表"按钮来显示它。如果希望在窗体内创建文本框来显示某一字段，只需要在字段列表中找到该字段单击它，并拖到窗体内，窗体就会自动创建一个与其关联的文本框。

6.2.4　窗体上的控件

在窗体设计的过程中，使用最多的是如图 6-17 所示的工具箱。利用工具箱向窗体添加各种控件。将一个控件添加到窗体上的过程十分简单，只要在工具箱上单击所需的按钮，再单击窗体上要放置按钮的位置即可。

工具箱提供了 20 种控件，分别具有不同的功能。

（1）选择对象：用来选定某一控件，所选定的即为当前控件，以后的操作，如改变大小、编辑等均对这个控件起作用。

（2）控件向导：单击该控件（按钮）后，在使用其

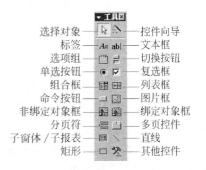

图 6-17　工具箱

他控件时,即可在向导的引导下一步步完成设计。

(3) 标签:用于显示文字。通常用于显示字段的标题、说明等描述性文本。

(4) 文本框:用于输入、编辑和显示文本。通常作为文本、数字、货币、日期、备注等类型字段的绑定控件。

【注】 绑定意为控件从表、查询或 SQL 语句中获得内容。

(5) 选项组:用于对选项按钮控件进行分组。每个选项组控件中可包含多个单选按钮、复选按钮以及切换按钮控件。目的是在窗体(或报表、数据访问页)上显示一组限制性的选项值,从而使选择值变得更加容易。

(6) 切换按钮:具有弹起和按下两种状态的命令按钮,可用做"是/否"型字段的绑定控件;也可作为定制对话框或选项组的一部分,以接受用户输入。

(7) 单选按钮:具有选中和不选两种状态,常作为互相排斥(每次只能选一项)的一组选项中的一项,以接受用户输入。

(8) 复选框:具有选中和不选两种状态,常作为可同时选中的一组选项中的一项,可用做"是/否"型字段的绑定控件。

(9) 组合框:包含一个文本框和一个下拉列表框。既可在文本框部分输入数据,也可用列表部分选择输入。

(10) 列表框:显示一个可滚动的数据列表。当窗体、数据访问页处于打开状态时,可从列表中做出选择,以便在新记录中输入数据或更改现存的数据记录。

(11) 命令按钮:用来执行命令。

(12) 图片框:用于在窗体或报表中摆放图片。

(13) 非绑定对象框:用于摆放一些非绑定的 OLE 对象,即其他应用程序对象。这些对象只属于表格的一部分,不与某一个表或查询中的数据相关联。

(14) 绑定对象框:用于绑定到"OLE 对象"型的字段上,在窗体或报表上显示一系列图片等。所绑定的对象不但属于表格的一部分,也与某一表格或查询中的数据相关联。

(15) 分页符:用于定义多页数据表格的分页位置。

(16) 多页控件:用于创建多页窗体或多页控件。可以在多页控件上添加其他控件。

【注】 有些控件上能够容纳其他控件,可称为容器控件。

(17) 子窗体/子报表:用于在窗体(或报表)中添加"子窗体/子报表",即将其他数据表格放置到当前数据表格上,从而可在一个窗体或报表中显示多个表格。

(18) 直线:直线控件。常用于绘制分隔线,将一个窗体或数据访问页分成不同部分。

(19) 矩形:可在表格上绘制方框或填满颜色的方块。常用于绘制分隔区域,即在窗体、报表或数据访问页上分组其他控件。

(20) 其他控件:单击该按钮,Access 显示所有已加载的控件。

除了这些 Access 内置的控件之外,还可以使用在系统中注册的其他控件。单击"其他控件"按钮时,将显示所有在系统中注册的 Active X 控件的列表,在列表中选择某一类控件后,就可在窗体中使用了。

6.2.5 使用设计视图创建窗体

在设计视图中创建窗体主要包括以下步骤：

（1）创建一个空白窗体。

（2）为窗体设定数据源。

（3）给窗体上添加用于数据维护的绑定型控件。

（4）设定窗体和控件的属性。

例 6-4 在罗斯文数据库的"产品"表的基础上，采用表中的几个字段，创建一个简单的窗体。

1. 进入窗体设计视图

下面两种方式都可以进入窗体设计视图：

（1）选择窗体对象列表中的快捷方式"使用设计器创建窗体"。

（2）单击数据库窗口工具栏的"新建"按钮，弹出"新建窗体"对话框。在列表中选择"设计视图"，并单击"确定"按钮。

图 6-18 即为新窗体（包含一个空白窗体）的设计视图。

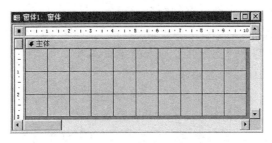

图 6-18　新窗体的设计视图

2. 为窗体设定记录源

如果在"新建窗体"对话框的"选择该对象数据来源表或查询"组合框中选中了一个表或查询，则在打开窗体设计视图的同时也将设定窗体的记录源。否则，可按以下方式手动为窗体设定记录源。

（1）如果还未打开属性窗口，则打开它。

（2）使用以下几种方法之一选中窗体设计视图中的窗体对象。

① 单击窗体设计视图的深灰色区域。

② 单击窗体设计视图左上角的"窗体选择器"（小方块）。

③ 在"格式（窗体/报表）"工具栏的"对象"组合框中选"窗体"。

选中窗体对象后，在属性窗口中将显示窗体对象的所有属性，且在属性窗口的标题栏中将显示"窗体"，以表示当前选中的对象是窗体。

（3）选择属性窗口的"数据"页，显示和数据有关的属性；在"记录来源"组合框中选中表名或查询名。本例中选"产品"。

这样,就通过手动方式为窗体设定了数据源。

也可以单击 ·· 按钮调出查询设计器,对选中的表或查询的设计进行编辑,或创建新的查询中的所有字段。如果"字段列表"窗口还未打开,则应打开它。

3. 在窗体上添加数据绑定控件

在窗体设计过程中,核心操作是对控件的操作,包括添加、删除、修改等。在窗体中可以使用 3 类控件。

- 非绑定型控件:是包含一个标志或文本框的控件。通常,可以使用这种控件来识别窗体中的其他控件或者区域,也可以在其中创建计算。

删除控件时,选中该控件(控件周围有 8 个小黑方块),然后按 Del 键即可。

- 绑定型控件:源于窗体数据源(表或查询)的某个数据字段,通过这种控件建立与数据的关联。在这种控件中不能创建计算。
- 计算型控件:指窗体中任何已计算的值,包括总和、部分和、平均值等。

在窗体上添加控件的方法如下:

(1) 添加非绑定型控件。单击工具箱上某个控件,再在窗体上单击,则该控件放置在以鼠标单击点为左上角的区域上。如果"控件向导"已被激活,即"控件向导"按钮为按下状态,则向导会引导用户完成创建控件的全过程。

(2) 添加绑定型控件。单击"窗体设计"工具栏上的"字段列表"按钮,选择列表中的某个字段,然后按住左键拖放到窗体上合适的位置即可。

也可利用工具箱添加绑定型控件。

【注】 由于每个文本框控件都需要一个标签控件作为标题,故在窗体上摆放文本框时,Access 将会自动添加一个和该文本框相关联的标签。

(3) 创建计算型控件。如果控件是文本框,则可直接在控件中输入计算表达式。对于各类控件(包括文本框)都可直接使用表达式生成器来创建,操作步骤如下:

① 打开窗体工作区(按前面介绍的步骤)。

② 单击"窗体设计"工具栏的"生成器"按钮,从"选择生成器"对话框中选择"表达式生成器",并单击"确定"按钮,弹出"表达式生成器"对话框。

③ 单击 = 按钮,再单击使用计算的相应按钮。

【注】 在计算控件中,每个表达式前必须加上等号运算符。

④ 双击在计算控件中需要使用的字段。

⑤ 输入表达式中其他数值,然后单击"确定"按钮,即可完成计算控件的创建。

按上述添加控件的方法,本例中将"产品ID"、"产品名称"、"单价"3 个字段的绑定控件(文本框加标签)拖放到窗体上,创建一个简单的窗体,如图 6-19 所示。

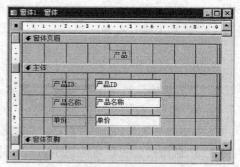

图 6-19　在设计视图中设计窗体

4. 查看窗体的工作情况

如果要观察窗体的实际工作情况，则应从"窗体设计"视图切换到"窗体视图"。刚才创建的窗体在"窗体视图"中的效果如图 6-20 所示。

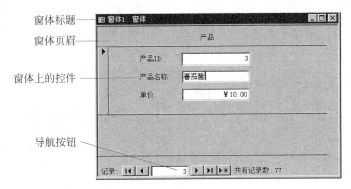

图 6-20 窗体视图中显示的新窗体

5. 保存窗体

设计好窗体之后，就应该把它保存起来以备日后使用。保存的方法是：
(1) 单击"窗体设计"工具栏的"保存"按钮，弹出"另存为"对话框。
(2) 在其中的文本框中输入窗体名称，并单击"确定"按钮。

6.3 主/子窗体

子窗体是嵌入在另一个窗体(称为主窗体)中的窗体，它是 Access 中最常用的数据显示手段。主窗体中包含一个对象有关的一般信息(如一个订单、一个患者名)。一级或多级的相关细节(如订单行项目或患者的访问情况)则在主窗体的一个或多个子窗体中显示。应该至少有一个公共字段将主窗体的记录源与各子窗体连接起来。公共字段使子窗体能够只显示与主窗体中当前记录相匹配的那些记录。当用户在主窗体中移到一个新记录时，子窗体显示与主窗体中的新记录惟一相连的新记录集合。

6.3.1 快速创建主/子窗体

当显示具有一对多关系的表或查询中的数据时，子窗体特别有效。在这种具有主/子结构的窗体中，主窗体显示关系中"一"方的数据；子窗体显示关系中"多"方的数据。例如，可以创建一个带有子窗体的主窗体，用于显示"类别"表和"产品"表中的数据。"类别"表中的数据是一对多关系中的"一"方，"产品"表中的数据是关系中的"多"方，因为每一类别都可以有多个产品。

在这类窗体中,主窗体和子窗体彼此链接,所以子窗体只显示与主窗体中当前记录相关的记录。例如,当主窗体显示"饮料"类别时,子窗体将会只显示"饮料"类别的产品。

例 6-5 快速创建主/子窗体。

本例将首先在"类别"表内定义子表为"产品"表,其中,"类别"表将要作为主窗体的数据源,"产品"表将要作为子窗体的数据源;然后使用快速创建窗体的功能,创建一个主/子窗体。

1. 在表内定义子表

(1) 在数据库窗口中,切换到"表"对象页,并打开"类别"表。

(2) 选择"插入"菜单的"子数据表"选项,打开"插入子数据表"对话框,如图 6-21 所示。

(3) 切换到"表"页,在对话框中选择"产品",并单击"确定"按钮。

(4) 关闭"类别"表,在询问是否保存的对话框中单击"是"按钮。

图 6-21　选择子表

2. 创建主/子窗体

(1) 在数据库窗口的"表"对象页中,选定"类别"表。

(2) 选择"插入"菜单的"自动窗体"选项,创建如图 6-22 所示的主/子窗体。

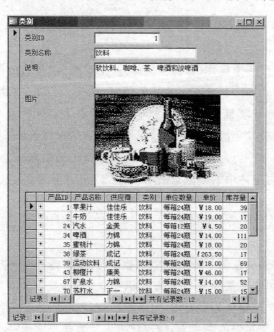

图 6-22　快速创建的主/子窗体

【注】 所有包含子表的表在使用快速创建窗体的功能后,都会自动显示为主/子窗体的形式,子表就是完成后的子窗体。

(3)查看该窗体后,关闭并保存它。

6.3.2 使用窗体向导创建链接式窗体

在从多个表或查询中选择字段并创建窗体时,"窗体向导"允许为存在关系的字段创建子数据表。子窗体是嵌套链接在另一个窗体上的窗体。如果一个表与其他表创建了联系,则可以利用这种联系创建子窗体,以实现同步编辑数据表中的数据。

子数据表有两种显示方式,一是作为窗体中的一个子窗体显示,二是作为一个单独的链接窗体。使用"窗体向导"也可以创建子数据表。

例6-6 利用窗体向导创建子数据表。

(1)打开"窗体向导"对话框。

(2)在"窗体向导"的第一步中,依次进行以下选择:

① 在"表/查询"组合框中选择"产品"表,并将"产品名称"字段从"可用字段"列表移到"选定的字段"列表中。

② 在"表/查询"组合框中选择"订单"表,并将"货主名称"字段从"可用字段"列表移到"选定的字段"列表中。

③ 在"表/查询"组合框中选择"客户"表,并将"公司名称"字段从"可用字段"列表移到"选定的字段"列表中。

选择之后的"窗体向导"对话框如图6-23所示。

(3)在"窗体向导"的第二步中,要求选择查看数据的方式。说明如下:

① 由于前一步是从多个表中选择了字段,因此不再显示选择窗体布局的画面,而是用来选择查看数据方式的画面。

② 由于所选的3个表之间都有直接或间接的关联,故在选择了按"产品"(或其他字段)查看数据之后,将出现子数据表。有时候,选择某些字段将不出现子数据表,而是生成单一窗体,而且"窗体向导"的下一步将是选择窗体布局的画面。

③ 生成子窗体有两种方式,即"带子窗体的窗体"和"链接窗体"。

在本例中,选择"按产品名称"查看数据,并选中"链接窗体"单选项,如图6-24所示。

图6-23 从多个表中选择字段

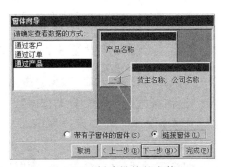

图6-24 创建链接的窗体

（4）在"窗体向导"第三步，选择一种窗体样式。

（5）在"窗体向导"最后一步，输入"产品主窗体"作为第一个窗体的名称，输入"订单链接窗体"作为链接窗体的名称。

（6）单击"完成"按钮，则创建如图6-25所示的"产品主窗体"和"订单链接窗体"。

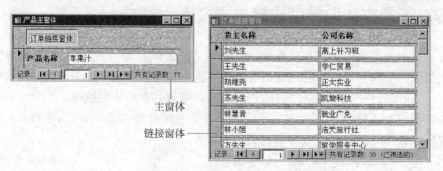

图6-25　主窗体与链接窗体

6.3.3　使用窗体创建主/子窗体

在前面快速创建的主/子窗体中，子窗体的来源为表。本节将设计一个来源为窗体的主/子窗体，不同的来源是有差别的，如果以表作为子窗体来源，会为进一步设计带来不便，而以窗体作为子窗体来源，则可以克服这个缺点。

例6-7　利用窗体向导创建子数据表。

本例将首先创建以"订单明细"表作为数据源的窗体；然后创建以"订单"作为数据源的"产品"表；再将前一个窗体设置为后一个窗体的子窗体。

1. 制作子窗体

（1）在数据库窗口中，切换到"表"对象页，并选择"订单明细"表。

（2）选择"插入"菜单的"自动窗体"选项，创建一个新窗体。

（3）切换到新窗体的"设计视图"，选择"视图"菜单的"属性"选项，打开"属性"对话框。

（4）切换到对话框的"格式"页，在"默认视图"行中，设置默认视图为"数据表"。

（5）将该窗体以"订单明细"为名保存，并关闭"订单明细"窗体。

2. 创建主窗体，并设置主/子窗体

（1）在数据库窗口的"表"对象页中，选定"产品"表。

（2）选择"插入"菜单的"自动窗体"选项，创建一个新窗体。

（3）切换到新窗体的"设计视图"，选择"视图"菜单的"属性"选项，打开"属性"对话框。

（4）切换到对话框的"数据"页，在"源对象"行中，设置源对象为刚才设计的"订单明

细"窗体。

  (5) 将该窗体以"产品"为名保存,这时"产品"窗体的设计视图如图 6-26(a)所示。

  (6) 切换到窗体视图,这时"产品"窗体如图 6-26(b)所示。

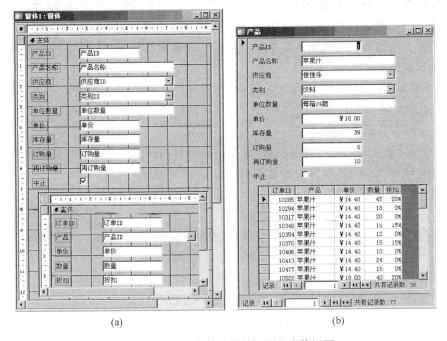

(a)   (b)

图 6-26 主/子窗体的设计视图及窗体视图

  应该注意的是:以某个窗体作为子窗体时,该窗体的"默认视图"要改为"表",打开后的主/子窗体才能显示为如图 6-26(b)所示的窗体,否则,子窗体将显示为纵栏表,也就是一次只显示一条记录。

6.4 窗体设计技巧

  在创建窗体之后,往往还要进一步修饰窗体,使其既实用又美观。有时候可能还要扩充窗体的功能,使其适应特殊的应用。另外,设计窗体的目的是为了使用窗体,因此,窗体的修改、复杂窗体的设计以及窗体的使用都是应该掌握的技能。

6.4.1 窗体的修饰

  无论采用哪一种方式创建窗体,都很难一步达到设计要求,另外,窗体设计好了之后,还要根据窗体所操纵的数据库或者其他情况的变化而及时加以调整。因此,应该掌握一些常用的窗体修改和调整的技巧,以备不时之需。

1. 调整控件的位置和大小

如果控件未被选中,则可用鼠标拖动;如果已选中,则将鼠标移到控件边框位置,变为手形时即可拖动。也可用键盘移动控件。方法是:用 Tab 键选中控件,按住 Ctrl 键,再用方向键上下左右任意移动。还可以采用以下几种方法调整控件的相对位置。

【注】 文本框和相关联的标签会同时移动。若要单独移动,则应先选中它,再拖动其左上角较大的小方块。

1) 使用网格对齐控件

(1) 在设计视图中打开窗体。

(2) 选择需要调整的控件。

(3) 选择"格式"菜单的"对齐网格"命令。如果打开的窗体中没有网格,则可选择"视图"菜单的"网格"命令,在窗体中添加网格。

2) 控件之间相互对齐

(1) 选择位于同一行同一列中的控件。

(2) 选择"格式"菜单的"对齐"命令项,再选择子菜单中的"靠左"、"靠上"等命令。

3) 设置控件间隔

(1) 选择 3 个以上需要调整的控件。

(2) 选择"格式"菜单的"相同"、"增加"或"减少"命令。

用键盘也可移动控件。方法是:用 Tab 键选中控件,按住 Shift 键,再用方向键上下左右任意移动。

4) 改变控件的大小

选中控件,然后用鼠标拖动控件周围的某个小黑方块。但左上角的小方块只能移动控件而不能在该方向上改变大小。

2. 控件的属性设置

除了可以对控件进行移动、添加、删除等操作外,还可通过属性窗口来设置控件的属性以及工作区的属性,如控件或工作区的格式、数据、事件等。以下两种方法都可用于调出属性窗口:

(1) 先选中控件(鼠标单击或用 Tab 键),再单击窗体设计工具栏的"属性"按钮。

(2) 右键单击控件,选择快捷菜单的"属性"命令。

当打开一个"属性"对话框时,如果它显示的是控件或节的属性,就可以切换到窗体属性的显示中,只要单击窗体选择器(窗体左上角的小方块)即可。

【注】 实际上,控件的大小、位置、外观等也是控件的属性,只不过它们可以直观地设置罢了。

3. 控件中文本和特殊效果的设置

可使用"格式(窗体/报表)"工具栏完成对控件中文本的字体、颜色、对齐方式和控件特殊效果的设置。在这个工具栏上有"对象"(选择要设置效果的对象)、"字号"、"字体"、

"居中"、"特殊效果"等各种按钮。

例如,设置控件的颜色的步骤如下:

(1) 选中要更改颜色的控件。

(2) 单击"字体/前景色"按钮右侧的箭头,弹出调色板。

(3) 在调色板上选择颜色。

4. 用预定义格式设置窗体或控件的格式

可利用 Access 预定义的格式来设置窗体、窗体的一部分或窗体中控件的格式。操作方法如下所述。

1) 选定要设置格式的对象

(1) 如果要设置整个窗体的格式,则单击相应的窗体选定器。

(2) 如果要设置某个节的格式,则单击相应的节选定器(节左上角的小方块)。

(3) 如果要设置一个或多个控件的格式,则选定相应的控件。

2) 调用"自动套用格式"功能

(1) 单击工具栏上"自动套用格式"按钮,或选"格式"菜单"自动套用格式"命令,弹出"自动套用格式"对话框,如图 6-27 所示。

图 6-27 "自动套用格式"对话框

(2) 在列表中单击某种格式。

(3) 如果要指定所需的属性(字体、颜色或边框),则单击"选项"按钮,然后在下部的复选框中进行选择。

6.4.2 按窗体筛选记录

如果要对窗体中的记录进行定位和筛选,可以使用两种方法:一是利用 Access 提供的筛选功能,二是创建一个用来定位记录的组合框。

例 6-8 在窗体上添加按窗体筛选功能。

1. 准备要设置筛选功能的窗体

打开罗斯文数据库,在"类别"表的基础上,使用自动窗体功能生成名为"类别窗体"的窗体,并打开该窗体,如图 6-28 所示。

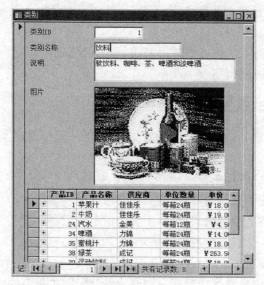

图 6-28 "类别"窗体

2. 设置筛选功能

单击"窗体视图"工具栏上的"按窗体筛选"按钮。

此外,"类别窗体"中的所有字段都将清空,而且所有文本框都变为组合框。组合框中包含了相应字段中的所有数据。可在组合框中选择需要的数据,并以此作为条件进行记录的定位和筛选。

本例中,在"类别名称"组合框中选"肉/家禽",即表示要定位到"类别名称"字段的值为"肉/家禽"的那条记录上。

这里有两点要注意:

(1)"类别窗体"是纵栏表型,即一个画面只显示一条记录,故这种操作相当于记录的定位。如果切换到窗体的数据表视图或使用表格式窗体,则成为记录的筛选。

(2) 在一个筛选画面中设定多个条件时,这些条件是"与"的关系,即同时满足这些条件的记录才筛选出来。如果需要"或"的关系,则应单击"或"按钮(在窗体下面)。

3. 使用筛选功能

设定了筛选条件后,单击"筛选/排序"工具栏的"应用筛选"按钮,即可按设定的条件筛选记录。记录定位后的结果如图 6-29 所示。

4. 删除筛选条件

在设定筛选条件时,可通过"筛选/排序"工具栏的"删除记录"按钮来清除当前选定的内容。单击"筛选/排序"工具栏的"关闭"按钮可关闭"按窗体筛选"画面,回到窗体视图。窗体中的记录经过筛选后,"窗体视图"工具栏的"应用筛选/取消筛选"按钮将处于被按下

图 6-29 定位记录的"类别"窗体

的状态。单击该按钮,可删除过滤条件。

6.4.3 创建定位记录的组合框

如果在窗体上创建一个具有定位记录功能的组合框,也可以达到对窗体上的记录进行定位的目的。

例 6-9 在窗体上添加定位记录的组合框。

1. 打开要添加组合框的窗体

打开罗斯文数据库,并在数据库窗口中打开上一个例子中创建的"类别"窗体。

2. 创建定位记录的组合框

(1)右键单击窗体主体,选择弹出菜单的"窗体页眉/页脚"命令,显示窗体的页眉和页脚。因窗体的页眉和页脚不随窗体主体滚动,故常在页眉、页脚上放置与单个记录无关的控件,即非绑定型控件。因为这里不用页眉,故拖动其边界,将其隐藏。

(2)打开"工具箱"窗口,确定其上的"控件向导"为按下状态。

(3)单击"组合框"控件图标,再单击窗体页脚部分,弹出"组合框向导"对话框。

(4)在组合框向导第一步中,选择组合框类型。此处选"在基于组合框中选定的值而创建的窗体上查找记录"。

(5)在组合框向导第二步中,要求选定字段。此处将"可用字段"中的"类别名称"字段添加到"选定字段"中。

(6)在组合框向导第三步中,要调整列表宽度,此处保持原有宽度。

(7)在组合框向导最后一步中,要输入组合框的标题。此处输入"请选择类别:"作为标题,并单击"完成"按钮。设计完成的窗体如图 6-30(a)所示。运行后的窗体如图 6-30(b)所示。

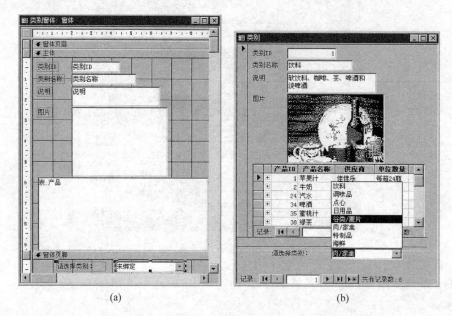

(a)   (b)

图 6-30　添加了定位记录组合框的窗体的设计视图与窗体视图

6.4.4　创建命令按钮

通过命令按钮可以执行常用的命令和操作。为了执行这些命令和操作,通常要对命令按钮控件编写事件代码。在 Access 中,提供了"命令按钮向导"。对于常用的命令和操作,该向导可自动生成相应的代码。

使用"命令按钮向导"可以创建许多种不同类型的命令按钮。例如,可以创建一个命令按钮来查找记录、打印记录或应用窗体筛选。在 Access 中使用向导创建命令按钮时,将创建相应的事件过程并将其附加到该按钮上。可以打开此事件过程查看它如何运行,并根据需要进行修改。

例 6-10　在"类别"窗体上创建命令按钮。

1. 打开窗体并添加命令按钮

(1)打开罗斯文数据库,并在数据库窗口中打开上一个例子中创建的"类别"窗体。

(2)打开工具箱窗口,确定工具箱中的"控件向导"按钮已按下。

(3)在工具箱中,单击"命令按钮"按钮。在窗体上,单击要放置命令按钮的位置。此时,弹出"命令按钮向导"对话框。

2. 使用命令按钮向导

（1）在命令按钮向导的第一步中，列出了 Access 各种常用的命令和操作，如图 6-31 所示。当选中某项操作或命令时，在"示例"按钮上会出现相应的图标以显示操作的内容。

对于这些常用的操作和命令，"命令按钮向导"都会生成相应的程序代码，从而简化创建命令按钮的工作。

本例中在"类别"列表框中选择"窗体操作"，然后在"操作"列表框中选择"打开窗体"。

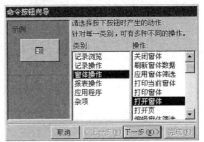

图 6-31　选择要执行的命令

（2）在命令按钮向导的第二步中，要选择打开的窗体。此处选"学生调整表窗体"。

（3）在命令按钮向导的第三步中，要选择窗体打开的方式。即是要用来显示记录，还是要用来查找记录。此处选择"打开窗体并显示所有记录"。

（4）在命令按钮向导的第四步中，要选择在命令按钮上是显示文字还是图片。如果选中"文本"，则后面需要在文本框中输入要显示的内容。如果选中"图片"，则后面需要在 Access 内置的图片中选择一幅图片，或选择打开一个图片文件。此处选择"文本"。

（5）在命令按钮向导的最后一步中，要为命令按钮设置一个有意义的名称。此处输入"打开窗体"作为该命令按钮的名称，并单击"完成"按钮。

至此，命令按钮向导将按照上面提供的信息创建一个用来打开"产品调整表窗体"的命令按钮。图 6-32 是添加了命令按钮的窗体。如果单击该按钮，则会打开"产品调整表窗体"，而且还会为该命令按钮自动添加相应的事件代码，从而实现通过单击该按钮打开"产品调整表窗体"的功能。下面是命令按钮向导自动生成的事件代码。

```
Private Sub 打开窗体_Click()
    On Error GoTo Err_打开窗体_Click
    Dim stDocName As String
    Dim stLinkCriteria As String
    stDocName = "产品调整表窗体"
    DoCmd. OpenForm stDocName, , , stLinkCriteria
    Exit_打开窗体_Click：
        Exit Sub
    Err_打开窗体_Click：
        MsgBox Err. Description
        Resume Exit_打开窗体_Click
End Sub
```

这段代码通过 DoCmd 对象执行 OpenForm 宏，从而实现通过单击该按钮打开"产品调整表窗体"的功能。

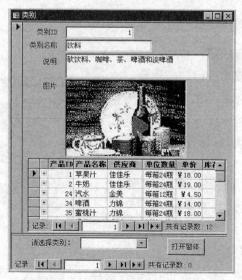

图 6-32　添加了命令按钮的窗体

习　题

1. 简述窗体的主要功能。

2. 窗体按照功能可分为哪几类？

3. 什么是控件？控件可分为哪几类？

4. 与自动窗体比较，窗体向导有什么特点？

5. 创建基于"教学管理"数据库的"学生"表的纵栏式、表格式和数据表式自动窗体。

6. 窗体有几种视图？各有什么作用？

7. 窗体设计视图的工作区分为几节？默认显示哪几节？如何显示其他节？

8. 属性窗口有什么作用？如何显示属性窗口？

9. 如何为窗体设定数据源？

10. 如何给窗体上添加数据绑定控件？如何设置控件和字段的绑定？

11. 举例说明如何创建计算型控件。

12. 使用窗体设计视图，创建一个基于"教学管理"数据库中"学生"表的、名称为"学生窗体"的窗体。

13. 子窗体与链接窗体有什么区别？

14. 利用窗体向导创建基于"教学管理"数据库的"学生主窗体"和"成绩链接窗体"。

15. 利用窗体向导创建基于"成绩管理"数据库的"课程主窗体"和"成绩子窗体"。

16. 举例说明设置窗体背景色的几种方法。

17. 在"学生窗体"上创建一个用于定位记录的组合框。

18. 在"学生窗体"上创建一个用于启动"成绩"窗体的按钮。

第 7 章 VBA 程序设计

VBA(Visual Basic for Application)是 Microsoft Office 软件包内置的、由 Access 与其他软件共享的一种程序设计语言,其语法与独立运行的 Visual Basic 语言兼容,用户界面也大同小异。在 Access 中,当某个特定的任务不能用其他 Access 对象实现或实现起来较为困难时,可以利用 VBA 语言编写代码,完成这些特殊的、复杂的操作。

7.1 程序设计的概念

程序设计的目的是将人的意图用计算机能够识别并执行的一连串语句表现出来,并命令计算机执行这些语句。因此,在进行程序设计之前,首先要了解所使用的程序设计语言的语法,以及编辑和运行程序的用户界面的使用方法。

VBA 程序代码较为简单,其中很多名词都与用户操作计算机甚至日常生活中看到的相似,例如,在程序中用"Me"表示当前正在运行该程序的窗体或报表,用"Recordset"表示正在操作的查询中的记录集等。编辑和运行 VBA 程序的 VB 编辑器(Visual Basic Editor,VBE)也易于学习、便于使用。

例 7-1 编写程序:按照窗体上两个文本框的内容求值,显示在第三个文本框中。

假设窗体上放置了有关学生成绩的 3 个文本框:"考试成绩"、"平时成绩"和"总评成绩",其中前两个以"学生成绩"表中的"考试成绩"和"平时成绩"作为记录源,后一个是准备存放计算结果的。要求使用 VBA 编写程序,根据前两个文本框内容计算"总评成绩",填入后一个文本框中,如图 7-1 所示。图中"计算总评成绩"按钮是为了执行按钮的单击事件过程而添加上去的。

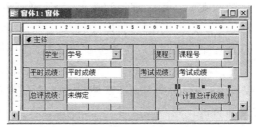

图 7-1 准备为之编写程序的窗体

7.1.1　知识准备

在着手程序设计之前,除了需要搞清楚要用程序来处理的问题之外,还需要了解一些程序设计的基本常识,就 VBA 程序设计而言,大致需要了解以下几方面的内容。

1. VBA 基本语法

基本语法是 Visual Basic 所有版本、包括 VBA 的相同的部分,了解基本语法就可以读懂各种版本、各种环境中的 Visual Basic 程序。基本语法各个方面的信息都可以在 Access 帮助系统中查找得到。

(1) 常用语句:VBA 提供了赋值语句、条件语句、循环语句、输入输出语句等多种语句,可以完成任何程序设计任务(称为"计算完备的")。常见的语句,如 If...Then、Do...Loop 等,都是由几个不同关键字组合而成的。大多为英文单词,大体上可以顾名思义。

(2) 语句的基本成分:语句是由常量、变量、函数和表达式构成,并由几个关键字组合而成的,它们都属于某种数据类型(整型、字符串等)。

(3) 程序的控制结构:VBA 程序由一个或多个"模块"组成;每个模块中包含一个或多个"过程",其中最常见的是与特定"事件"联系在一起的"事件过程";每个过程中包含一连串语句,这些语句共同完成过程所承担的任务。

2. 对象的概念

对象是 VB 或 VBA 编程中最重要的概念。就 VBA 来说,它是 Word、Excel、PowerPoint 以及 Access 共享的程序设计工具,不同软件中的使用方法(基本语法)是相同的,但所处理的对象不同。例如,在 Excel VBA 中,处理的对象是 .XLS 文件的各种内容,如 Workbook(工作簿)、Worksheet(工作表)、Range(单元格)等;在 Word VBA 中,处理的对象是 Document(文档)、Paragraph(段落)等;在 Access VBA 中,处理的对象是 Forms(窗体)、Reports(报表)以及它们所包容的各种控件等。

3. 程序的运行方式

在 Access 中,VBA 程序设计的目的主要是操纵程序中的各种对象,包括表、查询、窗体、报表、数据访问页,以及窗体、报表或页上的控件。程序代码通常组织在一个或多个"过程"之中,将过程与某个对象的"事件"相联系,并在事件发生时启动过程执行,从而完成过程中的语句所体现出来的功能。这个过程称为相应事件的"事件过程"。

例如,假定窗体上放了一个按钮,单击按钮即可打开一个表,则可编写一个"按钮的单击事件过程",其中包含打开指定表的语句,显示提示信息的语句,打开操作失误后进行相应处理的语句等。

Access 中的控件(或其他对象)种类繁多,每种控件的事件的种类和个数都有差异,每个事件也都有特定的启动时机。用户应该首先了解编程时要用到的控件及其事件的功能,然后使用它们构造程序。

7.1.2 程序设计的一般方法

在设计好窗体(或报表、数据访问页)之后,就可以编写程序了,大多数情况下,要编写的是窗体或窗体上某个控件的某个事件的"事件过程"。编写程序的一般步骤如下所述。

1. 选择事件并打开 VBE

(1) 在窗体设计视图中,右键单击"计算总评成绩"按钮,打开相应的属性窗口。
(2) 切换到属性窗口的"事件"页,选定"单击"事件行,显示▼和⋯两个按钮。
(3) 单击▼按钮,并在下拉列表中选择"事件过程"项。
(4) 单击⋯按钮,打开 VBE。

2. 输入 VBA 代码

打开 VBE 后,光标自动停留在所选定的事件过程框架内,在其中输入 VBA 代码,并单击"保存"按钮。这时,VBE 如图 7-2 所示。其中输入了以下 VBA 代码

```
Private Sub 计算总评成绩_Click()
    总评成绩 = [平时成绩] * 0.3 + [考试成绩] * 0.7
End Sub
```

图 7-2　VBE 窗口

在这一段代码中,第一行和最后一行是自动显示出来的事件过程框架,其中"计算总评成绩_Click"为事件过程名;第二行是完成主要任务的语句,它将"平时成绩"和"考试成绩"两个字段的值代入指定公式,计算"总评成绩",并将其填入"总评成绩"文本框。

输入了所有代码之后,选择"文件"菜单的"保存"命令,或单击"保存"按钮,保存程序,

然后关闭 VBE。

3. 运行程序

切换到窗体的"窗体视图",单击"计算总评成绩"按钮,则与该事件(按钮的单击事件)
联系在一起的"计算总评成绩_Click"过程开始
运行,运行后的结果如图 7-3 所示。

4. 修改程序

本程序尽管能够运行,但存在考虑不周的
地方。主要有以下两点:

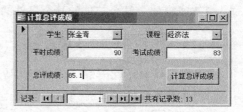

图 7-3 事件过程运行后的窗口

(1) 单击"计算总评成绩"按钮执行事件过
程,只能根据"平时成绩"和"考试成绩"两个字段的当前值计算并显示"总评成绩",在切换
到另一个记录之后,还要再单击按钮求出新值。为了能够在两个文本框内容变化之后立
即自动计算新值,可将这个事件过程与"成为当前"(Current)事件联系在一起,这个事件
发生在更改记录,即单击了窗口下边某个切换记录按钮之后。

(2) "总评成绩"只有在"平时成绩"和"考试成绩"都不空的情况下才能计算,为了防
止在其中一个或两个为空的情况下盲目地计算"总评成绩",可以使用 IsNull 函数来判断
这两个值是否有空值。

为了解决这两个问题,编写如下的"Form_Current"事件过程。

```
Private Sub Form_Current()
    Rem 按平时成绩和考试成绩计算总评成绩
    If IsNull(Me! [平时成绩]) Or IsNull(Me! [考试成绩]) Then      ' 判断是否有空值
        MsgBox("无法计算总评成绩!")                              ' 有则显示提示信息
    Else
        总评成绩 = [平时成绩] * 0.3 + [考试成绩] * 0.7            ' 否则计算总评成绩
    End If
End Sub
```

这段程序代码各部分的作用如下:

- 第一行和最后一行是自动显示出来的事件过程框架,其中"Form_Current"是事件
  过程名。
- 第三行到第五行是完成主要任务的语句,称为"条件语句",它首先判断"平时成
  绩"和"考试成绩"两个字段的当前值,如果有空值,则执行第四行的语句,显示一
  个包含提示信息的"消息框";如果两个字段都不是空值,则执行第六行的语句,根
  据两个字段的值计算总评成绩。

在条件语句使用的 IsNull 函数中,包含了 Me 关键字,这是 VBA 隐含声明的变量,
在这里表示执行这个事件过程的窗体。

- 符号"'"之后直到一行末尾的内容为注解,是为了阅读程序而加上去的,不影响程
  序的执行。"Rem"引出的一行也是注解,早期的 BASIC 语言中已有了这种注解。

7.1.3　对象及对象的集合

Access 是一种面向对象的开发环境,它的数据库窗口非常便于用户访问表、查询、窗体、报表、模块和宏等对象。在 VBA 中,可以使用这种对象以及范围广泛的一组可编程结构,如"记录集"、"表定义"对象等。

一个对象就是一个实体,如一个人、一辆汽车、一部电话等。每种对象都有各种各样的属性。例如,可用汽车的颜色、车门的形状和发动机的型号等属性来把一辆车和其他车区分开来。也就是说,属性可以定义一般对象的一个实例。例如,一辆红色的汽车和一辆黑色的汽车分别定义了汽车对象的两个不同实例。

对象的属性按它们所归属的对象类的不同而不同。例如,汽车有发动机的型号等属性,电话有话筒形状等属性,它们的属性集合是互不相同的。当然,它们也都有诸如颜色这样的相同属性。

某些对象可能会包含其他对象,这时,前者就是一种容器。被包含的对象也可以有自己的属性。例如,汽车上的发动机也有大小、构造等属性。属性也可以定义被包含的对象类的不同实例。例如,汽油发动机与柴油发动机的属性集就不相同。

对象除了有属性外,还有自己的方法。对象的方法就是对象所能执行的行为,如汽车能开行,电话能通话等。许多对象有多种方法,如汽车还可以用来压实路面等。

Access 用户操纵的不是汽车、发动机这样的物理对象,而是窗体、表和查询等表示对象及其行为的程序设计结构。在 Access 数据库窗口中,将可供选择的对象排列在一起,形成不同的对象类,可使用窗口左侧对象栏上的按钮在不同对象类之间切换。单击对象栏上的"窗体"按钮,切换到窗体对象页,可以看到当前数据库中的所有窗体。实际上,窗体对象还可以包含控件对象。控件也是按定义对象的一般方法定义的,具有自己的外观和行为。

数据库窗口中显示的所有同类对象(如所有窗体)构成了一个对象的集合。典型 Access 应用系统是由窗体、表、查询和其他对象构成的集合。集合也像对象一样,有一个 Count 属性,其含义为集合中所包含的实例的个数。集合还有一个 Item 属性,用于返回集合中的一个单独对象(例如,AllForms 集合中的一个单独窗体)。因为集合的成员是单个对象,所以它们没有 Count 属性。

7.1.4　对象的属性和方法

属性和方法描述了对象的性质和行为。引用属性和方法的一般形式为

　　对象.属性

或

　　对象.方法

"对象"既可指单一的对象,也可指对象的集合。例如,txtInput1.backColor 表示窗体上的一个文本框的背景颜色属性。AllForms.Items(0)表示窗体集合中的第一个窗体。如果窗体名为 frmSample1,也可以用 AllForms.Item("frmSample")引用这个窗体。

如果要了解某个对象的属性,可以先在设计视图中选中这个对象,再单击工具栏上的"属性"按钮,或右键单击对象并选择快捷菜单的"属性"项,打开"属性窗口",然后在其中查看(或修改)对象的属性。

学习 Access 程序设计最好从学习常用对象的方法入手。

例 7-2 DoCmd 对象的方法及其在程序设计中的应用。

DoCmd 对象是许多方法的源,可以通过 DoCmd 对象的各种方法在 VBA 中执行 Access 的各种操作(关闭窗口、打开窗体、设置控件值等)。例如,使用 DoCmd 的 OpenForm 方法打开 Orders 窗体的语句为

DoCmd. OpenForm ″Orders″

其中,字符串″″Orders″″为 OpenForm 方法所要求的参数。DoCmd 对象的大多数方法都有参数,有些参数是必需的,有些是可选的。如果忽略可选的参数,则这些参数将被设定为某个默认值。例如,OpenForm 方法有 7 个参数,但只有第一个参数 formname 是必需的。

又如,用于打开"雇员"窗体的语句为

DoCmd. OpenForm ″Employees″,,, ″[Title]= ′Sales Representative′″

在这个窗体中,只包含那些具有"销售代表"头衔的雇员。其中,OpenForm 是方法的名称,Employees 是窗体的名称,″[Title]= ′Sales Representative′″是一个参数,语句中省略了两个参数(位于 3 个逗号之间)。

除 OpenForm 方法之外,以下几种方法也是 DoCmd 对象常用的方法。

(1) SelectObject 方法:用于选择指定的数据库对象。例如,在"数据库"窗口中选择"客户"窗体的语句为

DoCmd. SelectObject acForm, ″Customers″, True

(2) Close 方法:用于关闭窗体。例如,关闭 Order Review 窗体,保存对窗体的更新,且不显示提示信息的语句为

DoCmd. Close acForm,″Order Review″,acSaveYes

(3) OpenQuery 方法:用于在"数据表"视图、"设计"视图或打印预览中打开选择查询或交叉表查询。该操作将运行一个操作查询。可以为查询选择数据输入方式。例如,在"表"视图中打开 Sales Totals Query 查询,且限定用户只能查看不能更改记录的语句为

DoCmd. OpenQuery ″Sales Totals Query″, , acReadOnly

(4) DeleteObject 方法:用于删除一个特定的数据库对象。例如,删除 Former Employees Table 表的语句为

DoCmd. DeleteObject acTable, ″Former Employees Table″

(5) FindRecord 方法:用于查找符合 FindRecord 参数指定条件的第一个数据实例。

该实例可能在当前记录中,也可能在前面或后面的记录中,还可能在第一个记录中。例如,查找第一个当前字段为 Smith 的记录的语句为

DoCmd. FindRecord "Smith",, True,, True

其中第一个参数 Smith 为要查找的字符串;省略的第二个参数的默认值为"整个字段"(在整个字段而不是字段开头或其他部分搜索);第三个参数 True 表示区分大小写;省略的第四个参数指定搜索范围,默认值为"全部";第五个参数指定是否搜索包含带格式的数据,默认值为"否"。

（6）PrintOut 方法:用于打印打开数据库中的活动对象,也可以打印表、报表、窗体和模块。例如,将活动窗体或表的前四页打印两份的语句为

DoCmd. PrintOut acPages, 1, 4,, 2

其中,参数 acPages,1,4 用于指定打印范围。

（7）GoToRecord 方法:用于使指定记录成为打开的表、窗体或查询结果数据集中的当前记录。例如,在"窗体"视图中打开 Employees 窗体的语句为

DoCmd. OpenForm "Employees", acNormal

其中,参数 acNormal 指定在什么视图中打开窗体。

7.1.5 事件及事件响应代码

事件是一种对象可以辨认的动作,如单击鼠标,按下某个键等。可以为某个事件编写一段 VBA 代码(事件过程),以便在事件发生时执行用户期望的动作。这样的代码称为事件响应代码。前面已举例说明了编写事件响应代码的一般步骤,为清楚起见,下面再举一个与数据库中的数据操纵无关的例子。

例 7-3 新建一个窗体,放置两个按钮和一个文本框控件。按钮的名称分别定义为"com 显示"、"com 清除",按钮的标题分别定义为"显示"、"清除",文本框的名称定义为"txt 你好"。文本框配套的标签的标题(Caption 属性的值)设置为"欢迎:"。创建的窗体如图 7-4(a)所示。

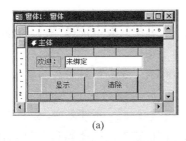
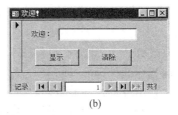

(a)　　　　　　　　　　(b)

图 7-4　创建的窗体和运行后的窗体

在窗体模块中输入以下代码。

```
Option Compare Database
Private Sub com 清除-Click()              '"com 清除"按钮的单击事件
    Me. txt 你好. SetFocus                '调用 SetFocus 方法,将焦点移到文本框
    Me. txt 你好. Text = " "             '设置文本框的 Text 属性为空,即清除上面的文字
End Sub                                 '结束过程
Private Sub com 显示-Click()             '"com 显示"按钮的单击事件
    Me. txt 你好. SetFocus                '调用 SetFocus 方法,将焦点移到文本框
    Me. txt 你好. Text = "您好! 欢迎您学习 VBA"    '文本框显示文字
End Sub                                 '结束过程
Private Sub Form-Load()                 '窗体加载事件
    Me. Caption = "欢迎!"                 '窗体标题(Caption 属性)设为"欢迎!"
End Sub                                 '结束过程
```

运行该窗体,将得到如图 7-4(b)所示的结果。窗体运行后,单击标题为"显示"的按钮,则在文本框中显示"您好! 欢迎您学习 VBA"字样,单击标题为"清除"的按钮,则清除文本框中的内容。

7.2 VBE 用户界面

在 Office 2000 以上的 Office 软件中,提供了与 Visual Basic 用户界面相似,且与 Word、Excel 和 PowerPoint 等其他 Office 软件的用户界面非常接近的用户界面 Visual Basic Editor(VBE),使得 VBA 程序设计非常方便。

7.2.1 进入 VBE 界面

一般说来,在 VBA 程序设计过程中,有 3 种方式可以进入 VBE 环境。

1. 编写事件响应代码

前面几个程序设计的例子中,都采用以下方式打开 VBE:
(1) 打开某个控件的属性窗口。
(2) 在窗口的事件页中选择一个事件。
(3) 在相应单元格(自动成为下拉列表框)的下拉列表中选择"事件过程"项。
(4) 单击 ... 按钮。
使用这种方式打开 VBE 后(见图 7-5),光标(插入点)停留在自动生成的事件处理框架中。随后添加相应的代码的即可。
如果在第三步中没有选择"事件过程"项,则当单击 ... 按钮之后,会弹出一个"选择生成器"对话框,选择其中的"代码生成器",并单击"确定"按钮,也可以打开 VBE。

2. 编写或查看模块

模块(将在下一章讲述)就是包含 VBA 代码的程序。Access 提供了两种基本模块:

图 7-5　VBE 窗口

类模块和标准模块。类模块又分为窗体类模块、报表类模块和自定义类模块 3 种,这种模块内的过程(见 7.5 节)一般可以被其他模块访问(定义过程时可以用 Private 语句限制它在模块内使用)。标准模块列表于数据库窗口的模块页中,其中的过程独立于数据库中的对象,其他对象要通过适当的方式(控件加上恰当的前缀)才能访问这些过程。

(1) 如果已有一个标准模块,则切换到数据库窗口的“模块”页,然后双击要查看的模块,即可打开 VBE,查看和编辑模块的内容。

(2) 如果要创建新的标准模块,则切换到数据库窗口“模块”页后,单击数据库窗口工具栏上的“新建”按钮,即可打开 VBE,在其中创建一个空白模块。

(3) 如果要查看窗体(或报表)配套的模块,应在设计视图中打开对象。单击设计工具栏上的“代码”按钮,即可在 VBE 窗口打开该模块,并显示模块开始部分。

3. 使用 Office 软件的通用方法进入 VBE

(1) 在数据库窗口中,选择“工具”菜单“宏”子菜单的“Visual Basic 编辑器”命令。

(2) 使用快捷键 Alt+F11,在数据库窗口和 VBE 之间来回切换。

在 VBE 中也可以打开工程和属性窗口,从而打开和查看应用程序中的其他模块。方法是:选择“视图”菜单的相应命令或使用适当的快捷方式。

7.2.2　VBE 窗口

VBE 窗口由主窗口、工程窗口、属性窗口和代码窗口等组成。其中,主窗口包括标准工具栏、编辑工具栏等。

1．标准工具栏

标准工具栏包括编辑程序代码时常用的命令按钮。几个比较重要的按钮的功能如图 7-6 所示。

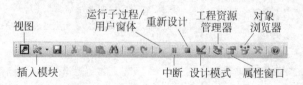

图 7-6　VBE 窗口的标准工具栏

（1）视图：切换到 Access 窗口。

（2）插入模块：单击该按钮右侧的下拉箭头，展开的列表中包含了"模块"、"类模块"和"过程"3 个选项，选择其中一项即可插入新模块。

（3）运行子过程/用户窗体：运行模块中的程序。

（4）中断：中断正在运行的程序。

（5）重新设计：结束正在运行的程序。

（6）设计模式：在设计模式和非设计模式之间切换。

（7）工程资源管理器：打开工程资源管理器。

（8）属性窗口：打开属性窗口。

（9）对象浏览器：打开对象浏览器。

2．工程窗口

工程窗口也叫做工程资源管理器，其中的列表框列出了在应用程序中用到的模块文件。单击"查看代码"按钮可显示相应的代码窗口，单击"查看对象"按钮可显示相应的对象窗口，单击"切换文件夹"按钮可隐藏或显示对象文件夹。

3．属性窗口

属性窗口列出了所选对象的各种属性，可"按字母序"和"按分类序"查看属性。可以编辑这些对象的属性，这通常比在设计窗口中编辑对象的属性要方便和灵活。

为了在属性窗口显示 Access 类对象，应先在设计视图中打开对象。双击工程窗口上的一个模块或类，代码窗口就会显示相应的指令和声明，但只有类对象在设计视图中也打开时，对象才能显示出来。

4．代码窗口

在代码窗口中可以输入和编辑 VBA 代码。可以打开多个代码窗口查看各个模块的代码，而且可以方便地在代码窗口之间进行复制和粘贴。

7.2.3　代码窗口的使用

VBA 编辑器的代码窗口提供给用户一个成熟的 VBA 程序的编辑和调试系统。代码窗口具有两个组合框,左边是对象组合框,右边是过程组合框。对象组合框中列出的是所有可用的对象名称,选择了某个对象后,在过程组合框中将列出该对象所有的事件过程。

在工程窗口中双击任何 Access 类或模块对象都可以在代码窗口中打开相应的代码,并对这些代码进行检查、编辑和复制操作。

图 7-7　自动显示提示信息

代码窗口中提供了许多方便操作的功能,下面是其中几种主要的功能。

1．自动显示信息

在代码窗口中输入命令时,VBA 编辑器能够自动显示正在输入的控件的属性和事件表及过程的参数表等提示信息,如图 7-7 所示。

可以用光标键 ↑ 或 ↓ 上下移动,选择必要的列表项,并按回车键或 Tab 键,使其跳上屏幕。

2．上下文关联的 F1 帮助

当光标滞留在一个命令或标准函数(VBA 预定义的函数)上时,如果想要了解它的功能及使用方法,则可以按 F1 键,打开 VBA 帮助窗口,此时,窗口上将自动显示这个命令或函数的有关信息。

3．快速访问子过程

在“过程”组合框的下拉列表中选择一个子过程,VBA 编辑器会立即定位到该处。

在列表中选择所要的内容,按回车键或 Tab 键可使其跳上屏幕。

【注】　输入关键字首字母,再按 Ctrl＋J 键,可调出列表。

4．对象浏览器

按 F2 键可调出对象浏览器,如图 7-8 所示。使用对象浏览器可以查看对象模型中所有可用的命令。这些命令不仅可用于正在使用的 VBA 版本,而且可用于其他通过 VBA 进行控制的所有应用程序(如 Excel)。

图 7-8　对象浏览器

7.3 数 据 类 型

VBA 可用变量保存计算结果、设置属性、指定方法的参数以及在过程间传递数值。为了提高效率，VBA 为变量定义了一个数据类型的集合。在 Access 中，很多地方都要指定数据类型，例如过程中的变量、定义表和函数的参数等。

7.3.1 数据类型综述

VBA 支持多种数据类型，为用户编程提供了许多方便。表 7-1 列出了 VBA 程序中主要的数据类型，以及它们的存储空间和取值范围。

表 7-1　VBA 的数据类型

数 据 类 型	存 储 空 间	取 值 范 围
Byte(字节型)	1 字节	0~255
Boolean(布尔型)	2 字节	True 或 False
Integer(整型)	2 字节	$-32\ 768 \sim 32\ 767$
Long (长整型)	4 字节	$-2\ 147\ 483\ 648 \sim 2\ 147\ 483\ 647$
Single(单精度浮点型)	4 字节	负数时 $-3.402\ 823E38 \sim -1.401\ 298E-45$；正数时 $1.401\ 298E-45 \sim 3.402\ 823E38$
Double(双精度浮点型)	8 字节	负数时 $-1.797\ 693\ 134\ 862\ 32E308 \sim$ $-4.940\ 656\ 458\ 412\ 47E-324$；正数时 $4.940\ 656\ 458\ 412\ 47E-324 \sim$ $1.797\ 693\ 134\ 862\ 32E308$
Currency (货币型)	8 字节	$-922\ 337\ 203\ 685\ 477.5808 \sim$ $922\ 337\ 203\ 685\ 477.5807$
Decimal(小数型)	14 字节	无小数时 $+/-79\ 228\ 162\ 514\ 264\ 337\ 593\ 543\ 950\ 335$，有小数(28 位)时 $+/-7.922\ 816\ 251\ 426\ 433\ 759\ 354\ 395\ 033\ 5$；最小非零值 $+/-0.000\ 000\ 000\ 000\ 000\ 000\ 000\ 000\ 000\ 1$
Date(日期型)	8 字节	100 年 1 月 1 日至 9999 年 12 月 31 日
Object(对象型)	4 字节	任何 Object 引用
String (变长)	10 字节+字符串长	0 到大约 20 亿
String (定长)	字符串长	1 到大约 65 400
Variant (数字)	16 字节	任何数字值，最大可达 Double 的范围
Variant (字符)	22 字节+字符串长	与变长 String 取值范围相同
用户自定义 (利用 Type)	全部元素所必需的存储空间	每个元素的取值范围与自身数据类型的范围相同

对数据类型的几种特殊情况说明如下所述。

1. 表示数值型数据的符号

整型用符号"%"表示,长整型用"&"表示,单精度型用"!"表示,双精度型用"#"表示。小数型数据仅用于变量 Variant 数据中。也就是说,用户不能用 Decimal 关键字来定义某个变量,但可用 Cdec 函数创建子类型为小数型的变量类型数据。

2. 布尔型数据的值

布尔型数据只有两种值:True 和 False。将其他数值类型转换为布尔数据类型时,0转换为 False,其他值均转换为 True。当布尔型值转换为其他数据类型时,False 转换为0,True 转换为-1。

3. 日期型变量的值

任何可以识别的文本日期都可赋给日期变量。日期文字必须用符号"#"括起来。例如"#January1998#"或"#1Jan98#"。

日期变量以计算机中的短日期格式显示,时间则以计算机的时间格式(12 小时或 24小时)显示。

将其他数值类型转换为日期变量时,小数点左边的值表示日期信息,小数点右边的值则表示时间。午夜为 0,中午为 0.5,负整数表示 1899 年 12 月 30 日之前的日期。

4. 变量的初始化

VBA 在初始化变量时,将数值变量初始化为 0,变长字符串初始化为零长度字符串,对定长字符串都填上零,将 Variant 变量初始化为空值,将每个用户定义的类型变量的元素都当成个别的变量来初始化。

5. Variant 数据类型

如果未给变量指定数据类型,则 Access 将自动指定其为 Variant(变体)数据类型。Variant 是一种特殊的数据类型,可以包含除定长 String 及用户自定义类型之外的任何种类的数据。Variant 也可以包含 Empty(空值)、Error、Nothing 及 Null 特殊值。可以用 VarType 函数或 TypeName 函数来决定如何处理 Variant 中的数据。

可以用 Variant 数据类型来替换任何数据类型。如果 Variant 变量的内容是数字,则可以用字符串来表示数字,或是用它实际的值来表示,这要由上下文来决定。例如,假定变量的声明和赋值语句为

```
Dim MyVar As Variant
MyVar = 98052
```

则 MyVar 变量的值为数值 98 052。

7.3.2 变量和常量

除了使用 VBA 代码来操作各种打开的窗体或报表的控件外,还可以在 VBA 代码中声明和使用指定的变量来临时存储值、计算结果或操作数据库中的任意对象。

1. 变量的声明

声明变量有两个作用,一是指定变量的数据类型,二是指定变量的适用范围(应用程序中可引用变量的作用域)。VBA 应用程序不强求在使用某个变量之前明确地定义(声明)它。如果使用了一个未明确定义的变量,VBA 自动将它定义为 Variant 类型的变量。

虽然默认的定义很方便,但它可能会在程序代码中导致严重的错误。如果要求在使用变量之前必须先定义(声明)该变量,则可以进行设置,方法如下:

(1) 在 VBE 窗口中,选择"工具"菜单的"选项"命令,弹出"选项"对话框。

(2) 切换到对话框的"编辑器"页,然后选中"代码设置"框中的"要求声明变量"复选框,Access 将自动在数据库所有新模块(窗体模块或报表模块)的声明节中包含一个

Option Explicit

语句。也可以直接将该语句写到模块的通用节。该语句的功能是在模块级别中强制对模块中的所有变量进行显式定义。

使用 Dim 语句可以定义变量。例如,语句

Dim MyName As String

定义了一个名为 MyName 的 String(字符串)型变量。

此后,就可以给这个变量赋值了,例如,

MyName="刘远近"

赋值之后,还可以改变它的值,例如,

MyName="方大小"

可在同一行内定义多个变量,例如,

Dim AnotherVar, Choice As Boolean, BirthDate As Date

定义了 3 个变量。语句中未指定 AnotherVar 的类型,默认为 Variant 类型。

2. 声明语句的位置

如果将声明语句放在某个过程中,则定义的是过程级别的变量,即所定义的变量只能在本过程中使用;如果将声明语句放在模块顶部,则定义的是模块级别的变量,即所定义的变量可以在本模块的所有过程中使用。也可以将变量定义为"全局作用域",即同一工程(程序)中的所有过程(包括其他模块中的过程)中使用,方法是在变量前加上 Public 关键字(详见 7.5.3 节),例如,语句

Public strName As String

定义了可以在同一工程的所有过程中使用的变量 strName。

3. 常量的声明

常量可以是字符串、数值以及算术运算符或逻辑运算符的组合等。VBA 提供了一些预定义的常数，如表示各种不同颜色的 Color 常数、设置开发环境的 Compiler 常数以及时间常数等。用户也可以使用 Const 语句来声明常量并设置其值。例如，语句

Public Const PI＝3.1415926

声明了一个可以在所有模块中使用的常量 PI。又如，语句

Const MyStr ＝ "Hello"，MyDouble As Double ＝ 3.4567

在同一行里声明了两个常量。

对于程序中经常出现的常数值，以及难以记忆且无明确意义的数值，通过声明常量可使代码更容易读取与维护。常量在声明之后，不能加以更改或赋予新值。

可将常量看做一种特殊的只读变量，即由 Const 语句定义且不能改变其值的变量。

7.3.3　数据类型转换

在程序设计过程中，常要将某种数据类型的数据转换成另一种类型。例如，如果要在文本框中显示某个数值类型的变量的值，就需要将这个变量转换为字符串类型。

例如，在下面程序段中，先将双精度型变量 MyDouble 的值转换成字符串，然后再赋给变量 MyString。

```
Dim MyDouble As Double
Dim MyString As String
MyDouble＝437.327              ' MyDouble 为双精度型
    MyString＝Cstr(MyDouble)   ' MyString 的值为"437.327"
```

表 7-2 给出了一些数据类型转换函数。

表 7-2　数据类型转换函数

函　　数	函数类型	参数(表达式)取值范围
CBool	Boolean	字符串或数值表达式
Cbyte	Byte	0～255
Ccur	Currency	−922 337 203 685 477.5808～922 337 203 685 477.5807
Cdate	Date	日期表达式
CDbl	Double	负数为 −1.797 693 134 862 32E308～−4.940 656 458 412 47E−324 正数为 4.940 656 458 412 47E−324～1.797 693 134 862 32E308

函数	函数类型	参数(表达式)取值范围
Cdec	Decimal	无小数位数值时为＋/－79 228 162 514 264 337 593 543 950 335 28 位小数为＋/－7. 922 816 251 426 433 759 354 395 033 5; 最小可能非零值为 0. 000 000 000 000 000 000 000 000 000 1
Cint	Integer	－32 768～32 767,小数部分四舍五入
CLng	Long	－2 147 483 648～2 147 483 647,小数部分四舍五入
CSng	Single	负数为－3. 402 823E38～－1. 401 298E－45; 正数为 1. 401 298E－45～3. 402 823E38
Cvar	Variant	为数值,范围与 Double 相同;不为数值时与 String 相同
CStr	String	其返回值根据表达式而定

如果传递给函数的"表达式"超过转换目标数据类型的范围,则发生错误。

通常,使用数据类型转换函数可使某些操作的结果表示为特定的数据类型,而不是默认的数据类型。例如,在进行单精度、双精度或整数运算时,使用 CCur 强制执行货币运算。

当小数部分恰好为 0.5 时,Cint 和 CLng 函数将其转换为最接近的偶数值。例如,0.5转换为 0,1.5 转换为 2。这与 Fix 和 Int 函数不同,Fix 和 Int 函数会将小数部分截断而不是四舍五入,且总是返回与传入的数据类型相同的值。

使用 IsDate 函数,可以判断 date 是否可以转换为日期或时间。Cdate 可用来识别日期文字和时间文字,以及落入可接受的日期范围内的数值。将一个数字转换成日期是将整数部分转换为日期,小数部分转换为从午夜算起的时间。

CDate 依据系统上的区域设置来决定日期的格式。如果提供的格式为不可识别的日期设置,则不能正确判断年、月、日的顺序。另外,长日期格式若包含有星期的字符串,则也不能被识别。

【注】 CDec 函数不能返回独立的数据类型,而总是返回一个 Variant,其值已转换为 Decimal 类型。

7.3.4　数组

数组是由具有相同数据类型的元素按一定顺序组成的序列,一个数组顺序地存放在一块连续的内存区域中。数组中每个元素都是变量,通过下标(元素在数组中的序号)来和其他元素互相区分。可以通过数组名和下标来存取数组元素。

1. 数组的声明

例如,要存储一年中每天的支出,可以声明一个具有 365 个元素的数组变量。数组中每个元素都有一个值。语句

```
Dim curExpense(364) As Currency
```

声明了数组变量 curExpense,它共有 365 个元素,数组元素的下标(序号)为 0～364。也就是说,它的第一个元素为 curExpense(0),最后一个元素为 curExpense(364)。

数组元素的下标(序号)默认为从零开始。如果要定义不从 0 开始的数组,有两种方法。

(1) 在模块顶部使用 Option Base 语句,将第一个元素的默认下标值从 0 改为其他值。例如,语句

```
Option Base 1
Dim curExpense(365) As Currency
```

声明的数组变量 curExpense 有 365 个元素,这是因为 Option Base 语句将数组下标的起始值变成了 1。

(2) 使用 To 子句来对数组下标进行显式声明。例如,语句

```
Dim curExpense(1 To 365) As Currency
Dim strWeekday(7 To 13) As String
```

分别指定数组的下标从 1 和 7 开始。

2. 数组的引用

如果要引用数组中的元素,则必须指定元素的下标。例如,语句

```
curExpense(1) = 20
```

给数组 curExpense 的第二个元素赋值为 20。又如,语句

```
Text1. Text= Cstr(curExpense(9))
```

将数组的第十个元素输出到文本框 Text1 中。

3. 在数组中存储 Variant 值

有两种方式可以创建 Variant 值的数组。一种方式是声明 Variant 类型的数组,例如,

```
Dim varData(3) As Variant
varData(0) = "Claudia Bendel"
varData(1) = "4242 Maple Blvd"
varData(2) = 38
varData(3) = Format("06-09-1952", "General Date")
```

另一种方式是指定 Array 函数所返回的数组为一个 Variant 变量。例如,

```
Dim varData As Variant
varData = Array("Ron Bendel", "4242 Maple Blvd", 38, _
        Format("06-09-1952", "General Date"))
```

对于元素类型为 Variant 的数组,可利用下标来识别各元素,而不管数组是用什么方

式创建的。例如,在上面的例子中可以加入以下语句。

```
MsgBox "Data for " & varData(0) & " has been recorded."
```

4. 多维数组

多维数组指有多个下标的数组。在 VBA 中数组最多可以声明为 60 维。例如,语句

```
Dim sngMulti(1 To 5, 1 To 10) As Single
```

声明了一个 5×10 的二维数组。

如果将数组想象成矩阵,则第一个参数为行号,第二个参数为列号。

7.3.5 用户自定义数据类型

用户自定义数据类型又称为记录类型。它是在基本数据类型不能满足实际需要时,由用户以基本的数据类型为基础,按照一定的语法规则自定义而成的数据类型。

记录数据类型是由若干个标准数据类型构造而成的。定义记录类型的变量时,要先定义类型,即在 Type 语句中声明用户自定义类型的框架;然后再定义变量,即在 Dim 语句中用刚声明的新类型声明变量。

类型定义的一般形式如下

Type［数据类型名］
　〈域名〉**As**〈数据类型〉
　〈域名〉**As**〈数据类型〉
　　⋮
End Type

【**注**】 尖括号(〈〉)中为必须有的内容,方括号([ ])中为可以缺省的内容。有时候还会用到竖线(|),竖线两边的内容任选其一。

例 7-4 定义一个地址数据类型的变量。

(1) 定义表示地址的记录类型 Address。

```
Type Address            '包括 3 个属性
    Street As String    '街区属性
    ZipCode As String   '邮政编码属性
    Phone As String     '电话属性
End Type
```

(2) 用刚定义的 Address 类型定义变量 MyHome。

```
Dim MyHome As Address
```

引用记录类型变量的值的方法类似于对象属性的操作。例如,下面两个语句分别用于给 MyHome 变量的两个属性赋值。

```
MyHome.ZipCode="710049"
```

MyHome. phone=″2665678″

可用 With 语句简化程序中重复的部分。例如,给 MyHome 变量赋值的语句也可以写成:

```
With MyHome
    . Street=″咸宁路″
    . ZipCode=″710049″
    . Phone=″82665678″
End With
```

7.4 VBA 常用语句

一个语句是能够执行一定任务的一条命令。程序中的功能是靠一连串语句的执行累积起来实现的。下面介绍 VBA 常用的一些语句。

7.4.1 语句分类及书写

VBA 中的一个语句是一条完整的命令。它可以包含多种成分,如关键字、运算符、变量、常数和表达式等。语句可以分为 3 种类型:

(1) 声明语句。用于给变量、常数或程序取名,并且指定一个数据类型。

(2) 赋值语句。用于给变量或常量指定一个值或表达式。

(3) 可执行语句。可以执行初始化操作,也可以调用方法或者函数,并且可以循环或从代码块中分支执行。可执行语句通常包含数学或条件运算符。

1. 语句的书写规定

通常将一个语句写在一行中。但当语句较长,一行写不下时,也可以利用续行符将语句连续写到下一行中。例如,下面的可执行语句 MsgBox 连续写在 3 行中。

```
Sub DemoBox()
        ′该过程定义字符串变量 myVar,指定其值为″Claudia″,并显示一个连接消息
    Dim myVar As String
    myVar = ″John″
    MsgBox Prompt：=″Hello ″ & myVar, _
    Title：=″Greeting Box″, _
    Buttons：=vbExclamation
End Sub
```

有时候可能需要在一行中写几句代码。这时需要用冒号“:”来分开不同意思的几个语句。例如,语句行

```
Dim MyName As String；MyName=″杨焕章″
```

中包括了定义变量 MyName 的语句及给这个变量赋值的语句。

如果在输入一行代码并按下回车键后,该行代码以红色文本显示(也可能同时显示错误信息),则必须找出语句中的错误并更正它。

2. 声明语句

可以用声明语句来命名和定义过程、变量、数组以及常数。在声明这些程序的组成部分时,也同时定义了它们的作用范围,其范围取决于声明位置以及用什么关键字来声明。例如,在程序段

```
Sub ApplyFormat()
    Const limit As Integer = 33
    Dim myCell As Range
    ' 更多的语句
End Sub
```

中,Sub 语句(与 End Sub 语句互相匹配)声明了名为 ApplyFormat 的过程。当这个过程运行时,所有包含于 Sub 与 End Sub 中的语句都会执行。其中 Const 语句声明了常数 limit,指定它为 Integer 类型,其值为 33;Dim 语句声明了变量 myCell。这是一个属于 Excel Range 对象的数据类型。可以将变量声明为任何对象,而该对象处于正在使用的应用程序中。

Dim 语句是用来声明变量的语句之一。其他用来声明的关键字还有 ReDim、Static、Public、Private 以及 Const。

3. 赋值语句

赋值语句为变量或常量指定一个值或表达式。例如,程序段

```
Sub Question()
    Dim yourName As String
    yourName = InputBox("What is your name?")
    MsgBox "Your name is " & yourName
End Sub
```

将 InputBox 函数的返回值赋给变量 yourName。

【注】 InputBox 函数的功能是弹出一个输入对话框,其中包含一个文本框,可在其中输入一个字符串。

赋值语句中的 Let 是可选的。例如,上述赋值语句可以写成

```
Let yourName = InputBox("What is your name?")
```

7.4.2 选择结构

按语句执行的先后顺序,程序可以分为顺序程序结构、条件判断结构和循环程序结

构。在解决一些实际问题时,往往需要按照给定的条件进行分析和判断,然后再根据判断结果的不同情况执行程序中不同部分的代码,这就是选择结构。

1. If...Then...Else 语句

If 条件语句有 3 种语法形式。

1) 单行式

if〈条件〉then〈语句〉

其中,"条件"是一个数值或字符串表达式。如果"条件"为 True(真),则执行 Then 后面的语句。"语句"可以是多个语句,但多个语句要写在一行中(用冒号隔开)。例如,

If A>10 Then A=A+1：B=B+A：C=C+B

2) 带有 else(否则)部分的形式

if〈条件〉then
　〈语句 1〉
else
　〈语句 2〉
end if

如果"条件"为 True,则执行 Then 后面的语句;否则,执行 Else 后面的语句。

3) 带有多重条件的形式

if〈条件 1〉then
　〈语句 1〉
elseif〈条件 2〉then
　〈语句 2〉...
else
　〈语句 n〉
end if

如果"条件 1"为 True,则执行"语句 1";否则,判断"条件 2"。如果"条件 2"为 True,则执行"语句 2"。以此类推,当所有的条件都不满足时,执行"语句 n"。

后两种形式中的"语句"也都可以是一组语句。

例 7-5 根据一个字符串是否以字母 A~F、G~N 或 O~Z 开头来设置整数值。

```
Dim strMyString As String , strFirst As String , intVal As Integer
  StrFirst=Mid(strMyString,1,1) ′ 用 Mid 函数取 strMyString 变量第一个字符
  If StrFirst>="A" And StrFirst<="F" Then
    IntVal=1
  ElseIf StrFirst>="G" And StrFirst<="N" Then
    IntVal=2
  ElseIf StrFirst>="O" And StrFirst<="Z" Then
    IntVal=3
```

```
Else
    IntVal=0
End If
```

2. Select Case 语句

从上面的例子可以看出,如果条件复杂,分支太多,使用 If 语句就会显得累赘,而且程序也将变得不易阅读。这时可使用 Select Case 语句来写出结构清晰的程序。

Select Case 语句可以根据表达式的求值结果,选择执行几个分支中的一个。它的一般形式如下

```
Select Case〈检验表达式〉
   [Case〈比较列表 1〉
    [〈语句 1〉]]
   [Case〈比较列表 2〉
    [〈语句 2〉]]
      ⋮
   [Case Else
    [〈语句 n〉]]
End Select
```

(1) 检验表达式:必须有的参数,可以是数值表达式或字符串表达式。

(2) 比较列表 1:如果有包含 Case 子名,就是必须有的参数。它是多个"比较元素"的列表,其中可包含以下几种形式。

"表达式"、"表达式 To 表达式"、"Is〈比较操作符〉表达式"

如果"比较元素"中含有"To"关键字,则前一个表达式必须小于后一个(对于数值表达式,数值小的为小,对于字符串表达式,排序在后的为小),且"检验表达式"必须介于两个表达式之间。如果"比较元素"中包含"Is"关键字,则"比较操作符"表达式的值必须为真。

(3) 语句 1~n:可包含一条或多条语句。

如果有一个以上的 Case 子句与"检验表达式"匹配,则 VBA 只执行第一个匹配的 Case 后面的"语句"。如果前面的 Case 子句与〈检验表达式〉都不匹配,则执行 Case Else 子句中的"语句 n"。

【注】 可将另一个 Select Case 语句放在 Case 子句后的"语句"中,形成 Select Case 语句的嵌套。

例 7-6 改写上文 If 语句的例子。

```
Dim strMyString As String ,intVal As Integer
Select Case Mid( strMyString,1,1)
   Case "A" To "F"
      IntVal=1
   Case "G" To "N"
```

```
        IntVal＝2
    Case ″O″ To ″Z″
        IntVal＝3
    Case Else
        IntVal＝0
End Select
```

3．With 语句

With 语句可对某个对象执行一系列的语句，不必重复指出对象的名称。其语法形式为

With〈对象引用〉
　　［〈语句〉］
End With

例如，要改变一个对象的多个属性，可在 With 控制结构中加上属性的赋值语句，只需要引用对象一次而不必在每个属性赋值时都引用它。

```
With MyLabel            ′给 MyLabel 对象的多个属性赋值
   ．Height ＝ 2000
   ．Width ＝ 2000
   ．Caption ＝ ″This is MyLabel″
End With
```

【注】 由于程序进入 With 块后，对象就不能改变了，因此不能用一个 With 语句来设置多个不同的对象。可将一个 With 块放在另一个之中，产生嵌套的 With 语句。但在内层的 With 块中，要使用完整的对象引用来指出在外层的 With 块中的对象成员。

7.4.3　循环结构

在解决一些实际问题时，往往需要重复某些相同的操作，即多次执行某一语句或语句序列，VBA 为此提供了多种循环结构语句。

1．For...Next 语句

用 For...Next 语句可以将一段程序重复执行指定的次数。在循环中使用一个计数变量，每执行一次循环，其值都会增加（或减少）。该语句的一般形式如下

For 计数器＝初值 To 终值［**Step 步长**］
　　［〈语句〉］
Exit For
　　［〈语句〉］
Next［计数器］

其中，"计数器"是一个数值变量。若未指定"步长"，则默认为 1。如果"步长"是正数或 0，

则"初值"应大于等于"终值",否则,"初值"应小于等于"终值"。

该语句开始执行时,将"计数器"的值设为"初值";执行到相应的 Next 语句时,就把步长加(减)到计数器上。

【注】 可以把一个 For 循环放在另一个 For 循环中,形成循环的嵌套。这样做时,必须为每个计数器选择不同的名字。

例 7-7 列出 MyBooks 数据库中前 5 个查询的名称。

```
Dim dbBooks As Database      ′声明 dbBooks 为一个数据库对象
Dim intI As Integer          ′声明一个整数变量
Set dbBooks=CurrentDb()
′指定 dbBooks 对象变量表示当前数据库,CurrentDb()为当前数据库
For intI=0 To 4              ′循环从 0 到 4(共 5 次),在 Debug 窗口打印出查询的名称
   Debug. Print dbBooks. QueryDefs(intI). Name
   ′如果 intI 未达到 4,则继续循环;每次 intI 增加一个步长;否则退出循环
Next intI
```

【注】 Debug 对象在运行时将输出发送到立即窗口,其 Print 方法用于在立即窗口中显示文本。

2. Do...Loop 语句

用 Do...Loop 语句可以定义要多次执行的语句块;也可以定义一个条件,当这个条件为假时,就结束这个循环。Do...Loop 语句有以下两种形式。

Do[{**While**|**Untll**}〈**条件**〉]
　　[〈**语句**〉]
　　[**Exit Do**]
　　[〈**语句**〉]
Loop

或者

Do
　　[〈**语句**〉]
　　[**Exit Do**]
　　[〈**语句**〉]
Loop [{**While**|**Until**}〈**条件**〉]

其中,"条件"是可选参数。是数值表达式或字符串表达式,其值为 True 或 False。如果条件为 Null(无条件),则被当作 False。While 子句和 Until 子句的作用正好相反。如果指定了前者,则当〈条件〉为真时继续执行。如果指定了后者,则当〈条件〉为真时循环结束。如果把 While 或 Until 子句放在 Do 子句中,则必须满足条件才执行循环中的语句。如果把 While 或 Until 子句放在 Loop 子句中,则在检测条件前先执行循环中的语句。

例 7-8 新建一个"名单"表,其中有"姓名"字段。在表中输入 3 条记录(3 个人的姓名)。新建一个"窗体 1",放置一个名为"姓名列表"的列表框控件。在窗体模块中输入代码

```
Option Compare Database                      '指定按数据库排序次序进行字符串比较
Private Sub Form-Load()
Dim db As Database                           '声明数据库对象变量
Dim recName As Recordset                     '声明记录集对象变量
Dim strName As Field                         '声明字段对象变量
Dim MyName(3) As String                      '声明一个存放"姓名"的数组
Dim intI As Integer                          '声明一个整型变量
Set db = CurrentDb()                         '指定数据库为当前数据库
Set recName = db.OpenRecordset("名单")       '将"名单"表读入记录集
Set strName = recName![姓名]                 '指定记录集"姓名字段"
intI = 0
Do Until recName.EOF
   MyName(intI) = strName                    '将"姓名"字段读入数组
   intI = intI + 1
   recName.MoveNext                          '读取记录集的下一个记录
Loop
'以下是将数组赋给姓名列表的代码
Me.姓名列表.RowSourceType = "值列表"
Me.姓名列表.RowSource = MyName(0)
For intI = 1 To 3
   Me.姓名列表.RowSource = Me.姓名列表.RowSource & ";" & MyName(intI)
Next intI
End Sub
```

运行程序,可看到如图 7-9 所示的结果。

图 7-9 程序的运行结果

7.5 过   程

过程是将 VBA 语言的声明和语句集合在一起,并有一个过程名的程序单位。可将其理解为装有 VBA 程序代码的容器。过程有子过程、函数过程和属性过程 3 种类型。每种过程都有专门的用途。当然,在有些情况下,不同的过程也可以完成同样的任务。

7.5.1 子过程

子过程是执行一系列操作(运算)的过程。通俗地说,是能执行特定功能的语句块。使用过程的最大优点在于:在一个地方编写了一个实现某种功能的过程(或函数)之后,如果要在其他地方实现同样的功能,只要直接调用这个过程即可,不必再写一遍代码。如果发现过程有错误,也不必在整个程序中查找错误,然后逐个改正、逐句调试。而只需要改正过程(函数),调试成功时,程序中所有引用该过程(函数)的地方都将得到维护。

使用 Sub 语句可以声明一个新的过程、过程所接受的参数以及该过程的代码。声明过程的一般形式如下:

[Public|Private][Static] Sub 子程序名([〈参数〉])[As 数据类型]
　[〈一组语句〉]
　[Exit Sub]
　[〈一组语句〉]
End Sub

使用 Public 关键字可以将过程说明为全局作用域,即该过程可以在一个程序内所有模块的所有其他过程中调用;使用 Private 关键字可以将过程的作用域限制在模块内部,即该过程只能在同一模块的其他过程中调用;Exit Sub 语句的功能是跳出过程。

在编写子过程(或其他过程)时,可以使用"插入"菜单的"过程"选项,打开如图 7-10 所示对话框。分别在"类型"和"范围"单选按钮组中做出选择,并在"名称"文本框中输入过程名称,然后单击"确定"按钮,即可自动输入过程框架。例如,如果选择"类型"为"子程序"、"范围"为"私有的",则在当前光标处插入如下代码

```
Private Sub 打开窗体()

End Sub
```

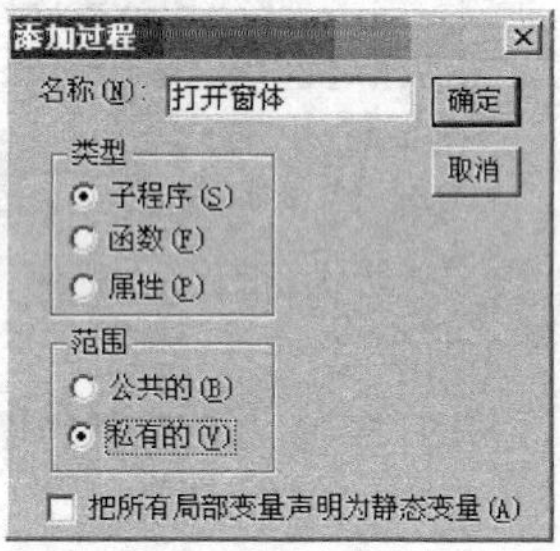

图 7-10　"添加过程"对话框

例 7-9　通常,在一个应用程序中会遇到大量的打开窗口的操作。本例编写一个名为"打开窗体"的过程,其中使用了 DoCmd 对象的 OpenForm 方法,其功能为打开一个指定名称的窗体,并加入错误捕获。

```
Sub 打开窗体(stDocName As String)
    ' 打开窗体过程,参数 stDocName 为需要打开的窗体名称
    On Error GoTo Err_打开窗体          ' 出错则转入错误处理程序
    DoCmd. OpenForm stDocName           ' 打开指定窗体
Exit_打开窗体:
    Exit Sub
Err_打开窗体:                           ' 出错时显示错误消息,并结束打开动作
    MsgBox Err. Description
    Resume Exit_打开窗体
End Sub
```

如果需要调用该过程打开名为"窗体 1"的窗体,则只需要在相应位置(本模块的其他过程中)输入

　　打开窗体("窗体 1")

其中,声明过程时的语句

Sub 打开窗体(stDocName As String)

中的参数"stDocName"称为形式参数或虚拟参数,调用时语句中的""窗体1""称为实际参数。在调用子程序时,实际参数和形式参数将互相传递数据。

7.5.2 函数过程

过程和函数都是能执行特定功能的语句块。函数也是一种过程,不过它是一种特殊的、能够返回值的 Function 过程。能否返回值,是过程和函数之间最大的区别。

在 VBA 中,提供了大量的内置函数,如数值计算函数 Sin()、字符串函数 Mid()、统计函数 Max()等,程序设计时可以直接引用。用户也可以按照需要自己编写函数。例如,如果编写一个按照公式 $V = \frac{4}{3}\pi R^3$ 计算半径为 R 的球体体积的函数,则当运行这个函数时,输入不同的 R 值,即可计算得到不同的球体体积。

用 Function 语句可以声明一个新函数、函数所能接受的参数、返回的变量类型以及该函数过程中的代码。声明函数的一般形式如下

[**Public**|**Private**][**Static**] **Function** 函数名([〈参数〉])[**As** 数据类型]
　　[〈一组语句〉]
　　[函数名=〈表达式〉]
　　[**Exit Function**]
　　[〈一组语句〉]
　　[函数表=〈表达式〉]
End Function

如果在定义函数时使用 Public 关键字,则所有模块的所有其他过程都可以调用它。用 Private 关键字可以使这个函数只适用于同一模块中的其他过程。如果将一个函数说明为模块对象中的私有函数,就不能在查询、宏或另一个模块的函数中调用这个函数。

在函数名末尾可以使用一个类型声明字符或使用 As 子句,来声明被这个函数返回的变量的数据类型。如果没有,则 VBA 将自动赋给该变量一个最合适的数据类型。

例 7-10 计算球体体积的函数。

```
Public Function V (R As Single) As Single
    '函数 A 返回一个单精度型值,接受单精度型参数 R
    On Error GoTo Err_求解出错
    V=3.1416 * R∧3 * 4/3          '求半径为 R 的球的体积 V
Exit_求解出错:
    Exit Function
Err_求解出错:
    MsgBox Err. Description
    Resume Exit-求解出错
End Function
```

函数的调用非常方便。例如,要计算半径为 5 的球的体积,使用表达式 V(5) 即可。

如果参数 myR 是一个单精度型变量，则只需要编写如下代码。

```
Dim myR As Single
V(myR)
```

函数可以被查询、宏等调用。它对于数据库中的计算控件特别有用。

7.5.3　变量的作用域

变量或常量的作用域决定了这个变量或常量的使用范围，作用域可以是一个过程、一个模块以及一个数据库相关的所有过程。

1. 变量（或常量）的公共作用域与私有作用域

如果希望一个变量在数据库的所有过程（包括其他模块中的过程）中使用，即使它具有公共作用域，则需要 Public 语句来声明变量；也可以用 Private 语句显式地声明变量，将变量的适用范围声明为模块内（私有作用域），但这不是必需的，因为 Dim 和 Static 所声明的变量默认为在模块内私有。例如，语句

```
Public Dim MyName As String
```

声明的变量 MyName 可以在整个程序中引用。语句

```
Dim MyName As String
```

声明的变量 MyName 只能在变量所在的模块中使用。同样，语句

```
Public Const PI=3.1415926
```

声明的常量 PI 可以在所有模块中使用。语句

```
Const PI=3.1415926
```

声明的常量 PI 只能在本模块中使用，要在其他模块中使用只能重新声明。

2. 使用 Static 语句声明变量

在过程结束之前，Dim 语句一直保存着变量的值（存储空间）。也就是说，使用 Dim 语句声明的变量在过程之间调用时会丢失数据；而使用 Static 语句声明的变量则在模块内一直保留其值，直到模块被复位或重新启动为止。在非静态过程中，使用 Static 语句显式地声明仅在本过程中可见的变量，但其生存期与定义了该过程的模块一样长。

在过程中，如果要在两次（或多次）调用该过程的间隔期间保留某个变量的值，可以使用 Static 语句声明它的数据类型。例如，语句

```
Static X As New Worksheet
```

声明了一个工作表中新实例的变量 X。语句

```
Static EmployeeNumber(200) As Integer
```

声明了包含 200 个元素的整型数组 EmployeeNumber。

清除过程中静态变量的方法是：选择"运行"菜单的"重新设置"命令。

例 7-11　调用函数过程的例子。

在窗体上放一个命令按钮 Command0 和一个列表框 List1，在 List1 的属性窗口"数据"页中，将"行来源类型"属性设置成"值列表"，然后编写一个用户自定义的求和函数和一个按钮的单击事件过程，并在事件过程中多次调用函数。

```
Private Sub Command0_Click()
    Dim i As Integer, isum As Integer
    For i = 1 To 5                      ′5 次调用 sum 函数
      isum = sum(i)
      List1. AddItem "isum=" + CStr(isum)
    Next i
End Sub
Private Function sum(n As Integer)   ′定义 sum 函数
    Static j As Integer                 ′j 为静态变量
    j = j + n
    sum = j
End Function
```

程序运行后，列表框中显示

isum=1　isum=3　isum=6　isum=10　isum=15

如果 j 不是静态变量，即说明为

Dim j As Integer

则当程序运行后，列表框中显示

isum=1　isum=2　isum=3　isum=5　isum=5

3. 使用 Static 关键字声明过程

如果使用 Static 关键字来声明一个过程，例如，

Static Sub CountSales ()

则该过程中的所有局部变量的存储空间都只分配一次，且这些变量的值在整个程序运行期间都存在。而对非静态过程（未使用 Static 声明）而言，该过程每次被调用时都要为其变量分配存储空间，当该过程结束时都要释放其变量的存储空间。

【注】　Static 关键字与 Static 语句相似，但 Static 关键字用于声明过程，使该过程中所有局部变量的值在整个程序运行期间都存在。Static 语句则用于非静态过程中声明特定变量，使它们在程序运行期间保持其值。

7.5.4　属性过程

属性过程用于为窗体、报表和类模块增加自定义属性。创建一个属性过程后，它就会

变成该过程所在模块的一个属性。VBA 提供了 3 种类型的属性过程：Property Let(设置属性值)、Property Get(返回属性值)和 Property Set(设置对对象引用的过程)。

定义属性过程的一般形式为

［Public｜Private］［Static］Property〈Get｜Let｜Set〉属性名［(参数)］［As 类型］
　　一组语句
End Property

属性过程通常是成对使用的，Property Let 与 Property Get 一组，Property Set 与 Property Get 一组，这样定义的属性既可读又可写。这时 Property 语句必须使用同一名称，以便指向同一属性。单独使用一个 Property Get 过程定义的属性是只读属性。Property Let 与 Property Set 虽然都能够设置属性，但前者将属性设置为等同于一个数据类型，后者将属性设置为等同于一个对象的引用。3 种属性过程一起使用的情形只有用于 Variant(可变)变量时才会出现，因为只有这种类型的变量才既可能是一个对象，又可能是其他数据类型。

例 7-12　定义给属性赋值的过程及获取属性值的过程。

本例中使用 Property Let 语句，定义给画笔颜色属性(多种控件都有这个属性)赋值的过程；使用 Property Get 语句，定义获取画笔当前颜色的过程。

```
Dim CurrentColor As Integer            ' 在模块顶部声明 CurrentColor 变量
Const BLACK=0, RED=1, GREEN=2, BLUE=3
' 设置画笔颜色属性
Property Let PenColor(ColorName As String)
   Select Case ColorName               ' 检查颜色名称字符串
      Case "Red"                       ' 颜色名称字符串为"Red"时设为红色
         CurrentColor=RED
      Case "Green"                     ' 颜色名称字符串为"Green"时设为绿色
         CurrentColor=GREEN
      Case "Blue"                      ' 颜色名称字符串为"Blue"时设为蓝色
         CurrentColor=BLUE
      Case Else                        ' 颜色名称字符串为其他值时设为黑(默认)色
         CurrentColor=BLACK
   End Select
End Property
' 获取画笔的当前颜色
Property Get PenColor() As String
   Select Case CurrentColor            ' 检查画笔颜色属性的当前值
      Case RED                         ' 值为 RED 时返回"Red"字符串
         PenColor="Red"
      Case GREEN                       ' 值为 GREEN 时返回"Green"字符串
         PenColor="Green"
      Case BLUE                        ' 值为 BLUE 时返回"Blue"字符串
         PenColor="Blue"
```

```
End Select
End Property
```

有了这两个过程之后，就可以用语句

```
PenColor="Red"
```

调用 Property Let 过程将画笔的 PenColor 属性设置为红色。也可以用语句

```
ColorName=PenColor
```

调用 Property Get 过程来获取画笔的颜色。

7.6　VBA 程序设计举例

使用 VBA 编写程序的主要目的是为了简化数据库系统的用户界面，或者扩充数据库系统的功能。通过编写程序，既可以创建、操纵或删除当前数据库中的对象，也可以执行与当前库中数据无关的计算、统计、显示动画、执行某个外部程序等其他操作。

7.6.1　控制数据输入输出格式

虽然在文本框、列表框等许多控件中，可以选择要显示或要输入的数据的"格式"、"小数位数"等属性，但在某些情况下使用很不灵活，因而需要编写程序来控制。

例 7-13　在一个窗体上放置两个文本框，其名称分别为"txt 半径"、"txt 面积"；放置一个命令按钮，其名称为"com 计算"。在窗口模块中写入以下代码。

```
Option Compare Database
Public Function a(R As Single) As Double        '声明一个求面积的函数
    On Error GoTo Err_求解出错
    a = 3.14 * R∧2                              '求半径为 R 的圆的面积 A
Exit_求解出错:
    Exit Function
Err_求解出错:
    MsgBox Err. Description
    Resume Exit_求解出错
End Function
Private Sub com 计算_Click()
    Dim myR As Single
    myR = Me. txt 半径
    Me. txt 面积 = a(myR)                        '调用函数并传递参数
End Sub
```

程序运行时，在"txt 半径"文本框中输入半径值并回车，在"txt 面积"文本框中可立即显示出面积值，如图 7-11 所示。

图 7-11　程序的输入与输出

例 7-14　将数据的输入输出格式化。使面积的值四舍五入,保留两位小数输出。修改上述程序,将代码写成:

```
Option Compare Database
Public Function a(R As Single) As Double        '定义一个面积函数
    On Error GoTo Err_求解出错
    a = 3.14 * R ∧ 2                            '求半径为 R 的圆的面积 A
    If IsNull(a) = False Then                    '面积为真时
        a = Round(a, 2)                          '四舍五入保留两位小数
        a = Format(a, "＃＃＃0.00")              '确定 a 的格式为两位小数位
    End If
Exit_求解出错:
    Exit Function
Err_求解出错:
    MsgBox Err. Description
    Resume Exit_求解出错
End Function
Private Sub com 计算_Click()
    Dim myR As Single
    myR = Me. txt 半径
    Me. txt 面积 = a(myR)                        '调用函数并传递参数
End Sub
Private Sub txt 半径_GotFocus()                  '文本框获得焦点
    Me. txt 半径. InputMask = "00.00"            '定义文本框的 InputMask 属性为＃0.00
End Sub
Private Sub txt 半径_LostFocus()
    Me. txt 半径. AutoTab = True                 '自动将焦点转移
    Me. com 计算. SetFocus                       '命令按钮获得焦点
End Sub
```

在属性页中,将 Tab 键顺序设置为 txt 半径＝0,txt 面积＝3,com 计算＝2。上面的程序可以实现规范化输入输出,并自动转移焦点。

7.6.2　打开、关闭窗体

一个程序中往往包含多个窗体,窗体在程序中用代码互相关联,形成了一个有机的整体。可见,窗体操作在 VBA 中是很重要的。

窗体操作有两个重要的命令:DoCmd. openform(打开窗体)和 DoCmd. Close(关闭窗体)。

用于关闭窗体的 Docmd 的 Close 方法有两个必选参数和一个可选参数。可选参数指定要将其关闭的对象的类型。如果要关闭一个窗体,则使用 acForm(是 Access 的内置常量,使 Close 方法知道关闭的是一个窗体)。另一个参数指定窗体的名称,即在属性表

中"名称"属性的值。可选参数告诉 Access 是否要保存在窗体上的更改,默认设置为提示是否保存。使用 acSaveYes 或 acSaveNo 来确定关闭窗体时是否要保存。

Close 方法的一般形式为:

Docmd. CloseacForm,"窗体名",acSaveNo

许多 DoCmd 方法可直接用于单个对象。例如,GotoControl 方法可将焦点指定给窗体上的一个控件,也可使用 SetFocus 方法达到同样的效果,即选中一个控件。需要在应用程序中移动焦点以便输入新信息或修改错误信息时,使用这两个方法都很方便。

例 7-15 新建一个窗体,放置一个名为"指定窗体"的标签、一个文本框"txt 窗体",再放置两个命令按钮,分别是"com 打开"与"com 关闭",并在窗体模块中编写以下代码。

```
Option Compare Database
    Public forName As String                       '声明窗体名称变量,可在模块任何位置引用
Public Sub 打开窗体(stDocName As String)           '打开窗体过程
    On Error GoTo Err_打开窗体
    Dim stLinkCriteria As String
    DoCmd. openform stDocName,,, stLinkCriteria    '打开指定窗体并获得焦点
Exit_打开窗体:
    Exit Sub
Err_打开窗体:
    MsgBox Err. Description
    Resume Exit_打开窗体
End Sub
Public Sub 关闭窗体(stDocName As String)           '关闭窗体过程
    On Error GoTo Err_关闭窗体
    DoCmd. Close acForm, stDocName, acSaveYes      '关闭并保存指定窗体
Exit_关闭窗体:
    Exit Sub
Err_关闭窗体:
    MsgBox Err. Description
    Resume Exit_关闭窗体
End Sub
    Sub com 打开_Click()                           '"打开"按钮的单击事件
    forName = Me. txt 窗体                          '为窗体名称变量赋值
    打开窗体（forName）                             '调打开窗体过程,并以窗体名为参数打开指
定窗体
    End Sub
Sub com 关闭_Click()                               '"关闭"按钮的单击事件
    forName = Me. txt 窗体                          '为窗体名称赋值
    关闭窗体（forName）                             '调关闭窗体过程,并接收窗体名参数,关闭窗体
End Sub
```

运行程序时,显示的窗体如图 7-12 所示。

运行后,如果在文本框输入一个窗体名称,并单击标题为"打开窗体"的按钮,则打开该窗体。可同时打开多个窗体。若单击"关闭窗体"按钮,则当前窗口关闭。

图 7-12　打开、关闭窗体程序的窗体

7.6.3　新建表、删除表

在数据库设计及编程期间,可以对数据表进行新建和删除等操作,但在程序运行时或程序编译后却不能通过主设计窗体进行这些操作。如果要临时进行表的新建和删除工作,可以使用 VBA 编程来实现。

例 7-16　新建一个窗体,放置 3 个控件:"txt 表名"文本框、"com 新建"命令按钮和"com 删除"命令按钮。在窗体模块中编写以下代码。

```
Option Compare Database
    Dim strName As String                    '声明表名变量
    Private Sub com 删除_Click()
    strName = Me. txt 表名                    '给表名变量赋值
    On Error GoTo 删除表_Err
    DoCmd. DeleteObject acTable, strName      '删除 strName 变量所指定的表
删除表_Exit:
    Exit Sub
删除表_Err:
    MsgBox strName & "表不存在或已被删除"      '捕获错误并传递消息
    Resume 删除表_Exit
End Sub
Private Sub com 新建_Click()
    strName = Me. txt 表名                    '给表名变量赋值
    On Error GoTo 新建表_Err
    Dim db As Database                       '声明数据库变量
    Dim tb As New TableDef                   '声明新表变量
    Dim fldName As New Field                 '声明新字段(姓名)变量
    Dim fldSex As New Field                  '声明新字段(性别)变量
    Set db = CurrentDb()                     '指定数据库变量为当前数据库变量
    tb. Name = strName                       '给新表指定名称
    fldName. Name = "姓名"                    '定义姓名字段的名称
    fldName. Type = dbText                    '定义姓名字段的数据类型
    tb. Fields. Append fldName                '将姓名字段保存到新表中
    fldSex. Name = "性别"                     '定义性别字段的名称
    fldSex. Type = dbText                     '定义性别字段的数据类型
    tb. Fields. Append fldSex                 '将性别字段保存到新表中
    db. TableDefs. Append tb                  '将新表保存到数据库中
```

```
新建表_Exit:
    Exit Sub
新建表_Err:
    MsgBox strName & "表已存在"              '若已有该表,则弹出消息框显示错误信息
    Resume 新建表_Exit
End Sub
```

程序运行后显示的窗口如图 7-13 所示。

运行之后,如果在文本框中输入一个表名,如
"表 123",并单击标题为"创建表"的按钮,则按程
序中代码所指定的表的结构,创建一个包含"姓名"
和"性别"字段的表,并将该表添加到当前数据库
中。新建表时,如果该表已存在,则程序会给出提
示并不再新建。

图 7-13   创建表、删除表程序的窗口

如果在文本框中输入一个表名,并单击标题为"删除表"的按钮,则删除该表。删除表
时,如果该表不存在,程序会提示错误。

7.6.4   消息框的使用

显示消息框是程序员与用户交互的方法。消息框可以在程序运行时提示用户下一步
该做什么,不该做什么,以及哪里出现了错误,该如何处理等。

例 7-17   新建一个窗体,放置 3 个控件:"txt 姓名"文本框、"txt 性别"文本框和"com
加入"命令按钮,并在窗体模块中编写以下代码。

```
Option Compare Database
Private Sub com 加入-Click()
    Dim Name As Variant, Sex As Variant    '声明表示姓名,性别的变量
    Dim Msg, Title, Response               '声明 3 个变量,分别表示消息、消息框标题及消息常数
    Name = Me. txt 姓名                      '姓名变量赋值
Sex = Me. txt 性别                          '性别变量赋值
    '如果"txt 姓名"框未输入值,则发出警告声并弹出消息框
    If IsNull(Name) = True Then
        Beep                               '发出"嘟"警告声
        Msg = ""姓名"不能为空!"             '定义信息
        Style = vbOKOnly                   '定义按钮
        Title = "输入错误"                  '定义标题
        Response = MsgBox(Msg, , Title)
    End If
    '如果"txt 性别"框未输入值,则弹出错误消息框
    If IsNull(Sex) = True Then
        Beep                               '发出"嘟"警告声
        Msg = ""性别"不能为空!"             '定义信息
```

```
        Style = vbOKOnly              '定义按钮
        Title = "输入错误"            '定义标题
        Response = MsgBox(Msg，，Title)
    '如果"txt 性别"输入值不是"男"或"女"，则弹出错误消息框
    ElseIf Sex<>"男" Or Sex<>"女" Then
        Beep '发出"嘟"的警告声
        Msg = """性别"只能为"男"或"女"!"    '定义信息
        Style = vbOKOnly              '定义按钮
        Title = "输入错误"            '定义标题
        Response = MsgBox(Msg，，Title)
    End If
End Sub
```

运行程序，显示如图 7-14 所示的窗口。

程序运行后，如果没有输入姓名、性别而单击了"加入"按钮，则发出"嘟"的警告声，并弹出如图 7-15(a)所示的消息框，提示应输入必要的信息。如果将性别错写成"男"或"女"以外的值，则发出"嘟"声并显示如图 7-15(b)所示的消息框。

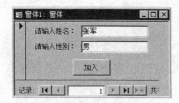

图 7-14　程序运行后的窗口

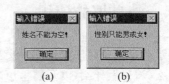

(a)　　(b)

图 7-15　消息框

程序中用到了 MsgBox()函数。该函数的一般形式为

MsgBox(消息[，命令个数及形式][，标题文字][，帮助文件，帮助文件号])

其中的参数除"消息"是必需的之外，其他都是可选的。默认的"命令个数及形式"是"确定"按钮。当中间若干个参数省略不写时，"，"不可缺少。上面的例子指定了"消息"和"标题文字"两个参数。

7.6.5　运行外部程序

在一个程序中，有时需要调用另一个执行某种功能的程序。例如，在一个图片管理数据库中，需要用 Windows 绘图程序来修改图片。在这种情况下，可以利用 Shell 语句直接运行这些已加工好的程序。

例 7-18　在 Access 数据库中调用 Windows 自带的应用程序"计算器"。

```
Public Sub jsq()
    On Error GoTo Err-计算器
    Dim windowMe
    windowMe = Shell("C：WINDOWSCALC. EXE"，1)
```

```
Exit_计算器：
    Exit Sub
Err_计算器：
    MsgBox Err. Description
    Resume Exit_计算器
End Sub
```

这个过程中用到了 Shell()函数。该函数的一般形式为

Shell(pathname[,windowstyle])

其中,Pathname 是必需的参数,它指明要运行的程序,可以在其中指定一个程序的完整的路径名。在上例中,计算器程序的路径是"C：\WINDOWSCALC. EXE"。windowstyle 是可选的参数,表示在程序运行时的窗口样式。其中,1 表示窗口具有焦点,3 表示窗口具有焦点且最大化。

7.6.6 编写动画程序

Visual Basic 中的 Timer 控件可以实现"定时"功能,可用于编写动画程序,VBA 中没有这个控件。但可以使用窗体的 OnTimer(计时器触发)属性来实现类似的功能。

例 7-19 在窗体上创建一个闪烁图标。

本例将在窗体上放一个装入了一幅图标的图片(Image)框,然后利用窗体的"计时器触发(OnTimer)"属性,使图片框时而显示、时而隐藏,实现图标的闪烁显示。

本程序中,将会使用窗体的"计时器间隔(TimerInterval)"属性,该属性以毫秒为单位在窗体的"计时器触发"事件之间指定一个时间间隔。例如,如果要每隔三十秒重新查询一次记录,可以将重新查询的代码放在窗体的"计时器触发"事件过程中,然后将"计时器间隔"属性设为 30 000。

"计时器间隔"属性既可以直接输入一个值设置,也可以在 VBE 中编写 VBA 代码设置,还可以使用宏来设置。

1. 创建窗体

(1) 在数据库窗口中,切换到"窗体"页。

(2) 创建一个空白窗体,并在窗体上放一个空白的图片框。

2. 编写事件处理过程

(1) 打开窗体的属性窗口,切换到事件页。

(2) 找到"加载(OnLoad)"事件,然后打开"选择生成器"对话框。

(3) 在对话框中选择"代码生成器",打开 VBE,创建窗体模块。并自动显示"窗体加载事件"的事件过程框架。

```
Private Sub Form_Load()          '窗体的 OnLoad 事件过程
```

End Sub

（4）在"窗体加载事件"的事件过程框架中输入代码

```
'设置计时器间隔
Me. TimerInterval = 1000
```

（5）将焦点移回窗体，然后找到窗体的"计时器触发（OnTimer）"事件，在窗体模块上添加"窗体计时器触发事件"的事件过程框架。

```
Private Sub Form_Timer()        '窗体的 OnTimer 事件过程

End Sub
```

（6）在"窗体计时器触发事件"的事件过程框架中输入代码

```
'设置控制图标是否显示的变量
Static intShowPicture As Integer
If intShowPicture Then
   '变量为真时显示图标
   Me! Image1. Picture = "C：\Windows\System32\Console. ico"
Else
   '变量为假时不显示图标
   Me! Image1. Picture = ""
End If
'切换变量的值
intShowPicture = Not intShowPicture
```

3. 保存并运行程序

（1）在 VBE 中，单击"保存"按钮，然后关闭 VBE。

（2）切换到窗体的"窗体视图"，查看程序运行的效果。本例的设计效果为当窗体加载时，设置窗体的"计时器间隔属性"；计时器每变化一次，窗体上图片框的显示状态变化一次（在显示/不显示之间变化）。

（3）将窗体以"闪烁图标"为名保存起来，然后关闭该窗体。

习 题

1. VBA 和 VB 有什么联系和区别？

2. VBA 和 Access 有什么关系？

3. 什么是对象？对象的属性和方法有什么区别？

4. Me 关键字有什么作用？

5. 什么叫做"事件过程"？它有什么作用？

6. VBA 的属性窗口有什么作用？

7. 举例说明 VBA 代码窗口的自动显示信息功能的用途？

8. 为什么要声明变量？未经声明而直接使用的变量是什么类型？

9. 如果 x 是 integer 型变量，那么，下面语句有什么错误？怎样更正？

List1. AddItem $''$x$=''+$x

10. 能否在一个数组中同时存储几种不同类型的数据？如果能，请举例说明；如果不能，请说明原因。

11. 编程序，求解一元二次方程 $ax^2+bx+c=0$。要求：

(1) 考虑根的所有可能的情况。

(2) 求根时四舍五入，精确到两位小数。

12. 运输公司对用户计算运费。路程越远，每公里运费越低。运费标准如下：

路程<250km	无折扣
250≤路程<500km	2%折扣
500≤路程<1000km	5%折扣
1000≤路程<2000km	8%折扣
2000≤路程<3000km	10%折扣
3000≤路程	15%折扣

编程序，输入单价和路程，输出运费。

13. 编程序，实现学生登记。要求：

(1) 使用"用户自定义数据类型"声明一个"学生"变量，其中包括学生的"学号"、"姓名"、"性别"、"出生年月"和"入学成绩"。

(2) 输入 5 个学生的情况，求全体学生"入学成绩"的平均值，并输出每个学生的"学号"和"入学成绩"以及全体学生的平均成绩。

14. 编写一个子过程，给定义为

Dim curExpense(364) As Currency

的数组中每个元素都赋予一个初始值20。

15. 编程序，输入参数 n、m，求组合数 $C_n^m=\dfrac{n!}{m!\,(n-m)!}$ 的值。

【提示】 编写求阶乘的函数过程，在求组合数时多次调用。

16. 举例说明，在定义一个变量时，怎样才能满足以下要求：

(1) 限制该变量只能在当前过程中使用。

(2) 使该变量可以在本模块内使用。

(3) 使该变量在过程调用结束后仍然保持其值。

17. 属性过程的作用是什么？有哪些特点？

18. 编程序：新建一个"产品名"表，其中有"品名"和"单价"字段，在表中输入 5 条记录。新建一个窗体，放置一个名为"品名列表"的列表框控件和一个名为"平均单价"的文本框，分别显示"品名"和"平均单价"。

19. 编程序：给"教学管理"数据库添加一个"选修课成绩"表。要求：

(1) 包括"学号"、"姓名"、"科目"、"成绩"4 个字段。

(2) 显示消息框，提示用户输入 5 个学生的情况，并将输入添加到数据库中。

第 8 章 模块与宏

在 Access 数据库中,表、查询、窗体、报表和数据访问页这些数据库对象各自都有一定的数据操纵能力,都能够完成一定的任务,但它们相互之间的驱动和调用不便,难以形成一个有机的整体,从而提供给用户统一的界面,使得数据的输入、维护、处理及输出等一系列操作能够连贯有序地进行。

模块是能够将各种数据库对象组织起来的数据库对象。编写模块采用 Office 通用的程序设计语言(visual basic for application,VBA)。模块可以将 Access 数据库中的各种对象连接在一起,可以组织和管理许多相关的任务,可以实现那些使用直观的可视化操作无法实现的功能,从而使数据库系统更加完善,实现数据库应用系统的自动化操作。

宏是能够将各种数据库对象组织起来的另一种数据库对象,它为数据库应用系统的完善和自动化提供了一种简单方法。宏是一个或多个操作命令的集合,用户只需要选择性地输入一些宏命令,即可实现宏模块的设计,完成特定的任务。

8.1 模 块

模块是保存 VBA 代码的程序单位。模块中包含一个或多个过程,可以是函数过程,也可以是子过程。模块中还要定义可以在多个过程中使用的变量和常量。模块本身不能运行,所谓"运行程序",实际上指的是运行模块中的过程。

8.1.1 模块的概念

模块是将 VBA 程序设计语言的声明和过程集合在一起的程序单位。可将其理解为过程的容器,所有 VBA 代码都以模块的方式保存在数据库里。

Access 提供了两种基本模块:标准模块和类模块。类模块可以是窗体类和报表类,可以自定义用户自己的类,以实现为某些任务(如增加新雇员、向账户存款和从账户取款)编写的代码的重复使用。标准模块包含的是不与任何对象关联的通用过程和常用过程。

模块可以在代码编辑器窗口进行编辑和修改,如图 8-1 所示。

图 8-1　模块的显示

1. 类模块

类模块是包含类的定义的模块,包含其属性和方法的定义。类模块有 3 种基本形式,即窗体类模块、报表类模块和自定义类模块,它们各自与某一窗体或报表相关联。为窗体(或报表)创建第一个事件过程时,Access 将自动创建与之关联的窗体或报表模块。单击窗体(或报表)"设计"视图中工具栏上的"代码"命令,可以查看窗体(或报表)的模块。

【注】　类是一类对象的定义。类定义了对象的属性以及控制对象的行为,是运行时创建对象的模板。

在 Access 中,类模块既可以在与窗体或报表相关联时出现,也可以脱离窗体或报表而独立存在,并且这种类模块可以在"数据库"窗口的"模块"页中显示。

窗体和报表模块通常都含有事件过程,用于响应窗体或报表中的事件。可以使用事件过程来控制窗体或报表的行为,以及它们对用户操作的响应。

模块内的过程一般可以被其他模块访问,可以在定义过程时加上 Private 关键字将过程局限在模块内部;当然,也可在声明过程时加上 Public 关键字,使它在全局范围内有效。窗体或报表模块中的过程可以调用已经添加到标准模块中的过程。

用户可以创建自定义类。这种模块包含特定概念(如一个雇员、一个账户等)的方法函数和过程函数。可以像引用 Access 内置类一样引用自定义类的方法和属性。

2. 创建类的实例

用户可以套用自定义类模块来创建类的实例,Access 提供了两种方式完成这一操作。

(1) 使用单独的 Dim 语句,同时声明一个类和创建该类的一个实例。其一般形式为

Dim 对象实例 As New 对象类

(2) 使用两个语句,其中前一个声明类的实例,后一个使它成为一个对象的引用。其

一般形式为：

> Dim 对象实例 As 对象类
> Set 对象实例＝New 对象类

其中"对象类"引用一个拥有属性过程和公共方法函数的类模块。方法函数对方法的作用与使用属性过程定义属性一样。

3．标准模块

标准模块包含在数据库窗口的模块对象列表中。标准模块包含的是通用过程和常用过程，这些过程不与 Access 数据库文件中的任何对象相关联。也就是说，如果控件没有恰当的前缀，则这些过程没有指向控件名的引用，但可以在数据库中的任何其他对象中引用标准模块中的过程。

标准模块与类模块的不同之处在于存储数据的方法。标准模块的数据只有一个备份。这意味着其中一个公共变量的值改变之后，后面的程序中再读该变量时，得到的是改变后的值。而类模块中的数据是相对于类实例（由类创建的每个对象）而独立存在的。另外，当变量在标准模块中声明为 Public 时，它在工程中任何地方都是可见的，而类模块中的 Public 变量仅当包含某个类模块实例的引用时才能访问。

8.1.2 类模块的编辑

类模块是可以包含新对象定义的模块。在创建一个类实例时，也同时创建了一个新对象，此后，模块中定义的任何对象都会变成该对象的属性或方法。

窗体模块是类模块中的一种。在窗体和报表模块中，包含了由指定的窗体和它所包含的控件的事件所触发的所有事件过程的代码。可以使用事件过程来控制窗体或报表的行为，以及它们对用户操作的响应，例如，用鼠标单击某个命令按钮等。在为窗体或报表创建第一个事件过程时，Access 将自动创建与之关联的窗体或报表模块。

数据库的每一个窗体或报表都有内置的模块，这些模块包含了事件过程模板。如果向事件过程模板中添加程序代码，那么当窗体或报表以及它们所包含的控件发生相应的事件时，就可以运行这些程序代码。当 Access 识别出窗体、报表或控件中发生了某种事件时，将会自动地执行为其命名的事件过程。

为窗体或报表创建第一个事件过程时，Access 将自动创建与之关联的窗体或报表模块。许多向导，如命令按钮向导等，在创建对象的同时也创建了对象的事件过程。类模块既可以与窗体或报表同时出现，也可以脱离窗体或报表而独立存在，还可以在数据库窗口的"模块"页上显示。

如果要查看窗体或报表模块，可以单击窗体或报表"设计"视图中工具条上的"代码"按钮。例如，在数据库窗口中，切换到"窗体"对象页，打开"销售额分析"窗体，切换到"设计"视图，然后单击"代码"按钮，则显示如图 8-2 所示的模块内容。

用户可以自己编写类模块，以创建自定义的对象以及对象的属性和方法。在数据库窗口的"模块"页中,选择"插入"菜单的"类模块"选项,可以新建一个类模块,这时可以在属性窗口(见图8-3)中为类命名,并设置 Instancing 属性的值,Instancing 属性有两个值:Private 和 PublicNonCreatable。如果设置其值为 Private,则引用用户工程的工程不能在对象浏览器中看到这个类模块;如果设置为 PublicNonCreatable,则引用工程可以在对象浏览器中看到这个类模块。引用工程可以使用类模块的一个实例进行工作,但被引用的用户工程要先创建这个实例。引用工程本身不能真正地创建实例。

图 8-2　销售额分析窗体的模块

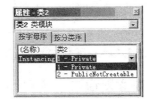

图 8-3　类模块的属性窗口

可以选择"插入"菜单的"过程"选项向类模块中插入子过程、函数过程或属性过程。

一个类模块代表了一个可以在运行时按需要创建的对象,客户程序在开始使用对象时或退出对象后经常需要进行某些处理,可以将相应的 VBA 代码放在子过程 Class_Initialize及 Class_Terminate 中。这样,在对象调入内存尚未返回到创建它的客户程序之前,Class_Initialize 子过程会被调用,如果对象引用设置为 Nothing,则 Class_Terminate会被调用。

8.1.3　模块中过程的运行

在 VBA 程序中,引用子过程和函数过程就是运行它们的 VBA 代码。也就是说,通过运行 Sub 子过程和 Function 函数过程,可以达到在 Access 中运行 VBA 代码的目的。

Sub 子过程和 Function 函数过程是以模块为单位保存的,但子过程与函数过程的运行是通过在表达式、其他过程或函数以及宏中调用它们,而不是通过运行模块来实现的。此外,窗体或报表模块中的事件过程的运行,也是通过响应用户的操作来实现的。

以下是 Access 中运行代码的几种方法,可以根据实际需要选用其中之一。

1. 事件过程的运行

如果创建了一个事件过程,则执行相应操作(事件发生)时,可自动激活该过程,执行过程中的代码。例如,在窗体上放一个名为"预览报表"的命令按钮,编写事件过程

Private Sub 预览报表_Click()
　　DoCmd. OpenForm "订单链接窗体"

```
End Sub
```

则在运行时,单击该按钮,便会打开指定的窗体。

2. 在表达式中执行

可以在表达式中使用函数来定义窗体、报表或查询的计算字段;可以在查询和筛选中使用表达式作为属性设置;还可以在宏的操作、VBA 语句和方法,或者 SQL 语句中使用表达式。例如,在语句

```
If ChildFormIsOpen() Then FilterChildForm
```

中,分别调用了 ChildFormIsOpen 函数和 FilterChildForm 过程。该语句的功能是:如果 ChildFormIsOpen 函数的执行结果为 True,则执行 FilterChildForm 过程。

3. 在立即窗口中调用 Sub 过程

在立即窗口(见 8.3 节)中,可以用"? 表达式"的形式求出表达式的值。如果其中包含了过程或函数调用,也可以运行它们。

4. 利用主菜单

在 VBA 编辑窗口为活动窗口的情况下,利用主窗口的"运行"菜单,可以执行不带参数的过程。方法是:在 VBA 编辑窗口中,将光标移到要执行的过程上,然后选择主窗口中"运行"菜单的"运行子过程/用户窗体"项,即可运行该过程。

5. 在宏中执行 Runcode 操作命令

在宏中执行 Runcode 操作命令,可以运行 VBA 的内置函数或自定义函数。在运行 Sub 过程或事件过程时,可以先创建一个调用过程的函数,然后再使用宏的 Runcode 操作命令来运行函数。

8.2 对象的使用

VBA 是一种面向对象的语言,对象的创建、引用、撤销等操作贯穿于 VBA 程序设计的整个过程。程序中的对象是现实世界中形形色色的事物(一个学生、一个产品等)的模型化和数据化。对象是数据和代码的组合,数据描述的是实际事物的各种状态,称为对象的属性;代码用于实现实际事物的各种行为,称为对象的方法。

对于 VBA 来说,最重要的应用程序对象就是用户所创建的窗体(或报表、数据访问页)及窗体上摆放的控件,所有的窗体和控件都是对象,而窗体的大小、背景颜色,以及控件的位置、形状、标题等都是对象的属性。这些对象内置的操作就是对象的方法,通过方法可以控制对象的行为。

8.2.1 创建对象引用

变量除了可以存放值之外,还可以引用对象。可以像给变量赋值一样将对象赋给变量,且引用包含对象的变量比反复引用对象本身有更高的效率。

用对象变量创建对象引用时,首先要声明变量。声明对象变量的方法和声明其他变量一样,要使用 Dim、ReDim、Static、Private 和 Public 语句,其一般形式为

Dim│ReDim│Static│Private│Public 对象变量 As〔New〕类

其中可选的 New 关键字可以隐式地创建对象。如果使用 New 来声明对象变量,则在第一次引用该变量时将新建该对象的实例,不必再给这个对象引用赋值。如果在声明对象变量时未使用 New 关键字,则需要使用 Set 语句将对象赋予变量。

Set 对象变量＝〔New〕对象表达式

一般地,在使用 Set 语句将一个对象引用赋给变量时,并未为该变量创建对象的一个副本,而只是创建了对象的一个引用(允许多个对象变量引用同一个对象)。因为这些变量只是同一对象的引用而不是它的副本,故该对象的任何改动都会影响到这些变量。不过,如果在 Set 语句中使用了 New 关键字,实际上将新建该对象的一个实例。

例如,在下面 3 个语句

```
Dim anyForm As New Form
Dim anyText As TextBox
Set anyText＝New TextBox
```

中,第一个语句声明了一个对象变量 anyForm,并使用 New 关键字隐式地创建对象,它可以引用应用程序中的任何窗体;第二个语句声明了一个能够引用应用程序中的任何文本框的 anyText 对象变量;第三个语句使用 Set 语句为 anyText 赋值。

在对象变量使用过后,应该将它的值设置为 Nothing,取消这个对象变量。例如,语句

```
Set WordApp＝CreateObject("word. application")
```

取消了 WordApp 对象变量。

例 8-1 声明一个对象变量并隐式地创建对象。

Microsoft Office 中的每个应用程序都至少提供一种对象类型。例如,Word 提供了 Application 对象、Document 对象以及 Toolbar 对象等。本例中将使用 Word 的 Application 对象和 Document 对象来打开 Word 程序,生成一个 Word 文档,给其中写入一串字符,并保存该文档。

```
Sub 写入 Word 文档()
    '定义对象变量
    Dim wdApp As Word. Application
```

```
Dim wdDoc As Word. Document
'实例化对象变量
Set wdApp = New Word. Application
Set wdDoc = wdApp. Documents. Add
'在新文档中添加文本后保存
With wdDoc
    . Range. Text = "对象变量的定义和使用测试!"
    . SaveAs "C:\测试. doc"
    . Close
End With
'释放对象变量(对象变量与对象引用脱离关联)。
Set wdDoc = Nothing
wdApp. Quit
Set wdApp = Nothing
End Sub
```

运行该过程时,可以将这些代码复制到任意一个 Access 模块中,然后选择"工具"菜单的"引用"选项,弹出"引用"对话框,在其中设置对 Word 对象库的引用,如图 8-4 所示,即可运行这一段代码。

图 8-4　"引用"对话框

8.2.2　初始化对象变量

可以使用 CreateObject 或 GetObject 函数初始化对象变量。CreateObject 函数创建一个 Active X 对象并返回该对象,将它返回的对象赋给一个对象变量即可实现变量的初始化。如果要使用当前实例,或者要启动应用程序并加载一个文件,可以使用 CreateObject 函数。调用该函数的一般形式为

CreateObject(类名称)

例如,下面两个语句创建了一个对 Word 的引用。

```
Dim WordApp As Object
Set WordApp=CreateObject("word. application")
```

【注】 Active X 控件是一种溶入 Active X 技术（使网络环境中软件成员之间能够交互作用的一系列技术）的可重用软件组件。可用这些组件为网页、桌面应用程序和软件开发工具增加特殊功能，如动画效果或快捷菜单等。这种控件可以使用不同的程序设计语言编写，包括 C、C++、Visual Basic、Java。

GetObject 函数用于返回文件中的 Active 对象的引用。调用该函数的一般形式为

GetObject（文件路径名，类名称）

例如，下面两个语句

```
Dim CADObject As Object
Set CADObject =GetObject("C:\CAD\SCHEMA. CAD", "FIGMENT. DRAWING")
```

使用 GetObjcct 函数访问 C:\CAD\SCHEMA. CAD 文件中的 FIGMENT. DRAWING 对象，并将其赋给 CADObject 对象变量。

例 8-2 使用对象变量操纵 Excel 工作表。

本例将定义一个对象变量，再使用 CreateObject 函数初始化该变量，使其引用 Excel 对象，然后打开 Excel，创建工作簿，给其中写入字符串，最后保存它。

```
Sub 操纵 Excel 工作表()
    Dim ExcelSheet As Object
    '对象变量实例化并赋初值
    Set ExcelSheet = CreateObject("Excel. Sheet")
    '设置 Application 对象打开 Excel
    ExcelSheet. Application. Visible = True
    '在工作表的第一个单元格写入字符串
    ExcelSheet. Application. Cells(1, 1). Value = "活动单元格 A 1"
    '将表格(工作簿)保存到 C:\test. xls 目录
    ExcelSheet. SaveAs "C:\TEST. XLS"
    '使用 Application 对象的 Quit 方法关闭 Excel。
    ExcelSheet. Application. Quit
    '释放对象变量
    Set ExcelSheet = Nothing
End Sub
```

8.2.3 使用 Access 对象

Access 对象就是 Access 预先定义好了的对象，这些对象与 Access 用户界面及应用程序的窗体、报表和数据访问页互相关联，可以用来进行针对 Access 输入和显示数据时的用户界面上的构件进行程序设计。VBA 通过使用 Access 的对象与集合来操纵数据库中的窗体、报表、数据访问页以及它们之中包含的控件，可以利用这些对象所具有的功能

来格式化和显示数据,并使用户能够方便地向数据库中添加数据。Access 还提供了一些能够与 Access 应用程序一起工作的其他对象,如 CurrentProject、CurrentData、CodeProject、CodeData、Screen、DoCmd 对象等。可以利用"对象浏览器"和 VBA 的帮助来获得某个对象、属性、过程和事件的信息。下面介绍一些常用的 Access 对象。

1. Application 对象

Application 对象引用活动的 Access 应用程序。使用 Application 对象,可以将方法或属性设置应用于整个 Access 应用程序。例如,语句

Application. SetOption "Show Status Bar", True

就使用了 Application 对象的 SetOption 方法,在"选项"对话框(选择"工具"菜单的"选项"命令打开)的"视图"页中的"显示"栏中,设置了"状态栏"复选框。

在 VBA 中使用 Application 对象时,首先确认 VBA 对 Access11.0 对象库(随 Access 版本的不同而不同)的引用,然后创建 Application 类的新实例并为其指定一个对象变量。例如,

Dim appAccess As New Access. Application

也可以使用 CreateObject 函数来创建 Application 类的实例。

Dim appAccess As Object
Set appAccess CreateObject("Access. Application")

创建了 Application 类的新实例之后,可以使用 Application 对象提供的属性和功能创建和使用其他 Access 对象。例如,可以使用 OpenCurrentDatabase 或 NewCurrentDatabase 方法打开或新建数据库,可以使用 Application 对象的 CommandBars 属性返回对 CommandBars 对象的引用,可以使用这个引用来访问所有的 Office XP 命令栏对象和集合,还可以使用 Application 对象处理其他 Access 对象。

例 8-3　使用 Application 对象及其子对象的方法打开数据库及其中的表。

本例将使用 Application 对象的 OpenCurrentDatabase 方法打开罗斯文示例数据库,并使用它的子对象 DoCmd 的 OpenForm 方法数据库中的"产品"表。

```
Dim appAccess As Access. Application '声明 Application 对象变量
Private Sub 显示窗体()
    '设置表示数据库文件的路径的常量
    Const 路径 = "D:\Program Files\Microsoft Office\OFFICE11\SAMPLES\"
    '设置表示数据库文件路径名的常量
    strDB = 路径 & "Northwind. mdb"
    '新建 Access 实例
    Set appAccess = CreateObject("access. Application")
    '使用 OpenCurrentDatabase 方法打开数据库
    appAccess. OpenCurrentDatabase strDB
    '打开子对象 DoCmd. 的 OpenForm 方法打开数据库中一个窗体
```

appAccess. DoCmd. OpenForm ″产品″
End Sub

2. 有关窗体和控件的对象与集合

Form 对象引用一个特定的 Access 窗体。Form 对象是 Forms 集合的成员,该集合是所有当前打开的窗体的集合。Forms 集合中的每个窗体都有一个索引号(从零开始编排),在引用 Forms 集合中的单个 Form 对象(窗体)时,既可以按名称也可以按其在集合中的索引来引用,但最好是按名称引用窗体,因为窗体的集合索引可能会变动。如果窗体名称包含空格,那么名称必须用方括号括起来。引用 Forms 集合中 Form 对象的一般形式如表 8-1 所示。

表 8-1　引用 Forms 集合中的 Form 对象的语法

语　　法	例　　子
Forms!formname	Forms!OrderForm
Forms![form name]	Forms![Order Form]
Forms(″formname″)	Forms(″OrderForm″)
Forms(index)	Forms(0)

每个 Form 对象都有一个 Controls 集合,其中包含该窗体上的所有控件。在引用窗体上的控件时,显式或隐式地引用 Controls 集合即可(隐式引用时代码的运行速度可能快一些)。例如,语句

Forms! OrderForm!NewData

隐式引用 OrderForm 窗体上名为 NewData 的控件,而语句

Forms! OrderForm. Controls!NewData

显式引用 OrderForm 窗体上名为 NewData 的控件。

3. Modules 集合与 Module 对象

Modules 集合包含 Access 数据库中所有打开的模块,包括与任何对象都无关的标准模块,以及与窗体或报表相关的窗体模块和报表模块。Modules 集合中的模块可以是经过编译的,也可以是未经编译的。Module 对象引用并返回特定的标准模块或类模块。

例如,语句

Dim mdl As Module
Set mdl = Modules![Utility Functions]

返回一个对标准 Module 对象的引用并将其赋予一个对象变量。语句

Dim mdl As Module
Set mdl = Modules!Form_Employees

返回一个对窗体 Module 对象的引用并将其赋予一个对象变量。

在引用特定的窗体或报表模块时,还可以使用 Form 或 Report 对象的 Module 属性。例如,语句

```
Dim mdl As Module
Set mdl = Forms!Employees. Module
```

返回一个对与"雇员"窗体相关的 Module 对象的引用,并将其赋予一个对象变量。

4. DoCmd 对象

使用 DoCmd 对象的方法,可以在 VBA 中运行 Access 操作。操作可以执行诸如关闭窗口、打开窗体和设置控件值等任务。例如,可以使用 DoCmd 对象的 OpenForm 方法打开一个窗体,或使用 Hourglass 方法将鼠标指针改为沙漏图标。

DoCmd 对象的大多数方法都有参数,某些参数是必需的,还有一些是可选的。如果省略可选参数,这些参数将被假定为特定方法的默认值。例如,OpenForm 方法有 7 个参数,但只有第一个参数 formname 是必需的。

例 8-4　本例将使用 DoCmd 对象的 OpenForm 方法打开"供应商"窗体,再显示一个带有提示信息的输入对话框,要求用户输入"公司名称",然后按照用户输入的内容查找记录,并将光标定位在窗体上的"地址"文本框中。

```
Sub 查找公司地址()
    '在"窗体"视图中打开"供应商"窗体
    DoCmd. OpenForm "供应商", acNormal
    '显示输入对话框,接收用户输入的字符串
    公司名称 = InputBox("请输入公司名称")
    '按用户输入的字符串查找记录
    DoCmd. FindRecord 公司名称, , , False, , True
    '将焦点移到当前(窗体正在显示的)记录的"地址"框中
    DoCmd. GoToControl "地址"
End Sub
```

8.3　VBA 代码的调试

调试就是查找和修正程序代码中错误的过程。Access 提供了多种调试工具和调试方式,用户可以通过"调试"菜单中的相应命令或"调试工具栏"上的按钮使用它们,从而提高程序设计的质量。

8.3.1　错误类型

编写程序时,用户可能会因粗心或没有完全弄清楚所使用的语句成分的意义而写出了无法运行的程序,或程序运行的结果没有达到预期的目标。为了在错误出现时能够采

取相应的对策,或者预防常见错误的发生,应该了解常见错误的类型,并在编写程序时遵循一定的原则,减少或避免错误的发生。

1. 错误类型

执行程序时,能够产生的错误大体上可以分为以下 3 种类型。

1)编译错误

编译错误就是在编译过程中发生的错误,可能是程序代码结构引起的错误。例如,遗漏了配对的语句(如 For...Next 词句中的 For 或 Next),在程序设计上违反了 VBA 的规则(例如,拼写错误、少一个分隔点或类型不匹配)等。编译错误也可能会因语法错误而引起。语法错误是指未通过语法检查或使用了错误的标点符号。例如,括号不匹配,给函数的参数传递了无效的数值等,都可能导致这种错误。

2)运行错误

运行错误就是在程序运行过程中发生的错误,主要是试图执行一些非法操作而引起的。例如,被零除或向不存在的文件写入数据等。

3)程序逻辑错误

程序逻辑错误是指应用程序未按设计执行,或生成了无效的结果。这种错误是由于程序代码中不恰当的逻辑设计而引起的。这种程序在运行时并未进行非法操作,只是运行结果不符合要求。这是最难处理的错误。VBA 不能发现这种错误,只有靠用户对程序进行详细的分析才能发现。

2. 程序设计原则

为了避免不必要的错误,应该保持良好的程序设计风格。通常应遵循以下几条原则:

(1)除了一些定义全局变量的语句以及其他说明性的语句之外,具有独立作用的非说明性语句和其他代码,都要尽量地放在 Sub 过程或 Function 过程中,以保持程序的简洁性,并清晰明了地按功能来划分模块。

(2)编写代码时要加上必要的注释,便于以后自己或其他用户能够清楚地了解程序的功能和结构。

(3)在每个模块中加入 Option Explicit 语句,强制对模块中的所有变量进行显式声明。

如果在模块中使用 Option Explicit 语句,则必须用 Dim、Private、Public、ReDim 或 Static 语句显式声明所有变量。如果使用未声明的变量名,则在编译期间会发生错误。如果不使用 Option Explicit 语句,则所有未声明的变量都是 Variant 类型,除非用 Deftype 语句指定了默认类型。

【注】 在模块中使用 Option Explicit 语句时,该语句必须放在所有过程之前。

(4)为了方便地使用变量,变量的命名应采用统一的格式,尽量做到能"顾名思义"。

(5)在声明对象变量或其他变量时,应尽量使用确定的对象类型或数据类型,少用 Object 和 Variant。这样可加快代码的运行,且可避免出现错误。

8.3.2 调试工具栏

Access 提供了"调试"菜单和"调试"工具栏,使用户能够调用调试工具,选择调试方式。其中调试工具栏上包含了对应于调试菜单中某些命令的按钮,这些命令都是在调试代码时最常用的命令。

选择"视图"|"工具栏"|"调试"命令,即可弹出"调试"工具栏。Access 2003 的工具栏如图 8-5 所示。

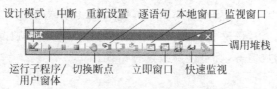

图 8-5　调试工具栏

可以单击工具栏按钮,来完成该按钮所指定的动作。如果想要在光标移到按钮之上时自动显示该按钮的提示信息,可以进行设置。设置的方法是:选择"工具"菜单的"选项"命令,打开"选项"对话框,切换到"通用"页,然后选中"显示工具提示"复选项。

调试工具栏上一些按钮的功能如下所述。

(1) 设计模式按钮:打开或关闭设计模式。

(2) 运行子程序/用户窗体按钮:如果光标在过程中,则运行当前过程;如果用户窗体处于激活状态,则运行用户窗体;否则将运行宏。

(3) 中断按钮:终止程序的执行,并切换到中断模式。

(4) 重新设置按钮:清除执行堆栈和模块级变量并重新设置工程。

(5) 切换断点按钮:在当前行设置或清除断点。

(6) 逐语句按钮:一次执行一句代码。

(7) 逐过程按钮:在代码窗口中一次执行一个过程或一句代码。

(8) 跳出按钮:执行当前执行点处的过程的其余行。

(9) 本地窗口按钮:显示"本地窗口"。

(10) 立即窗口按钮:显示"立即窗口"。

(11) 监视窗口按钮:显示"监视窗口"。

(12) 快速监视按钮:显示所选表达式当前值的"快速监视"对话框。

(13) 调用堆栈按钮:显示"调用堆栈"对话框,列出当前活动的过程调用。

8.3.3 中断模式

Access 提供的大部分调试工具,都要在程序处于挂起(暂停)状态才能有效,这时就需要进入中断模式。中断模式是编写和测试程序时,查找程序中错误的重要工具。该模式中断正在运行的程序。在这种情况下,程序仍处于执行状态,只是暂停于正在执行的语句之间,变量和对象的属性(值)仍然保持,在模块窗口中会显示当前运行的代码。

1. 由断点进入中断模式

如果要将语句设为挂起状态,可采用以下几种方法:

(1) 如果 VBA 在运行时遇到了断点,系统就会在运行到该断点处时将程序挂起。可在任何可执行语句和赋值语句处设置断点,但不能在声明语句和注释行处设置断点,不能在程序运行时设置断点;只有在编写程序代码或程序处于挂起状态时才可设置断点。可用以下两种方式设置断点。

① 在模块窗口中,将光标移到要设置断点的行,按 F9 键,或单击工具条上的"切换断点"按钮。

② 在模块窗口中,单击要设置断点行的左侧边缘部分。

如果要消除断点,可将插入点移到设置了断点的程序代码行上,然后单击工具条上的"切换断点"按钮,或在断点代码行的左侧边缘单击。

(2) 给过程中添加 Stop 语句,或在程序执行时按 Ctrl+Break 键,也可将程序挂起。

Stop 语句是添加在程序中的,当程序执行到该语句时将被挂起。它的作用与断点类似。但当用户关闭数据库后,所有断点都会自动消失,而 Stop 语句却还在代码中。如果不再需要断点,则可选择"调试"菜单的"清除所有断点"命令将所有断点清除;因 Stop 语句需要逐行清除,十分麻烦。

2. 使用监视式进入中断模式

监视式是用户定义的表达式,如果设置了监视式,则当程序运行到符合赋值条件的语句时,就会进入中断模式。

设置监视式的方法是:

(1) 选择"调试"菜单的"添加监视"选项,打开"添加监视"对话框,如图 8-6 所示。

(2) 在"表达式"文本框中,输入监视表达式。这个表达式可以是一个变量、属性、函数调用或者其他 VBA 表达式。

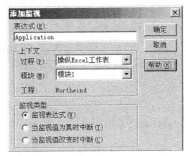

图 8-6 "添加监视"对话框

例如,如果表达式为"X=""",则当变量 X 的值为空字符串时,监视式生效,此后有 3 种处理方式:

① 默认为不中断,此时只会记录表达式结果的变化,程序仍会继续运行。

② 当监视值为真时中断,本例中,当变量 X 的值为空字符串时中断。

③ 当监视式有变化时中断。

监视表达式会在每次进入中断模式时,或在执行立即窗口中的每个语句后,自动在监视窗口中更新。

3. 本地窗口和立即窗口

本地窗口和立即窗口是中断模式中的两个重要工具,它们可以通过"视图"菜单打开。

本地窗口可以自动显示当前过程中的变量声明及变量值。如果本地窗口是可见的，则每当从执行方式切换到中断模式或者操纵堆栈中的变量时，它就会自动地更新显示。

立即窗口是用于暂存中间结果的窗口，可以在这个窗口中立即求出表达式、语句、方法及子过程的结果。可以将 Debug 对象的 Print 方法添加到 VBA 代码中，以便运行程序时，在立即窗口中显示表达式的值。

4. 更改运行位置

在中断模式中，可以进行多种处理，例如，在中断生效后，可以按 F8 键继续运行，或按 F5 键运行到最后。这两个都是继续运行的快捷键。

在中断模式中也可以编辑程序，但是，如果这时更改了某个变量值，或者某个运行处的资源时，则必须更改运行位置才能保证继续运行下去。更改的方法是：先将插入点移到新运行的程序处，再选择"调试"菜单的"重新设置"选项。

8.3.4　VBE 中代码的执行方式

VBE 提供了多种程序运行方式，在调试程序时，可以根据需要选择不同的方式。

1. 逐语句执行

逐语句执行也称为单步执行，在这种方式下，VBE 执行了当前语句（包括被调用的过程中的语句）后，自动转入下一个语句，并将程序挂起。有时候，一行中有多个语句，它们之间用冒号隔开。在使用这种执行方式时，将逐个执行这一行中每个语句，而断点只是应用程序执行的第一个语句。

逐语句执行方式便于及时、准确地跟踪变量的值，从而较快地发现错误。

设置逐语句执行的方法是：选择"调试"菜单的"逐语句"命令，或单击调试工具栏上的"逐语句"按钮。

2. 逐过程执行

逐过程执行与逐语句执行的不同之处在于：当执行代码调用其他过程时，逐语句执行方式下是从当前行转移到该过程中，在此过程中一行一行地执行；而逐过程执行则将调用其他过程的语句当作统一的语句，将该过程执行完毕，再进入下一个语句。

如果希望执行每一行程序代码，并将任何被调用过程作为一个单位执行，则可设置为逐过程执行，设置方法是：选择"调试"菜单的"逐过程"命令，或单击调试工具栏上的"逐过程"按钮。

3. 跳出执行

如果希望执行当前过程中的剩余代码，则可选择"调试"菜单的"跳出"命令，或单击调试工具栏上的"跳出"按钮。VBE 会将该过程未执行的语句全部执行完，包括在当前过程中调用的其他过程，并且都是一步完成。执行完过程后，程序将返回到调用该过程的过程,至此"跳出"命令执行完毕。

4. 运行到光标处

选择"调用"菜单的"运行到光标处"命令,VBE 就会运行到当前光标处。当用户可确定某一范围的语句正确,而对后面语句的正确性不能保证时,就可以使用这个命令运行程序到某条语句处,再在该语句后逐步调试。

5. 设置下一个语句

在 VBE 中,用户可自由设置下一步要执行的语句。要在程序中设置执行的下一条语句,可用右键单击,并在弹出的菜单中选择"设置下一条语句"命令。这个命令必须在程序挂起时使用。

8.3.5 查看变量值

VBE 提供了多种查看变量值的方法,给调试程序带来了方便。

1. 在模块窗口中查看数据

在调试程序时,常希望随时查看程序中的变量和常量的值。在代码窗口中,只要鼠标指向要查看的变量和常量,VBE 就会直接显示出当前值。这是查看数据的最简单的方法,但它只能查看一个变量或常量。如果要查看几个变量或一个表达式的值,或需要查看对象以及对象的属性,就不能在模块窗口中查看了。

2. 在本地窗口中查看数据

可单击工具条上的"本地窗口"按钮打开"本地窗口",如图 8-7 所示。

图 8-7　本地窗口与立即窗口

本地窗口中有 3 个列表,分别显示"表达式"、表达式的"值"和"类型"。有些变量,如用户自定义类型、数组和对象等,可以包含级别信息。这些变量的名称左边有一个加号按钮,可通过它控制级别信息的显示。

列表中的第一个变量是一个特殊的模块变量。对于类模块,它的系统定义变量为Me。Me 是对当前模块定义的当前类实例的引用。因为它是对象引用,所以能够展开显示当前类实例的全部属性和数据成员。对于标准模块,它是当前模块的名称,并且也能展开显示当前模块中的所有模块级变量。在本地窗口中,可通过选择现存值并输入新值来更改变量的值。

3. 在监视窗口浏览数据

如果设置了监视式,则在程序执行的过程中,就可以利用监视窗口来查看表达式或变量的值。可以在监视窗口中展开或折叠级别信息,调整列标题大小或就地编辑值等。

4. 使用立即窗口

使用立即窗口(见图 8-7)可检查一行 VBA 代码的结果。可使用立即窗口检查控件、字段或属性的值,显示表达式的值,或者为变量、字段或属性赋予一个新值。

使用立即窗口的方法如下:

(1) 如果要在代码执行的某一点使用立即窗口,则需要在该点暂停代码的执行。

(2) 在调试工具条上单击"立即窗口"按钮,显示一个"立即窗口"。

(3) 在"立即窗口"输入一条语句、方法、Function 过程或 Sub 过程,并按回车键。

(4) 输入 Debug 对象的 Print(可简写为"?")方法后再输入表达式,可以在立即窗口中浏览表达式的结果。例如,

Debug Print First of Next Month()
? First of Next Month()

也可将 Debug 对象的 Print 方法加到 VBA 代码中,以便在运行代码过程中,在立即窗口显示表达式的值或结果。

5. 跟踪 VBA 代码的调用

在调试代码的过程中,当暂停 VBA 代码的执行时,可使用"调用堆栈"对话框查看那些已经开始执行但还未完成的过程列表。如果持续在"调试"工具栏上单击"调用堆栈"按钮,则会在列表的最上方显示最近调用的过程,接着显示次最近调用的过程,以此类推。

8.4　使用 ADO 的数据库程序

为了使 VBA 应用程序能够访问数据库,VBE 为编程者提供了多种数据访问接口。早期提供的是 DAO(data access object)。利用 DAO 可以编程访问和操纵本地数据库或

远程数据库中的数据,并对数据库及其对象和结构进行处理。目前使用较多的数据访问接口是 ADO(ActiveX Data Objects)。

在 Access(Access 2000 以上版本)中,既可以通过 DAO 也可以通过 ADO 访问数据库。DAO 是基于 Microsoft Jet 数据库引擎(用于连接数据库)的数据访问对象,而 ADO 是使用一种通用程序设计模型而不是基于某种数据库引擎来访问数据库的,它需要 OLE DB 提供对低层数据源的连接。ADO 正在逐步取代 DAO。

8.4.1 ADO 数据模型

微软公司的 MDAC(Microsoft Data Access Components,微软数据访问组件)提供了与数据存储、软件开发工具和程序设计语言无关的数据访问。提供了几乎可以为任何数据存储所用的高级别且易于使用的接口,以及低级别且高性能的接口。用户可以利用这种灵活性,集成各种数据存储,并根据需要,通过所选择的工具、应用程序和平台服务来创建适当的数据库应用系统。这些技术为在 Microsoft Windows 操作系统中的常规用途的数据访问提供了基本的框架。

MDAC 中包含了 3 种主要技术:

(1) ADO(ActiveX 数据对象),这是一个高级别易用的与 OLE DB 的接口。

(2) OLE DB,这是一个低级别高性能的接口,用来实现与各种数据存储的连接。ADO 和 OLE DB 都能够处理关系(表格)和非关系(分级或流)数据。

(3) ODBC(open database connectivity,开放式数据库互连),这是另一个专门为关系数据存储设计的低级的、高性能的接口。

其中 ADO 为客户端或中间层应用程序与低级别的 OLE DB 接口之间提供了一个抽象层。ADO 利用一小组 Automation 对象提供与 OLE DB 的简单而有效的接口。从而深受使用高级语言(如 Visual Basic、VBScript)的开发人员的欢迎,使他们无须学习复杂的 COM(component object model,组件对象模型)和 OLE DB 知识即可访问数据。

微软公司曾经开发出 ODBC,用于在程序中访问关系数据库,但这种技术对于不能用表格形式表示的数据很难适应,因此,微软又提出了 UDA(universal data access)策略。它的核心是一系列组件对象模式接口,命名为 OLE DB。这些接口允许开发人员创建数据提供者,数据提供者能灵活地表示以各种格式存储的数据。由于在 VBA 中不能直接访问 OLE DB,因此又产生了 ADO。ADO 设计为针对 OLE DB 的一个对象接口,在 VBA 中通过 ADO,可以使用 OLE DB 与数据提供者通信。

1. ADO 库组成

Access 2003 支持多种版本的 ADO,如 ADO 2.5 等。ADO 系统由 3 个主要的库组成:ADO(包括 RDS)、ADO MD 和 ADOX。

1) ADO 库

使用 ADO 库,客户端应用程序能够通过 OLE DB 提供者访问和操作数据库服务器中的数据。它具有易于使用、速度快、内存需求低且占用外存空间少的优点。ADO支持用于建立客户端-服务器和基于Web的应用程序的主要功能。

ADO的功能还包括远程数据服务(RDS),通过这种服务,可以在一次往返过程中将数据从服务器移动到客户端应用程序或网页上,并在客户端对数据进行处理,然后将更新结果返回给服务器。

2) ADO MD库

ADO MD(ActiveX Data Objects Multidimensional)库提供了使用各种程序设计语言(Visual Basic、Visual C++、Visual J++等)访问多维数据的功能。ADO MD扩展了ADO的功能,增加了专用于多维数据的对象(如CubeDef、Cellset)。使用ADO MD,可以浏览多维模式、查询立方和检索结果。

同ADO一样,ADO MD通过基本的OLE DB提供者来访问数据。ADO MD要求提供者必须是由OLE DB for OLAP规范定义的多维数据提供者(MDP)。与用表格视图方式显示数据的表格数据提供者(TDP)相反,MDP以多维视图方式显示数据。

3) ADOX库

ADOX(ActiveX Data Objects Extensions for Data Definition Language and Security)库是ADO对象和编程模型的扩展。ADOX包括用于安全性以及创建和修改模式的对象。因为它是基于对象的模式操作方法,所以用户可以编写在各种数据源上都能运行的代码,而不必考虑它们原生语法的差异。

ADOX是核心ADO对象的伴随库。ADOX提供的附加对象可以用于创建、修改和删除模式对象(如表和过程)。ADOX还包括安全性对象,可用于维护用户和组,并授予和取消关于对象的权限。

2. ADO的功能

ADO的设计目标是提供一个完善的逻辑对象模型,便于用户通过OLE DB系统接口以程序设计方式访问、编辑并更新各种各样的数据源。ADO最常见的用法是在关系数据库中查询一个表或多个表,然后在应用程序中检索并显示查询结果,还允许用户更改并保存数据。通过程序设计,还可以使用ADO执行其他任务,例如:

(1) 使用SQL语句查询数据库并显示结果;允许用户查看数据库表中的数据并进行更改;动态创建称为"记录集(Recordset)"的灵便结构,以保持、浏览和操作数据。

(2) 通过Internet访问文件中的信息;操作电子邮件系统中的消息和文件夹;将来自数据库的数据保存在XML文件中。

(3) 创建并重新使用参数化的数据库命令。

(4) 执行存储过程

【注】 存储过程是代码的预编译集合,以某个名称存储在数据库中,作为单元进行处理,其中包括SQL语句及某些流控制语句等。可以通过应用程序的调用来执行存储过程。Access数据库没有存储过程。

(5) 执行事务型数据库操作。

(6) 根据运行时条件,对数据库信息的本地副本进行过滤和排序。

（7）创建并操作来自数据库的分级结果。

（8）将数据库字段绑定到数据识别组件。

（9）创建远程的、断开连接的记录集。

大多数 ADO 程序都涉及获取数据、检验数据、编辑数据和更新数据 4 种基本操作。

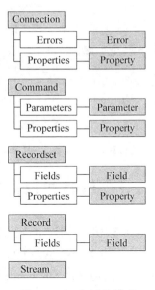

图 8-8　ADO 对象模型

3. ADO 对象模型

ADO 库提供了 9 个对象、4 个集合，其中包括了它提供的所有功能，它们之间的关系如图 8-8 所示。其中，灰色框表示对象，白色框表示集合。

这些对象与集合的说明如表 8-2 所示。

4. 引用 ADO 的步骤

在 Access 中引用 ADO 库的操作步骤如下：

（1）在 Access 的数据库窗口中，切换到"模块"页，选择或创建一个模块。

表 8-2　ADO 库中的对象与集合

对象或集合	说　　明
Connection 对象	代表与数据源的惟一会话。在客户端-服务器数据库系统中，该对象可以等价于与服务器的实际网络连接。该对象的某些集合、方法或属性不一定可用，这取决于提供者支持的功能
Command 对象	定义针对数据源运行的具体命令，例如 SQL 查询命令
Recordset 对象	表示从基本表或命令执行的结果所得到的所有记录的集合。所有 Recordset 对象都由记录（行）和字段（列）组成
Record 对象	表示来自 Recordset 或提供者的一行数据。该记录可以表示数据库记录或某些其他类型的对象（如文件、目录），这取决于提供者
Stream 对象	表示二进制或文本数据的数据流。例如，XML 文档可以加载到数据流中以便进行命令输入，也可以作为查询结果从某些提供者处返回。该对象可用于对包含这些数据流的字段或记录进行操作
Parameter 对象	表示与基于参数化查询或存储过程的 Command 对象相关联的参数
Field 对象	表示一列普通数据类型数据。每个 Field 对象对应于 Recordset 中的一列
Property 对象	表示由提供者定义的 ADO 对象的特征。ADO 对象有两种类型的属性：内置属性和动态属性。内置属性是指那些已在 ADO 中实现并可为任何新对象立即使用的属性。Property 对象是基本提供者所定义的动态属性的容器
Error 对象	包含有关数据访问错误的详细信息，这些错误与涉及提供者的单个操作有关
Fields 集合	包含 Recordset 或 Record 对象的所有 Field 对象
Properties 集合	包含对象特定实例的所有 Property 对象
Parameters 集合	包含 Command 对象的所有 Parameter 对象
Errors 集合	包含为响应单个提供者相关失败而创建的所有 Error 对象

（2）选择"工具"菜单的"引用"选项，打开"引用"对话框。

（3）从列表中选择 Microsoft ActiveX Data Objects x. x Library，并验证至少还选择了下列几个库。

Visual Basic for Applications
Microsoft Access 11. 0 Object Library(或更新版本)

（4）单击"确定"按钮，关闭"引用"对话框。

实际上，上述操作方法适用于 Microsoft Office 的其他软件。

8.4.2 ADO 程序设计方法

在 VBA 中使用 ADO 数据模型进行数据库应用程序设计的基本操作方法如下：

（1）首先使用 ADO 的 Connection 对象(有时需要隐式地创建该对象)连接到数据源，然后使用 ADO 的 Command 对象(也可以隐式地创建)将操作命令传递给数据源。将命令传递给数据源并接收其响应的结果通常将呈现在 ADO 的 Recordset 对象中。

（2）有选择地创建表示 SQL 查询命令的对象，并在 SQL 命令中指定其值为变量参数。

（3）执行命令，查询或更新数据，并对返回的结果进行处理。

（4）结束事务，关闭连接。

【注】"事务"用于分隔在连接过程中发生的一系列数据访问操作的开始和结束。ADO 确保由事务中的操作造成的对数据源的更改全部成功或全部失败。如果事务被取消或其中一个操作失败，最终的结果是事务中的操作都不会发生。数据源将保持事务开始前的状态。对象模型并未明确体现出事务的概念，而是用一组 Connection 对象方法来表示。

在 ADO 中，Command 是一个常用的重要对象。通过 Command 对象的实例，可以将一个语句的所有属性和行为封装在一个对象中，在运行时，能够方便地与 Command 对象建立关联。

封装一个 Command 对象时，至少要先设置 3 个属性，即 CommandText、CommandType 和 ActiveConnection，然后再用 Execute 方法执行命令。其中CommandType 属性特别重要。

使用 ADO 的 Command 对象对数据源执行 SQL 命令的操作方法如下：

* 将 Command 对象的 CommandText 属性设置为想要执行的 SQL 语句。
* 设置该对象的 CommandText 属性为 adCmdText，这是为了优化性能。
* 调用 Command 对象的 Execute 方法产生 SQL 返回集。
* 打开一个基于 Command 对象的 Recordset 对象，以便在应用程序中操纵 SQL 返回集。

【注】 ADO 库的程序 ID (ProgID)前缀为"ADODB"。例如，需要显式地引用 ADO Recordset 时，应该写成 ADODB. Recordset。

例 8-5 使用 Command 对象执行一条简单的 SQL 语句。

1. 设置 ADO 对象的引用

在使用 ADO 库之前，应该设置对 ADO 对象库的引用，以便在程序代码中使用 ADO 对象中的方法或属性。设置 ADO 引用的方法是：选择"工具"菜单的"引用"选项，打开如图 8-9 所示的"引用"对话框。然后选中其中的 Microsoft ActiveX Data Objects 2.5 复选项（或其他 ADO 对象项），最后单击"确定"按钮。

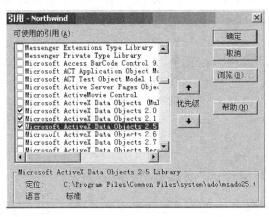

图 8-9 "引用"对话框

2. 编写程序代码（创建模块）

在罗斯文数据库中，创建一个模块（类模块或标准模块都可以），输入以下代码。

```
Option Compare Database
Sub MySelect()
    Dim cnn1 As New ADODB. Connection
    Dim cmd1 As ADODB. Command
    Dim rst1 As ADODB. Recordset
    '创建与其他数据库的连接
    cnn1. Open "Provider=Microsoft. Jet. OLEDB. 4. 0;" & "Data Source=C:\Northwind. mdb;"
    '定义并执行命令，从一个表中选择所有"产品 ID"字段值
    Set cmd1 = New ADODB. Command
    With cmd1
        . ActiveConnection = cnn1
        . CommandText = "Select 产品 ID from [订单明细]"
        . CommandType = adCmdText
        . Execute
    End With
    '将返回集赋予结果集
    Set rst1 = New ADODB. Recordset
    rst1. CursorType = adOpenStatic
```

```
    rst1. LockType = adLockReadOnly
    rst1. Open cmd1
    Debug. Print rst1. RecordCount
End Sub
```

3. 运行程序

运行该模块,则"立即窗口"中显示返回集中的记录数(2 155)。SQL 语句的返回集包括"订单明细"表中的每条记录。在默认方式中,SELECT 语句选择底层记录源中的所有记录。MySelect 的 SQL 语句不包含对返回记录的限制。

8.4.3 更新表中数据的程序

例 8-6 使用 ADO 编程序,在罗斯文数据库的一个新建的表中进行数据操作。

本例将编写一个数据库应用程序,用来更新罗斯文示例数据库一个新建的"商品简介"表中的数据。

1. 创建程序中要操作的"商品简介"表

在罗斯文示例数据库中,创建一个生成表查询,运行该查询,创建如图 8-10(a)所示的"商品简介"表,其中包括 3 个字段:

(1)"编号"字段,其数据来自于"产品"表中的"产品 ID"字段。

(2)"品名"字段,其数据来自于"产品"表中的"产品名称"字段。

(3)"供应商"字段,其数据来自于"供应商"表中的"公司名称"字段。

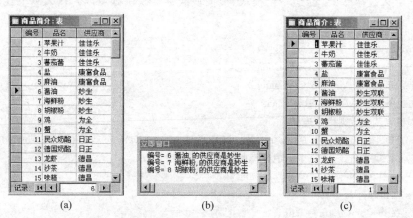

图 8-10 更新前后的商品简介表及运行时的立即窗口

2. 设置 ADO 对象的引用

在使用 ADO 库之前,应该设置对 ADO 对象库的引用,以便在程序代码中使用 ADO 对象中的方法或属性。设置 ADO 引用的方法是:选择"工具"菜单的"引用"选项,打开

"引用"对话框。然后选中其中的 Microsoft ActiveX Data Objects 2.5 复选项（或其他 ADO 对象项），最后单击"确定"按钮。

3. 编写程序代码（创建模块）

在罗斯文示例数据库中，创建一个模块（类模块或标准模块都可以），输入以下代码。

```
Option Compare Database
Public Sub 更新供应商名称()
    Dim cnn As New ADODB. Connection
    Dim cmd As New ADODB. Command
    Dim rst As New ADODB. Recordset
    '打开连接
    cnn. Open "Provider＝Microsoft. Jet. OLEDB. 4.0；Data Source＝C：\Northwind. mdb；"
    '创建命令，先用 ActiveConnection 属性确定 Connection 对象，
    '再确定 Command 对象要执行的命令文本
    Set cmd. ActiveConnection ＝ cnn
    cmd. CommandText ＝ "SELECT ＊ from 商品简介"    '
    '执行命令，使用本地游标库提供的客户端的游标
    '再打开表示记录的游标
    rst. CursorLocation ＝ adUseClient
    rst. Open cmd，，adOpenStatic，adLockBatchOptimistic
    '处理数据，设置属性，排序
    rst! 编号. Properties("Optimize") ＝ True    '设置属性
    rst. Sort ＝ "编号"                         '排序
    '更新数据
    rst. Filter ＝ "供应商＝'妙生'"              '指定数据的过滤器
    rst. MoveFirst
    Do While Not rst. EOF
        Debug. Print "编号＝"；rst! 编号；rst! 品名；"，的供应商是"；rst! 供应商
        rst! 供应商 ＝ "妙生双联"
        rst. MoveNext
    Loop
    rst. Filter ＝ adFilterNone                 '删除当前过滤器
    '更新数据
    cnn. BeginTrans                             '开始新事务
    On Error GoTo ConflictHandler               '出错则转到错误处理程序段
    rst. UpdateBatch                            '将所有挂起的批更新写入磁盘
    '更新成功则结束事务
    cnn. CommitTrans                            '保存更改并结束当前事务
ExitTutorial：
    On Error GoTo 0
    rst. Close
```

```
    Exit Sub
    '更新失败则事务回滚
ConflictHandler：
    rst. Filter ＝ adFilterConflictingRecords   '设置查看使更新失败的记录的过滤器
    rst. MoveFirst
    Do While Not rst. EOF
        Debug. Print "Conflict：编号＝"；rst！编号；"rst！品名，""；"，供应 ＝ "；rst！供应商"
        rst. MoveNext
    Loop
    cnn. RollbackTtrans
    Resume ExitTutorial
End Sub
```

在上面的程序代码中，首先使用 ADO 的 Connection 对象的 ActiveConnection 方法，连接到 Northwind 数据库的"商品简介"表；再使用 SELECT 语句从该表中查询所有记录，筛选其中"供应商"为"妙生"的记录并通过立即窗口显示出来；然后将"妙生"更新为"妙生双联"。

4. 运行程序

运行该模块，则立即窗口中显示筛选出的"供应商"为"妙生"的记录，如图 8-10(b)所示，并更新"商品简介"表，更新后的"商品简介"表如图 8-10(c)所示。

8.4.4 使用内连接

例 8-7　用 SELECT 语句演示一个连接"订单明细"表和"产品"表的内连接的语法，列举返回集中的行，并把它们在"立即窗口"中打印出来。

本例中编写的程序代码如下所述。

```
Option Compare Database
Sub MySelect2()
    Dim cnn1 As New ADODB. Connection
    Dim cmd1 As ADODB. Command
    Dim rst1 As ADODB. Recordset, int1 As Integer
    '创建与其他数据库的连接
    cnn1. Open "Provider＝Microsoft. Jet. OLEDB. 4. 0；Data Source＝C:\Northwind. mdb；"
    '定义并执行命令,从一对关联表中选择惟一的产品名字段的值
    Set cmd1 ＝ New ADODB. Command
    With cmd1
        . ActiveConnection ＝ cnn1
        . CommandText ＝ "Select Distinct 产品名称 from" & _
            "[订单明细] Inner Join 产品 on [订单明细]. 产品 ID＝产品. 产品 ID"
        . CommandType ＝ adCmdText
        . Execute
```

```
        End With
        '将返回集赋予记录集并在立即窗口打印结果
        Set rst1 = New ADODB. Recordset
        rst1. CursorType = adOpenStatic
        rst1. LockType = adLockReadOnly
        rst1. Open cmd1
        Debug. Print rst1. RecordCount
        For int1 = 1 To rst1. RecordCount
            Debug. Print rst1("产品名称")
        rst1. MoveNext
        Next int1
    End Sub
```

其中,MySelect2 子过程中的 SELECT 语句从两个表中提取字段。该语句实现"产品"表和"订单明细"表的内连接,对两个表的"产品 ID"字段进行匹配。因为这个 SQL 语句使用了 Distinct 关键字,所以不会返回重复的"产品名称"字段值。最后,内连接使程序能够打印出与每个产品 ID 号相对应的描述性产品名。

8.4.5　求和与分组操作

例 8-8　使用 SQL 合计函数 SUM 以及连接和排序选项,计算在"订单明细"表中每种产品的扩展价格之和,并在返回集中按每种产品创造的收入大小对结果进行排序。

本例中编写的代码如下所述。

```
Sub MySelect3()
    Dim cnn1 As New ADODB. Connection
    Dim cmd1 As ADODB. Command
    Dim rst1 As ADODB. Recordset, int1 As Integer
    '创建与其他数据库的连接
    cnn1. Open "Provider=Microsoft. Jet. OLEDB. 4. 0; Data Source=C:\ Northwind. mdb;"
    '定义和执行命令,从一对关联表中选择惟一的产品名称字段值,计算附加价格
    Set cmd1 = New ADODB. Command
    With cmd1
        . ActiveConnection = cnn1
        . CommandText = "Select Distinct 产品. 产品名称," & _
        "Sum([订单明细]. [单价] * [订单明细]. [数量] * (1-[订单明细]. [折扣])) As [金额]" & _
        "From 产品 Inner Join [订单明细] On 产品. 产品 ID = [订单明细]. 产品 ID" & _
        "Group By 产品. 产品名称
        "Order By Sum([订单明细]. [单价] * [订单明细]. [数量] * (1-[订单明细]. [折扣])) Desc"
        . CommandType = adCmdText
        . Execute
    End With
```

```
'将选择语句返回集赋予记录集,并在立即窗口打印结果
Set rst1 = New ADODB. Recordset
rst1. CursorType = adOpenKeyset
rst1. Open cmd1
Debug. Print rst1. RecordCount
For int1 = 1 To rst1. RecordCount
    Debug. Print rst1("产品名称"), rst1. Fields("金额")
    rst1. MoveNext
Next int1
End Sub
```

其中,MySelect3 子过程用代码创建了一个计算字段,使用 SUM 函数和 GROUP BY 子句计算每种产品的收入。如果没有 GROUP BY 子句,则为原始表中的每一行建立计算字段,但不会提供分组汇总结果。程序中计算了所有产品的收入总和,而不是每种产品的收入之和。

代码中的 ORDER BY 子句用于控制返回集的排序次序。尽管这段代码写得不算简洁(重写了计算金额的代码),但这样写易于理解,且与查询设计网格产生的代码相似。

8.5 宏

宏是由一系列操作组成的命令集合,可以对数据库中的对象进行各种操作。使用宏可以为数据库应用程序添加许多自动化的功能,并将各种对象联结成有机的整体。

宏既可以单独控制数据库其他对象的操作,也可以作为窗体或报表中的控件的事件响应代码控制数据库其他对象的操作,还可以成为实用的数据库管理系统菜单栏的操作命令,从而控制整个管理系统的操作流程。

8.5.1 宏的概念以及工作方式

在 Access 数据库的实际工作中,常常会重复某项工作或执行对于手工操作来说较为复杂的任务。这可以通过创建宏来进行。利用宏的自动执行重复任务的功能,可以保证工作的一致性,避免因忘记操作步骤等失误而引起的麻烦,从而提高工作效率。

宏由一些操作和命令组成,其中每个操作可实现特定的功能,例如,可以完成排序、查找、显示窗体、打印报表等各种操作。宏可以使普通的任务自动完成。例如,可设置一个宏,在用户单击某个命令按钮时运行该宏,以打印指定的报表。在创建宏时,可以包含一些操作参数,用于执行某项单独操作所要求的附加信息。

宏的优点在于,无须编程即可完成对数据库对象的各种操作。在宏中使用的操作与操作系统中的批处理命令非常相似。用户在使用宏时,只需要给出操作的名称、条件和参数,就可以自动完成指定的操作。

宏可以分为操作序列、宏组和含有条件的宏 3 类。

1. 操作序列

操作序列是结构最简单的一种宏。宏中包含的就是顺序排列的各种操作,如图 8-11(a) 所示。每次运行该宏时,Access 都将顺序执行宏中的操作。

(a)　　　　　　　　　　(b)

图 8-11　操作序列与宏组

2. 宏组

在数据库操作中,如果为了完成一项功能而需要使用多个宏,则可将完成同一项功能的多个宏组成一个宏组,以便于对数据库中的宏进行分类管理和分别维护。

例如,如图 8-11(b)中的"按钮"宏组是由 3 个相关的宏:雇员、产品和报表对话框组成的。其中每个宏都执行 OpenForm(打开窗体)操作,产品宏还可执行 MoveSize 操作。"宏名"列用于标识宏。在宏组中执行宏时,将会顺序执行操作列中的操作;当操作列中的"宏名"列为空时,立即执行所跟随的操作。

调用(执行)一个宏组中的宏的格式为

宏组名.宏名

例如,引用"按钮"宏组中的"雇员"宏,可以使用句式:按钮.雇员。

3. 条件操作

条件操作是指在满足一定条件时,才执行宏中的某个或某些操作。条件的设置可以通过逻辑表达式来完成,表达式的真假决定了是否执行宏中的操作。例如,图 8-12 中的宏只有在"条件"列中的表达式为真时(在"供应商 ID"字段中有一个 Null 值),才执行 MsgBox 和 StopMacro 操作。

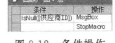

图 8-12　条件操作

在一般的数据库系统中,如果要对数据库中的对象进行操作,就需要编写程序来完成这些操作。在 Access 数据库中,也可以通过编写模块代码来代替宏中的操作。使用宏还是使用 VBA 来创建应用程序,取决于需要完成的任务。

对于简单的细节工作,如打开窗体,关闭窗体,显示工具栏,运行报表,创建全局赋值键,以及在首次打开数据库时的一系列操作等,使用宏是很方便的。它可以简捷迅速地将已经创建的数据库对象联系在一起,因为不必记住各种语法,并且每个操作的参数都显示在"宏"窗口的下半部分。但在有些情况下,应该使用 VBA 而不使用宏。例如,如果一个数据库包含用于响应窗体和报表上的事件的宏,则由于宏是独立于使用它的窗体和报表的对象的,因此会变得难以维护。相反,由于 VBA 事件过程创建在窗体或报表的定义中,因此如果把窗体或报表从一个数据库移动到另一个数据库,则它们所带的事件过程也会同时移动。又如,使用 VBA 可以创建自己的函数,通过这些函数可以执行表达式难以胜任的复杂计算,或者用来代替复杂的表达式。此外,也可在表达式中使用自己创建的函数对多个对象进行操作。

8.5.2 宏的设计

宏窗口是用于创建、编辑和运行宏的工具,是宏的设计器。下面介绍通过宏窗口创建宏和运行宏的方法。

1. 宏窗口

打开宏窗口的方法如下:

(1) 在"数据库"窗口中,切换到"宏"页。

(2) 单击"新建"按钮,打开"宏"窗口,如图 8-13 所示。

宏窗口分为上下两部分。上半部分主要用来添加组成宏的各种操作,它可以分为"操作"和"备注"两列。

图 8-13　宏窗口中的操作及其参数

在"操作"列网格的组合框中显示的是数据库中所有宏操作的名称,可在其中选择将要执行的操作。如果宏中包含多个操作,宏将按从上到下的顺序依次执行"操作"列的多个操作。

在"操作"列的右侧是"备注"列,可在该列输入对操作的简单注释,用来说明使用此操作的目的和用途。为操作添加备注可便于以后查看、修改以及维护在宏中包含的操作。为操作添加备注如同为程序添加注释一样,都是开发软件的良好习惯。

宏窗口的下半部分是"操作参数"列表。宏所包含的操作一般都需要设置执行操作时的参数。执行某一操作就像运行具有某一功能的函数一样,运行函数需要参数,执行操作也同样需要参数。

例如,如果使用 OpenForm 操作打开窗体,则需要为此操作设置相应的参数;首先要设置打开窗体的名称,其次要确定窗体打开的视图方式,以及设置窗口打开模式等参数。

2. 使用宏窗口创建宏

例 8-9　在罗斯文数据库中创建"打开订单查询",并打开"发货单报表"打印预览的宏。

1) 打开宏窗口

打开罗斯文数据库。在数据库窗口中,切换到"宏"对象页,并单击"新建"按钮,弹出"宏 1:宏"对话框,如图 8-14 所示,此即宏窗口。

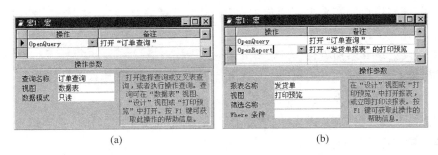

(a)　　　　　　　　　　　　(b)

图 8-14　添加 OpenQuery 操作及 OpenReport 操作

2) 设计"OpenQuery"操作

（1）单击"操作"列第一个格子，用右侧箭头拉出操作列表，选择"OpenQuery"项。

（2）在"备注"列输入操作的说明"打开'订单查询'"，说明也可省略。

（3）在窗口的下半部指定操作的参数。本例在"查询名称"组合框中选择"订单查询"，在"视图"组合框中选择"数据表"，在"数据模式"组合框中选择"只读"，如图 8-14（a）所示。

3) 设计"OpenReport"操作

这里使用拖动的方法向"宏窗口"中添加操作。

（1）单击"宏设计"工具条的"报表"按钮，则数据库窗口打开，切换到"宏"对象页。

（2）选择"宏"对象页的"发货单"报表，然后将其拖动到宏窗口中"操作"列的空白网格中。

（3）在"备注"列输入操作的说明"打开'发货单报表'的打印预览"。

（4）在窗口的下半部指定操作的参数。本例在"报表名称"组合框中选择"发货单"，在"视图"组合框中选择"打印预览"，在"数据模式"组合框中选择"只读"，如图 8-14（b）所示。

4) 运行"宏"

单击宏设计工具条上的"执行"按钮，弹出消息框，按提示保存后才能执行宏。单击"是"按钮，弹出"另存为"对话框。在"宏名称"文本框中输入"打开订单查询和发货单报表"作为宏名。

8.5.3　宏组与宏中的条件

宏组是宏的集合，通过创建宏组，能够方便地对数据库中的宏进行分类管理和维护。另外，在某些情况下，可能需要根据条件来决定宏的执行流程。

1. 创建宏组

可以在一个位置上将几个相关的宏设置成宏组，以便避开单独管理这些宏的麻烦。创建一个宏组的步骤如下所述。

（1）打开宏窗口。在数据库窗口中，切换到"宏"对象页，并单击"新建"按钮，显示宏窗口。

（2）定义宏名并添加操作。

① 如果宏窗口中没有"宏名"列，则单击工具条上的"宏名"按钮添加该列。

② 在"宏名"列中，为宏组中的每个宏输入宏名。

③ 在每个宏名对应的"操作"列中添加操作，即完成宏组的创建。图 8-15 是一个"产品"窗体中的宏组的例子。

图 8-15　宏组的例子

（3）在保存宏组时，设定的名称为宏组名，在数据库窗口的宏名称列表中将显示该名称。

如果要引用宏组中某个宏，则应写为"宏组名. 宏名"。例如，Buttons. products 指 Buttons 宏组中的 products 宏。在宏列表中，products 宏显示为 Buttons. products。

2. 条件操作在宏中的应用

条件操作是指在满足一定条件下，才执行宏中的某个或某些操作，因此是否满足条件决定了宏的执行流程。例如，使用宏检验窗体中的数据时，如果希望对于记录的不同输入值显示不同的信息，则可使用条件来控制宏的执行情况。

指定宏的条件的方法为：

（1）在"宏"窗口中，单击工具条上的"条件"按钮。

（2）在"条件"列中，在要设置条件的行中输入相应的条件表达式。

如果要用"表达式生成器"创建表达式，则用右键单击"条件"格，然后单击其右侧的"生成器"按钮来打开它。

在某些"条件"列后可以添加省略号。当省略号前的条件为真时，Access 执行设置条件的操作以及随后带省略号的所有操作；当条件为假时，忽略该操作以及随后带省略号的所有操作。

表 8-3 是几个条件表达式的例子。

表 8-3　条件表达式

条件表达式	意　　义
［城市］＝"咸阳"	执行宏的窗体中"城市"字段的值为"咸阳"
DCount（"［订单号码］"，"订单"）＞35	"订单"表"订单号码"字段超过 35 项
DCount（" ＊ "，"订单明细"，"［订单 ID］＝ Forms！［订单］！［订单号码］"）＞3	"订单明细"表"订单 ID"字段与"订单"窗体"订单 ID"字段相等，且其数目超过 3 项
［发货日期］Between ♯2-Feb-2005♯ And ♯2-Mar-2005♯	执行宏的窗体上的"发货日期"字段值在 2005 年 2 月 2 日和 2005 年 5 月 2 日之间
Forms！［产品］！［库存数量］＜5	"产品"窗体"库存数量"字段的值小于 5
IsNull（［姓名］）	执行宏的窗体上的"姓名"字段值是 Null（无值）该表达式等价于［姓名］Is Null
［国家］＝"UK" And Forms！［销售总数］！［订货总数］＞100	执行宏的窗体上的"国家"字段值是 UK 且在"销量总数"窗体内的"订货总数"字段值大于 100
MsgBox（"Confirm changes?"，1）＝1	在 MsgBox 函数显示的对话框中单击"确定"按钮。如果在对话框中单击了"取消"按钮，Access 将忽略该操作

【注】　在宏的"条件"列中不能使用 SQL 表达式。

执行宏时，Access 先计算第一个条件表达式。如果结果为真，则执行该行所设置的操作，以及紧接该操作且在"条件"栏内有省略号（…）的所有操作。例如，图 8-16 中的宏只有当"供应商 ID"字段内没有数值，即其值为 Null 时，才会执行 MsgBox 和 StopMacro 操作。然后，Access 将执行宏中任何空"条件"字段的附加操作，直到到达另一个表达式、宏名或退出宏为止。

条　件	操　作
	Echo
IsNull（［供应商 ID］）	MsgBox
	StopMacro
	OPenForm

图 8-16　宏中的条件

8.5.4　运行宏

在执行宏时，Access 将从宏的起点开始，执行宏中的所有操作，直到宏的结束点，或者宏组中的另一个宏处截止。可以直接执行宏，也可以从其他宏或事件过程中执行宏，还可以将执行宏作为对窗体、报表、控件中发生的事件做出的响应。例如，可以将某个宏附加到窗体中的命令按钮上，则当用户单击按钮时即可执行相应的宏。也可创建执行宏的自定义菜单命令或工具栏按钮，将某个宏设定为组合键，或者在打开数据库时自动执行宏。

1. 直接执行宏

直接执行宏的几种方式如下：

（1）单击工具栏上的"执行"按钮，可在宏窗口中执行宏。

（2）切换到"宏"对象页，并双击相应的宏名，可在数据库窗口中执行宏。

（3）选择"工具"|"宏"|"执行宏"命令，弹出"执行宏"对话框，在"宏名"组合框中选择

相应的宏,即可在窗体"设计"视图(或报表"设计"视图)中执行宏。

【注】 通常情况下,直接执行宏只是进行测试。在确保宏的设计无误后,可将宏附加到窗体、报表或控件中,以对事件做出响应;也可创建一个执行宏的自定义菜单命令,以执行在另一个宏或 VBA 程序中的宏。

2. 在宏组中运行宏

如果要执行宏组中的宏,可通过以下几种方式实现。

(1)将宏指定为窗体或报表的事件属性设置,或指定为 RunMacro 操作的 Macro Name 参数,使用"宏组名.宏名"的格式来引用宏。

例如,如果宏组 Form Switchboard Buttons 中有一个宏叫做 Categories,则下列事件属性设置可执行宏。

Forms Switchboard Buttons. Categories

(2)选择"工具"|"宏"|"执行宏"命令,再选定"宏名"列表中的宏。当宏名出现在列表中时,Access 将执行每个宏组中的所有宏。

(3)执行 VBA 程序的宏组中的宏的方法是:使用 DoCmd 对象的 RunMacro 方法,并采用前面所说的引用宏的方法。

3. 执行在另一个宏或 VBA 程序中的宏

如果要从其他宏或 VBA 程序中执行宏,则须将 RunMacro 操作添加到宏或程序中。

(1)如果要将 RunMacro 操作添加到宏中,单击空白操作行的操作列表中的"RunMacro",并将 Macro Name 参数设置为要执行的宏名。

(2)如果要将 RunMacro 操作添加到 VBA 程序中,则需要在程序中添加 DoCmd 对象的 RunMacro 方法,然后指定要执行的宏名。例如,下面的 RunMacro 方法将执行宏 My Macro:

DoCmd. RunMacro "MyMacro"

4. 在窗体、报表或控件中执行宏

Access 可以对窗体、报表或控件中的许多种事件做出响应,例如,鼠标单击、双击,数据更改,以及窗体或报表的打开或关闭等。如果要从窗体、报表或控件上执行宏,应该在设计视图中选定控件,在其属性对话框中选择"事件"页的对应事件,然后在下拉列表中选择当前数据库的宏。这样,当事件发生时,就会自动执行所选定的宏。

例 8-10 设计一个宏,当单击窗体上的按钮"命令 1"时,将显示消息框,并提示"试图执行非法操作!"。

(1)创建一个宏,其中包含操作

MsgBox

命名(如"宏 1")并保存宏。

（2）在窗体设计视图中建立窗体，在窗体上放置一个命令按钮控件，也可在某个已有的窗体上放置一个按钮控件。

（3）右键单击控件，选择弹出菜单的"属性"项，打开"属性"窗口（对话框）。在"事件"页中单击"单击"文本框，再单击右侧的▼按钮，选择下拉列表中刚保存的宏名，如图 8-17 所示。

完成创建工作之后，打开该窗体并单击相应按钮，则会显示一个消息框，其中显示"试图执行非法操作！"。

也可以在窗体（或报表）中调用宏生成器完成上述设计。

5．在菜单或工具条中执行宏

可以将宏添加到菜单或工具条中，以菜单命令或工具按钮的形式执行宏。在工具条上添加按钮的方法如下：

（1）选择"视图"菜单的"工具栏"子菜单中的"自定义"项，弹出"自定义"对话框，如图 8-18 所示。该对话框的"命令"页用于选择对象，以便将其设置为菜单项或工具按钮。"工具栏"页用于定制工具栏。

（2）在对话框"命令"页的"类别"列表中选择"所有宏"项，在"命令"列表中选定宏名（本例为"宏 1"），然后拖动到某个工具条上即可。

【注】　也可创建一个工具条，再将宏名拖动到工具条上。

图 8-17　在窗体中创建宏

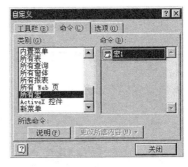

图 8-18　自定义对话框

8.5.5　将宏转换为 VBA 代码

Access 能够自动地将宏转换为 VBA 的事件过程或模块，这些事件过程或模块执行的结果与宏操作的结果相同。可以转换窗体（或报表）中的宏，也可以转换不附加于特定窗体（或报表）的全局宏。

例 8-11　设计一个打开特定窗体的宏，然后转换成 VBA 代码。

1．创建宏

本例中，新建一个宏。选择"OpenForm"操作，选择窗体名称为"产品主窗体"，并以

"myOpen"为名保存宏。

2. 在宏组中运行宏

选择"工具"|"宏"|"将宏转换为 Visual Basic 代码"项,弹出"转换宏"对话框,选择"给生成的函数加入错误处理"和"包含宏注释"两个单选项,单击"转换"按钮。

转换完毕后,在数据库视图的"模块"对象页中可以找到刚生成的代码模块,即被转换的宏——MyOpen。代码如下:

```
Option Compare Database
'------------------------------
' MyOpen
'------------------------------
Function MyOpen()
On Error GoTo MyOpen-Err
    DoCmd. OpenForm "产品主窗体", acNormal, " ", " ", , acNormal
MyOpen-Exit:
    Exit Function
MyOpen-Err:
    MsgBox Error $
    Resume MyOpen-Exit
End Function
```

可以看出,宏中的操作在模块中是由 DoCmd 对象的各种方法来实现的。

3. 修改由宏转换来的代码

该函数可以在程序的任何地方引用。更重要的是,可以将该代码稍加修改,变成带参数的函数。

```
Option Compare Database
'------------------------
' MyOpen
'------------------------
Public Function myOpen(formName As String) '声明窗体名变量为 formName
On Error GoTo MyOpen-Err
    DoCmd. OpenForm formName, acNormal, " ", " ", , acNormal
MyOpen-Exit:
    Exit Function
MyOpen-Err:
    MsgBox Error $
    Resume MyOpen-Exit
End Function
```

该函数也可以在程序的任何地方引用。它可根据用户输入的"窗体名"参数,打开任意一个指定的窗体,并带有错误处理程序。这一点是宏所无法实现的。利用宏转换为

VBA 的方法,可以提高编程的效率和正确率,同时也可用于学习 VBA 的语句、语法,以及规范的程序格式和编程方法。

习 题

1. 模块可以分为哪几类？它们之间有什么区别？

2. 窗体与类模块有什么联系？

3. 举例说明创建类模块的方法。

4. 举例说明使用 VBA 代码创建对象的方法。

5. 编写一个类模块,使用 Application 对象打开"教学管理"数据库中的"学生"表。

6. 什么叫做监视式？怎样设置监视式？

7. VBE 的立即窗口、本地窗口各有什么作用？

8. 简述 ADO 库的组成。

【提示】 可使用 VBE 的"帮助"菜单。

9. 怎样使用 ADO 的 Command 对象对数据源执行 SQL 命令？模仿例 8-4 编写一个程序,使用 Command 对象执行一条简单的 SQL 语句。

10. 编程序：在"成绩管理"数据库中,查找并输出有选修课成绩且"数学"成绩在 80 分以上的学生的姓名。

【提示】 在"教学管理"数据库的"学生"表和新建的"选修课成绩"表中进行关联查找。

11. 宏有什么优点？宏与 VBA 各适用于什么情况？

12. 分析罗斯文数据库的"供应商"宏、"雇员(分页)"宏和"客户电话列表"宏的结构与功能。

【提示】 可利用 Access 的帮助来了解宏中各种操作的功能。

13. 设计一个宏,打开"产品"表,分别查找"产品名称"为"牛奶"的记录和"库存量"大于 100 的记录。

第 9 章 报表和数据访问页

报表是可以帮助用户以更好的方式来表示数据的一种数据库对象。利用报表可以控制数据摘要，获取数据汇总，以任意顺序排序数据，或以任意版面安排数据。报表既可以输出在屏幕上，也可以传送到打印设备上。

数据访问页是 Access 数据库中的新对象，通过它可以将数据发布到因特网或企业内部网上。在数据访问页中，可以像在报表对象中那样查看和打印数据，也可像在窗体对象中那样进行数据的维护工作，如添加、修改和删除数据等。

9.1 自动报表与报表向导

在 Access 中，将数据库中的表、查询甚至窗体中的数据结合起来可以生成打印的报表。在报表中可以控制每个对象的大小和显示方式，并按照适当的方式来显示相应的内容。

9.1.1 报表的形式与功能

数据库的主要功能之一是对大量的原始数据进行综合整理，并将所需结果打印成表。报表是执行这一功能的最佳方式。例如，通过一个报表，用户可以获得某企业按季度汇总的销售额或各种产品的年销售额等。很多数据库应用的最终结果就是产生一些报表。

报表中的大部分内容是从基本表、查询或 SQL 语句中获得的。它们都是报表的数据来源，如图 9-1 所示。

图 9-1 中的"订单数目"、"销售额"等数据就来自表或查询。报表中的有些内容，如报表的标题、列标题、计算总计的表达式等，则保存在报表设计中。

在报表中，可以使用剪贴画、图片或者扫描图像来美化报表的外观；可以利用图表和图形来帮助说明数据的含义；还可以在每页的顶部和底部打印标识信息的页眉和页脚。使用控件这种图形化的对象，可以在报表及其记录源之间建立连接，如图 9-2 所示。控件可以是用于显示名称及数值的文本框、显示标题的标签，也可以是用来图形化地组织数据、美化报表的装饰性直线段。经过精心设计的报表，能够以引人入胜的方式来显示数据。

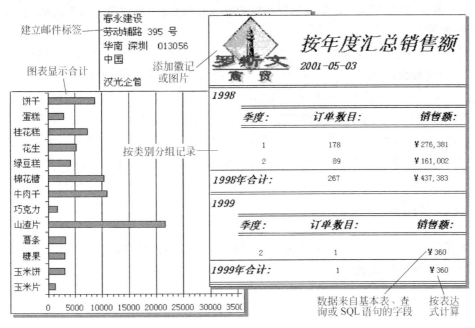

图 9-1　报表的组成

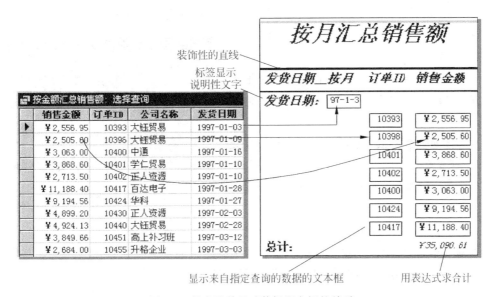

图 9-2　报表及其基础数据源之间的关系

　　许多报表看起来与进行了打印优化的窗体很像，但窗体和报表的使用目的有很大差别。窗体主要用于在窗口中显示数据和实现人机交互，而报表主要用来分析和汇总数据，然后再将其打印出来。可以说，创建报表主要是为了打印。

　　报表作为查阅和打印数据的一种方法，与其他打印数据方法相比，具有以下优点：

（1）报表不仅可以执行简单的数据浏览和打印功能，还可以对大量原始数据进行比较、汇总和小计。

（2）报表可生成清单、订单及用户需求的其他输出形式，从而灵活多样地表达数据与数据之间的联系。

用户可以通过"报表向导"来创建报表。也可以在"设计"视图中自定义报表。"报表向导"可以完成大部分基本操作，因而加快了创建报表的过程。在使用"报表向导"时，它将提示有关信息并根据用户的回答来创建报表。一般地，可以先用"报表向导"来快速配置所需的报表框架，然后再切换到"设计"视图进一步完善设计。

创建一个报表之后，其图标就会出现在数据库窗口的报表对象列表中。此后，可以在"预览"视图中观看报表的样式，也可以在设计视图中修改报表的设计。

9.1.2　自动报表

如同数据库中创建的大多数对象一样，用户可以采用多种方式，如自动报表、报表向导、设计视图等来创建报表。

1．新建报表对话框

在数据库窗口中，切换到报表对象页，然后单击"新建"按钮，将会弹出"新建报表"对话框，如图9-3所示。对话框中提供了6种可供选择的创建报表的方式。

- "设计视图"　完全自主地设计新的报表。
- "报表向导"　逐步引导用户创建报表。
- "自动创建报表：纵栏式"　自动创建纵栏式报表。
- "自动创建报表：表格式"　自动创建表格式报表。
- "图表向导"　逐步引导用户创建带有图表的报表。

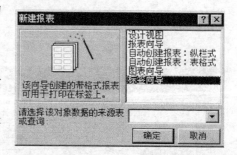

图9-3　"新建报表"对话框

- "标签向导"　逐步引导用户创建用于标签上的报表。

在对话框下部，可以选定创建报表的数据来源。报表的数据来源为数据库所有的表或查询。如果要创建非绑定型报表，也可以不做出选择。

2．使用自动报表创建报表

使用自动报表创建报表，可以选择记录源（表或查询），还可以选择纵栏式版面或表格式版面。自动报表应用用户最近使用过的报表"自动格式"，并使用来自记录源的所有字段和记录。也就是说，使用"自动报表"功能所创建的报表能够显示基本表或查询的所有字段和记录。

例 9-1 使用"自动报表"向导创建报表。

（1）在数据库窗口中,切换到"报表"对象页。

（2）单击"新建"按钮,弹出"新建报表"对话框(见图 9-3)。

（3）在对话框中,选择下列向导之一:

① "自动创建报表:纵栏式"　每行显示一个字段,并在左侧附加标志(字段名)。

② "自动创建报表:表格式"　每行显示一个记录的所有字段,并在每页的顶部打印标志(字段名)。

（4）在对话框下方的"请选择该对象数据的来源表或查询"组合框中,选择包含报表所需数据的表或查询。

最后单击"确定"按钮。图 9-4 为使用自动报表功能在"按金额汇总销售额"查询上建立的纵栏式和表格式报表。

图 9-4　纵栏式报表和表格式报表

Access 提供了大胆、正式、淡灰、紧凑、组织、随意 6 种报表格式。在创建报表时, Access 将为新建的报表套用一种最近一次使用过的格式。如果还未使用过向导来创建报表,也未使用过"格式"菜单中的"自动套用格式"命令,Access 将使用"标准"格式。

【注】 使用"自动报表"向导创建报表时,只能从一个表或查询中选择数据来源。换句话说,如果要创建基于多个表或查询的报表,必须先建立相应的查询,即将这些表或查询中的数据放到一个查询中。

3. 创建单列报表

基于打开的或在"数据库"窗口选定的表或查询,也可以创建单列报表。操作步骤如下:

（1）在"数据库"窗口的报表对象页选定一个表或查询,也可以打开它。

（2）选择"插入"菜单的"自动报表"命令,或单击工具条上"新对象"按钮右侧的箭头,然后选择"自动报表"命令。

通过这种方法创建的报表只有详细记录,而没有报表标题或页眉和页脚。

9.1.3 报表向导

使用"报表向导"创建报表时,向导将提示用户输入有关记录源、字段、版面以及所需格式,并根据回答来创建报表。这时,用户可以从多个表中选择字段,可以在报表中对记录进行分组或排序,并计算各种汇总数据。

例 9-2 使用"报表向导"创建报表。

(1) 在数据库窗口中,切换到"报表"对象页。

(2) 按下列某种方法调用"报表向导"。

① 选择"使用向导创建报表"项。

② 单击"新建"按钮,然后在"新建报表"对话框中选择"使用向导"项。

弹出报表向导的第一个对话框,如图 9-5 所示。

(3) 在该对话框的"表/查询"组合框中,选择包含报表所需数据的表或查询。将"可用字段"列表中的某些字段移到"选定的字段"列表中。选定字段后,单击"下一步"按钮,弹出报表向导的第二个对话框,如图 9-6 所示。

图 9-5 报表向导的字段选择对话框

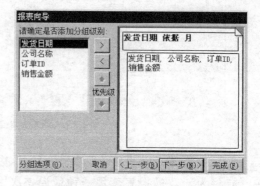

图 9-6 报表向导中添加分组级别的对话框

(4) 该对话框询问是否要添加分组级别。如果要分组,选定用于分组的字段,再单击 ▷ 按钮,或双击选定的分组字段。分组的样式出现在对话框中右边的预览方框中。

【注】 可选定多个字段来设定多级分组。此时要使用"优先级"按钮来指定分组级别。

(5) 如果要另行设置分组间隔,则可单击"分组选项"按钮,弹出"分组间隔"对话框,如图 9-7 所示。

图 9-7 "分组间隔"选项对话框

设定分组字段后,单击"下一步"按钮,弹出报表向导的第三个对话框。询问是否设定排序顺序,最多可指定 4 个字段对记录进行排序。如果不需要排序,则可跳过这一步。直接单击"下一步"按钮。

（6）如果在报表向导中选择了数字型的字段,则报表向导的第三个对话框中将包含一个"汇总选项"按钮,单击它可显示"汇总选项"对话框,以对分组的数字字段进行汇总计算。允许对一个字段求总计、平均值、最小值和最大值。选择对话框中相应的复选框即可。

（7）设定排序字段及其汇总选项后,单击"下一步"按钮,弹出报表向导的第四个对话框。询问报表将采用什么布局,如"递阶"、"块"、"分级显示 1"、"左对齐 1"等。在对话框左边可以预览所选的布局样式。

（8）选择了报表布局之后,单击"下一步"按钮,弹出报表向导的第五个对话框。要求为报表选用一种样式,如"大胆"、"正式"、"淡灰"、"紧凑"等。

（9）完成了上述操作之后,下一步的对话框要求给报表指定一个标题。输入标题后,可以进入"预览"视图预览报表,也可以进入"设计"视图修改报表,在对话框中选择相应的单选钮即可。

图 9-8 是采用上述步骤创建的基于"订单"表的报表。

图 9-8　使用报表向导创建的报表

【注】　在报表向导的第一个对话框中,可以选择来自于一个表或查询的字段,也可以选择来自于多个表的字段。在使用"报表向导"创建基于多表的报表时,Access 将在创建多表报表后自动创建一个查询,该查询包含有关报表和字段的使用信息。

如果要根据自己的需要来创建报表,则可先创建所需的查询,再基于该查询创建相应的报表。如果对生成的报表不十分满意,可以在"设计"视图中对其进行修改。

9.1.4　创建图表报表

图表报表是报表中的重要成员。在报表中利用图形对数据进行统计,不仅美化了报表,而且可使结果一目了然。

例 9-3　使用"图表向导"创建带有图表的报表。

(1) 在数据库窗口中,切换到"报表"对象页,并调用"新建报表"对话框。

(2) 选择"图表向导"列表项,并在对话框下方的"请选择对象数据的来源表或查询"组合框中,选择包含报表所需数据的表或查询。本例选择罗斯文数据库的"按年度汇总销售额"查询,然后单击"确定"按钮。

(3) 在图表向导的字段选择对话框中,将"可用字段"列表中的某些字段移到"选定的字段"列表中。本例选择"发货日期"和"小计"字段,然后单击"下一步"按钮,弹出图表向导的第二个对话框,如图 9-9 所示。

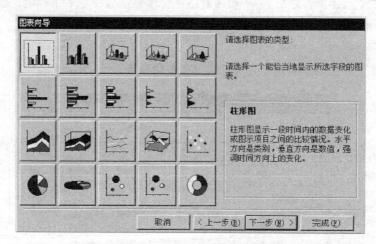

图 9-9　图表向导中选择图表类型的对话框

(4) 在对话框中选择图表类型,可供选择的有柱形图、条形图、饼图、折线图等。单击其中的某个按钮,使其处于按下状,即可为所选字段选择一种图表类型。选择之后,单击"下一步"按钮,弹出图表向导的第三个对话框,如图 9-10 所示。

(5) 在该对话框中确定所选字段数据生成图表的布局方式。本例中,"发货日期"字段确定为数据的分组字段,单击"发货日期"字段,弹出如图 9-11 所示的"分组"对话框。可在该对话框的"分组'发货日期'依据"列表中选择数据按"年"、"季"、"月"、"周"、"日"、"时"、"分"中的哪一种来分组求和。

在图 9-10 所示的对话框中可看出,"小计"字段被确定为数据的汇总字段,单击"小计"字段,弹出如图 9-12 所示的"汇总"对话框。可在其"汇总'小计'依据"列表中选择汇总字段的合计函数类型。

在图 9-10 所示的对话框中,还可以单击"图表预览"按钮来查看将要生成的图表。

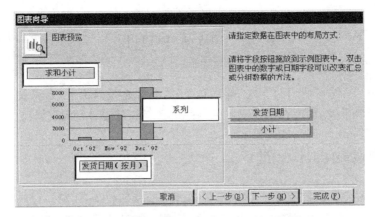

图 9-10　选择数据在图表中布局方式的对话框

图 9-11　"分组"对话框

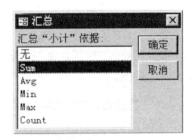

图 9-12　"汇总"对话框

（6）在图 9-10 所示的对话框中，单击"下一步"按钮，弹出图表向导的第四个对话框。在该对话框中给新建的图表指定标题，并确定：是否显示图表的图例，只需要选中"是"或"否"单选钮即可。

创建图表之后，可以选择打开报表并在其上显示图表，也可修改报表或图表的设计。单击该对话框的"完成"按钮，则按上面指定的内容生成带有图表的报表。

本例中创建的基于"按年度汇总销售额"查询的带有图表的报表如图 9-13 所示。如果对使用向导创建的报表不满意，可在"设计"视图中对其进行修改。

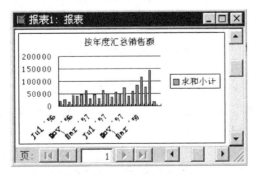

图 9-13　带有图表的报表

9.2 报表的创建

在 Access 中,除可使用向导或"自动报表"功能创建报表之外,还可使用"设计"视图从无到有地创建报表,也可在设计视图中对一个已有的报表进行编辑修改。

9.2.1 报表的设计视图

每个报表都有"设计"视图、"打印预览"和"版面预览"3 种视图。"报表设计"工具条上的"视图按钮"(带有向下箭头)可用于切换视图。使用设计视图,可以创建报表或更改已有报表的结构;使用打印预览视图,可以查看将在报表的每一页上显示的数据;使用版面预览视图,可以查看报表的版面设置,其中只包括报表中数据的示例。

1. 进入报表设计视图

在数据库窗口中,切换到"报表"对象页,使用下列两种方法之一进入如图 9-14 所示的报表设计视图。

图 9-14　报表的设计视图

(1) 选择报表对象列表中的"使用设计器创建报表"项。

(2) 单击数据库窗口工具条的"新建"按钮,弹出"新建报表"对话框。在列表中选择"设计视图",并单击"确定"按钮。

报表设计视图与窗体设计视图在结构上有些类似,但有很大差别。报表的设计视图主要由报表设计工具条、报表设计工具箱和报表设计窗口组成。

• 报表设计工具条:与窗体设计工具条基本相同,如图 9-15 所示。

图 9-15 报表设计工具条

- 报表设计工具箱：与窗体设计工具箱基本相同。
- 报表设计窗口：是设计报表的主要界面,其特点是在设计窗口中进行分节,如页面页眉、主体和页面页脚等。在窗口中还包括网格和标尺,它们是设计报表时使用的参照标准。

2. 报表的节

在设计视图中,节代表着报表中不同的区域。可以通过放置控件,如标签、文本框等来确定在每一节中显示内容的位置。一般情况下,报表分为 5 个节,简介如下所述。

1) 报表页眉

报表页眉中的内容只在整个报表的顶部显示一次,其中的内容应是对整份报表的概括,如报表的标题、公司的徽标和打印日期等。

2) 页面页眉

页面页眉将在报表中每一页的最上方显示,可利用页面页眉显示列标题等内容。

3) 主体节

主体节包含了报表数据的详细内容,报表数据源中的各条记录应放在主体节中。

4) 页面页脚

页面页脚将在报表中每一页的最下方显示,与页面页眉相对应。可利用页面页脚显示页码等内容。

5) 报表页脚

报表页脚中的内容只在整个报表的底部显示。可利用报表页脚来显示报表总计等内容。报表页脚虽是报表设计中的最后一个节,但显示在最后一页的页面页脚之前。可通过“视图”菜单的“报表页眉/页脚”命令来显示或隐藏报表页眉和报表页脚。

以上列举的是报表设计时固有的 5 个节。当在报表中对数据进行分组统计时,通常要自己创建用于分组的新节。新节可简化报表使其易于阅读并进行一些汇总计算。

9.2.2 在设计视图中创建报表

在使用设计视图创建报表时,一般要先创建一个空白报表,然后再为报表指定记录源,添加各种控件,并将这些控件放置到适当的位置上。如果有必要,还可对报表进行分组,或计算汇总选项。

例 9-4 在设计视图中创建报表。

1. 创建空白报表

在数据库窗口中,切换到"报表"对象页,调用"新建报表"对话框,并在该对话框中选择用作报表记录源的表或查询。本例中,选择罗斯文数据库的"产品"表用做报表记录源。所创建的空白报表如图 9-16 所示。

图 9-16　在设计视图中创建的空白报表

【注】　如果不选择表或查询,则创建的是未绑定报表。这样创建的空白报表将不显示记录源的字段列表,或仅显示空白的字段列表。

在默认情况下,在设计视图中创建的空白报表包含页面页眉、页面页脚和主体 3 部分,但不包括报表页眉或报表页脚。

2. 为报表指定记录源

在报表中,只有少量的固定信息,如标题和提示信息等,是在报表设计时提供的。其他大部分信息都来自于报表记录源的表或查询。因此,在使用设计视图创建报表时,必须指定报表的记录源。

在"新建报表"对话框中,只能选择一个用做报表记录源的表或查询。如果要创建基于多表(查询)数据报表,就必须先建立一个基于多表数据的查询,然后再基于多表查询来创建所需的报表。

如果在"新建报表"对话框中没有为报表指定记录源,也可在创建的未绑定空白报表中为其指定记录源。方法是:

(1) 使用以下方法之一,在报表的设计视图中调用如图 9-17 所示的"报表"视图。

① 双击"报表选定器"。

② 右键单击,选择快捷菜单的"属性"命令。

③ 选择"视图"菜单的"属性"命令。

【注】　在使用属性表时,要注意属性表标题栏上显示的对象名称是否为所选对象的名

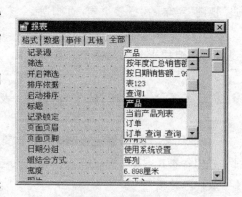

图 9-17　"报表"视图

称,因为不同的对象有不同的属性。

（2）切换到对话框的"全部"页,单击"记录源"属性组合框右侧的箭头,并选择列表中的表或查询的名称。

（3）关闭对话框。

【注】 如果要在属性表中选择来自多个表或查询的数据,可单击"记录源"属性框右侧的"生成器"按钮 **⋯**,在"查询生成器"对话框中将多个表中的有关数据放到一个查询中。

3. 添加页眉和页脚

报表一般由页眉、主体和页脚 3 部分组成。所有的报表都有主体节,很多报表还包含有报表页眉、页面页眉、页面页脚和报表页脚节。报表中的信息可以分布在多个节中,每个节在页面上和报表中都具有特定的目的,并按照预期次序进行打印。

在设计视图中,节表现为带区形式,报表包含的每个节只出现一次。在已打印的报表中,某些节可以重复多次打印。通过放置控件,如标签和文本框,可以确定每个节中信息的显示位置。

（1）报表页眉:在一个报表中只出现一次,打印在报表每页页面页眉的前面。它用于显示徽标、标题或打印日期等信息。

（2）页面页眉:出现在报表每页的顶部,一般用于显示列标题。

（3）主体节:包含了报表数据的主体部分。对报表基础记录源的每条记录页来说,该节将重复显示。

（4）页面页脚:在报表每页的底部出现,一般用于显示页码等信息。

（5）报表页脚:只在报表结尾处出现一次,常用来显示报表合计等项目。报表页脚是报表设计中的最后一节,但在打印报表中,报表页脚却在最后一页的页面页脚之前。

通过对共享数据的记录进行分组,可以计算小计值而使报表更加易于阅读。例如,在罗斯文数据库的"按季度汇总销售额"报表中,同一季度完成的订单及其销售额被分在一个组中进行汇总统计。如图 9-18 所示,其中左边是报表的设计视图,右边是报表的打印

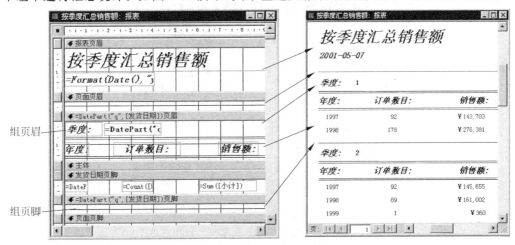

图 9-18 报表中的分组页眉和页脚

预览视图。

报表上各个节的大小可以单独更改,但是由于报表只有惟一的宽度,因此更改一个节的宽度将会改变整个表的宽度。

4. 添加绑定文本框

控件是报表中用来显示数据、执行操作或装饰报表的各种对象,有许多控件可以添加到报表中。在报表中,可以通过工具箱提供的工具来创建以下类型的控件:标签、文本框、选项组、切换按钮、单选钮、复选框、列表框、命令按钮、图像、未绑定对象框、绑定对象框、分页符、多页控件、子窗体/子报表、直线、矩形以及 Active X 自定义控件等。

控件可以是绑定、未绑定或计算型的。报表中的"绑定控件"与表或查询中的字段相连,主要用于显示数据库中的字段。而"未绑定控件"则没有数据来源,主要用来显示说明性信息、线条、矩形及图像。"计算控件"则以表达式作为数据来源,表达式可以使用报表的表或查询字段中的数据,或者报表上其他控件中的数据。

报表中的每一种控件都是通过工具箱提供的相应工具添加的,但对不同的控件,其添加的操作是不完全一样的。其中,创建绑定文本框的步骤如下:

(1) 在报表的设计视图中打开相应的报表。

(2) 单击工具条上的"字段列表"按钮来显示字段列表。如果字段列表按钮或命令不可用,则必须使用报表的"记录源"属性将报表绑定到相应的记录源上。

【注】 使用字段列表可将绑定控件添加到报表中。在报表的设计视图中打开报表,然后单击工具条上的"字段列表"按钮,即可打开或关闭报表的字段列表。

(3) 在报表的字段列表中选择一个或多个字段。本例中双击图 9-17 中所示的"产品"字段列表的标题栏,以选定字段列表中的所有字段。

从字段列表中将相应的字段拖动到报表上,生成绑定文本框,如图 9-19 所示。

图 9-19 为报表添加绑定文本框和附加标签

Access 将在报表上为在字段列表中所选择的每一个字段放置一个文本框。每个文本框都将绑定在基础数据源中的某个字段上，其中也都会有一个默认的附加标签。

（4）调整文本框的大小，以便使它们以合适的大小来容纳要显示的数据。如果需要，也可更改标签的文本内容。

（5）切换到"打印预览"视图或"版面预览"视图中，测试新添加的控件。

9.2.3　创建多列报表与子报表

本节介绍创建多列报表（每行显示多个字段）和在一个报表中嵌入另一个报表（创建子报表）的方法。

1. 创建多列报表

如果报表主体节中每行放置的控件数目不多，则可创建多列报表，以节省打印报表的幅面，使生成的报表显得紧凑、美观。在打印多列报表时，报表页眉、报表页脚和页面页眉、页面页脚将占满报表的整个宽度，因此可以在设计视图中将控件放置在这些节中的任意位置上。在打印时，多列报表的组页眉、组页脚和主体节占满整个列，而非整个报表的宽度。因此，应该在设计视图中通过调整控件的位置来控制报表的实际打印宽度。例如，如果要打印两列每列为 10cm 宽的数据，则应将控件放置在列的宽度内，即这些节的前 10cm 范围内。

例 9-5　创建多列报表。

（1）创建一个单列报表。本例中使用图 9-19 所示的报表。

（2）选择"文件"菜单的"页面设置"命令，弹出"页面设置"对话框，如图 9-20 所示。

图 9-20　"页面设置"对话框

（3）选择对话框的"列"标签，并进行以下设置：

① 在"网格设置"标题下的"列数"文本框中输入每页的列数。

② 在"行间距"文本框中，输入"主体"节中每个记录之间的垂直距离。

【注】　如果要在"主体"节中的最后一个控件与"主体"节的底边之间留有间隔，可以将"行间距"设为 0。

③ 在"列间距"文本框中，输入各列之间的距离。

④ 在"列尺寸"标题下的"宽度"文本框中输入列宽，如"6 厘米"等；在"高度"文本框中输入高度值，即可设置"主体"节的高度，也可在设计视图中直接调整节的高度。

⑤ 在"列布局"标题下选择"先列后行"或"先行后列"单选项。

（4）选择对话框的"页"标签，并在"打印方向"标题下选择"纵向"或"横向"单选项。

（5）单击"确定"按钮，关闭"页面设置"对话框。

切换到打印预览视图即可查看新创建的多列报表。本例创建的报表如图 9-21 所示。

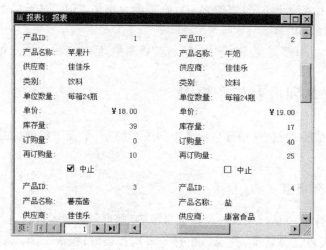

图 9-21　生成的多列报表

2. 创建子报表

子报表是包含在另一个报表中的报表。在合并多个报表时,其中的一个必然作为主报表,相对而言,其他称为子报表。主报表可以是绑定型的,也可以是非绑定的。也就是说,报表可以基于表、查询或 SQL 语句,也可以与之无关。

主报表和子报表的数据来源有以下几种情况:

(1) 一个主报表内的多个子报表的数据来自不相关的数据源。在这种情况下,非绑定的主报表只能作为合并的无关联子报表的"容器"使用。

(2) 主报表和子报表的数据来自相同数据源。如果需要插入包含与主报表数据相关的信息的子报表,就可以将主报表绑定在表、查询或 SQL 语句上。例如,可用主报表显示一年的销售情况(明细记录),并用子报表显示每个季度的销售量(汇总信息)。

(3) 主报表和多个子报表的数据来自相关数据源。一个主报表也能够包含两个或多个子报表共用的数据。在这种情况下,子报表包含与公共数据相关的详细记录。

主报表可以包含子报表,同样也可以包含子窗体,而且能够根据需要无限量地包含子窗体和子报表。另外,主报表最多可包含两级子窗体和子报表。例如,某个报表可以包含一个子报表,这个子报表还可以包含子窗体或子报表。

例 9-6　创建子报表。

(1) 在设计视图中打开将要作为主报表的报表,并使工具箱中的"控件向导"按钮处于按下状态。

(2) 单击工具箱中的"子窗体/子报表"按钮,然后单击报表中需要放置子报表的位置,弹出"子报表向导"的第一个对话框,如图 9-22 所示。

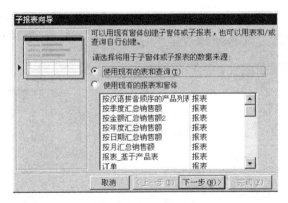

图 9-22 选择子报表

(3) 该对话框用于选择子报表的数据来源,可选择已有的报表或窗体作为子报表,也可创建基于表和查询的子报表。本例中要创建一个基于"客户"表的子报表,故选"使用现有的表和查询"单选项。单击"下一步"按钮,弹出"子报表向导"的第二个对话框,如图 9-23 所示。

(4) 在对话框中选择表或查询,本例中选"表:客户",并将"可用字段"列表中的某些字段放到"选定字段"列表中。单击"下一步"按钮,弹出"子报表向导"的第三个对话框,如图 9-24 所示。

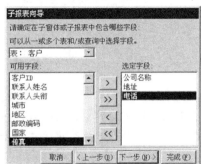

图 9-23 选择子报表中的字段

(5) 在该对话框中要选择用来链接子报表和主报表的字段。本例中,先选择"从列表中选择"单选项,然后在列表框中选择"对按金额汇总销售额中的每个记录用公司名称显示客户",并单击"下一步"按钮,弹出"子报表向导"的第四个对话框。

(6) 在该对话框中,为子报表指定一个名称,本例中输入"客户简况"。然后单击"下一步"按钮。

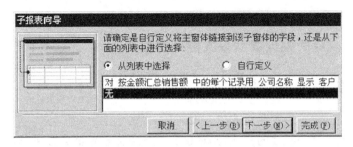

图 9-24 选择连接字段

至此,全部完成了在"按金额汇总销售额"报表中嵌入"公司简况"子报表的操作。所创建的报表和子报表在设计视图和预览视图中的效果如图 9-25 所示。

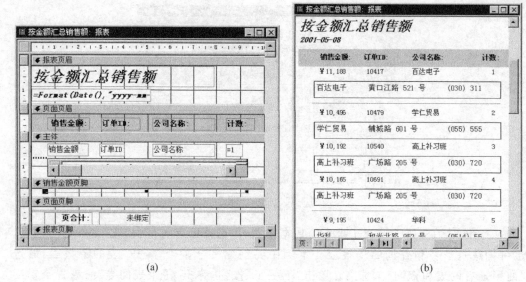

(a)   (b)

图 9-25   新报表的设计视图和预览视图

9.3   报表的编辑

无论是使用向导生成的报表,还是在设计视图中由用户自己创建的报表,都可以进行修改。可以一次性地更改报表中所有的文本字体、字号、线条粗细以及直线这些外观特性,也可以只更改部分报表或报表上的控件的外观。

9.3.1   报表格式的使用

Access 提供了 6 种预定义的报表格式,即大胆、正式、淡灰、紧凑、组织、随意。如果对预定义的格式不满意,也可以自定义报表格式,并将其添加到"自动套用格式"选项中。

1. 用预定义格式来设置报表或控件的格式

使用"自动套用格式"来改变整个报表的格式的步骤如下:

(1) 在设计视图中打开要更改格式的报表。

(2) 选择下列操作,确定要更改格式的对象。

① 如果要设置整个报表的格式,则单击相应的窗体选定器或报表选定器。

② 如果要设置某个节的格式,则单击相应的节选定器。

③ 如果要设置一个或多个控件的格式,则选定相应的控件。

(3) 在工具条上单击"自动套用格式"按钮,弹出"自动套用格式"对话框,如图 9-26 所示。在"报表自动套用格式"列表框中选定一种格式(大胆、正式、紧凑等)。

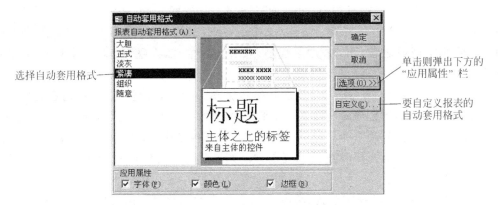

图 9-26 "自动套用格式"对话框

选择自动套用格式

单击则弹出下方的"应用属性"栏

要自定义报表的自动套用格式

（4）如果要指定字体、颜色或边框等属性，则应单击"选项"按钮，并在弹出的对话框中进行设置。

【注】 如果要应用背景图片，应选定整个报表。

2. 自定义报表的自动套用格式

自定义报表的"自动套用格式"的步骤如下：

（1）在"自动套用格式"对话框中，选定要进行自定义操作的自动套用格式选项。

（2）单击"选项"按钮，并选定要修改的属性。

（3）单击"自定义"按钮，弹出如图 9-27 所示的对话框。可在其中选择各单选项。

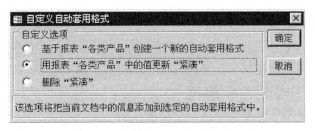

图 9-27 "自定义自动套用格式"对话框

① 基于已打开的报表的格式，新建一个自动套用格式。

② 使用已打开的报表的格式，更新在"自动套用格式"对话框中选定的自动套用格式。

③ 删除在"自动套用格式"对话框列表中选定的自动套用格式。

（4）单击"确定"按钮，关闭"自定义自动套用格式"对话框；再次单击"确定"按钮，关闭"自动套用格式"对话框。

3. 在报表中添加背景图片

通过在报表中添加背景图片，可以模拟水印。报表中的背景图片可以应用于全页。

（1）在设计视图中打开相应的报表，再双击报表选定器打开报表的属性窗口。

（2）将"图片"属性设置为 .bmp、.ico、.wmf、.dib 或 .emf 文件。如果在其他应用程序上已经安装了图形过滤器，也可以使用这些过滤器所支持的任何文件。如果不能确定文件的路径或名称，可单击"生成器"按钮 ，在"插入图片"对话框中查找图片文件。

（3）在"图片类型"属性框中指定图片的添加方式：嵌入或链接。如果指定的是嵌入图片，则图片将存储到数据库文件中。如果以后将同一个图片嵌入到其他报表（或窗体）中，图片将再次存储到数据库文件中。当指定的是链接图片时，图片将不存储到数据库文件中，因此必须在硬盘上保存图片的复制件。如果要有效的使用硬盘空间，则应指定为"链接"设置。

（4）通过设置"图片缩放模式"属性，可以控制图片的比例。该属性有 3 种设置，即剪裁、拉伸和缩放。

（5）通过设置"图片对齐方式"属性可以指定图片在页面上的位置。Access 将按照报表的页边距来对齐图片。可用的设置选项有"左上"、"右上"、"中心"、"左下"及"右下"。

（6）将"图片平铺"属性设置为"是"，可以在页面上重复图片。平铺将从在"图片对齐方式"属性中指定的位置开始。

【注】 将"图片缩放模式"属性设置为"剪裁"模式时，平铺的背景图片效果最好。

（7）通过设置"图片出现的页"属性可以指定图片在报表中出现的页码位置。可用的设置选项有"所有页"、"第一页"及"无"。

【注】 如果背景图片的颜色与原始颜色有出入，则可以指定 Access 使用原来创建该图像的应用程序的颜色。

4. 修改报表的局部外观

在报表的设计视图中，可以更改部分报表或报表上的控件的外观。

（1）如果要改变某个控件的外观，则要选定该控件，然后在"格式"工具条（或"格式"菜单）上选择字体、字号或其他格式选项。

（2）如果要改变某个控件中数据的显示格式，则要选定该控件，然后单击"格式"工具条（或"格式"菜单）的"属性"按钮，弹出控件的"属性"对话框，并设置相应的属性。

（3）从报表的记录源中选择字段，可以向报表中添加绑定控件；也可使用工具箱，向报表中添加未绑定控件。

（4）可以对选定的控件进行移动、调整或对齐操作。

（5）可更改控件中的文本或数据。

5. 报表的模板

在无向导指引的情况下创建报表时，Access 使用模板来定义报表上的默认字符。模板确定报表上的节并定义每一节的维数，在模板中还包括报表的所有默认属性设置以及其中的节和控件。但当为新建报表使用模板时，将不在报表上自动创建控件。

【注】 Access 在"报表模板"和选项的设置保存在用户的 Access 工作组信息文件中，而不是保存在数据库文件（.mdb）或 Access 项目（.adp）中。如果更改了选项设置，则

这些更改将应用到所有打开的或创建的数据库上。如果要查看当前用于新报表的模板名称，则应选择"工具"菜单的"选项"子菜单的"窗体/报表"页。

报表的默认模板为"普通"，可以使用任何现有的报表作为模板，还可以创建专门用做模板的报表。操作步骤如下：

(1) 选择"工具"菜单的"选项"命令，弹出"选项"对话框。

(2) 选择对话框的"窗体/报表"页。

(3) 在"报表模板"框中输入新模板的名称。

单击"确定"按钮，则当前打开的报表成为新的当前模板。

【注】 更改模板不会影响已有的报表。

9.3.2 报表中的排序与分组

Access 提供了创建复杂报表的强大功能。用户不仅可以在报表中创建各种计算控件，而且可以对报表中的记录进行排序与分组；既可以汇总报表中所有记录的数据，也可以只进行一些记录的合计计算。

1. 在报表中对记录进行排序

与窗体不同，大部分报表都需要采用一种与书目大纲类似的格式将数据组织到组和子组中。尽管"报表向导"可以为数据建立初始的分组和排序属性，但有时用户可能希望重新安排报表的数据。

在报表中最多可以按 10 个字段或表达式进行排序。操作步骤如下：

(1) 在设计视图中打开相应的报表。

(2) 单击工具条上的"排序与分组"按钮，显示"排序与分组"对话框，如图 9-28 所示。可在其中设置数据的排列次序和报表中的组级别。

(3) 在"字段/表达式"列的第一行，选择一个字段名称，或输入一个表达式。

第一行的字段或表达式具有最高的排序优先级，第二行则具有次高的排序优先级，以此类推。

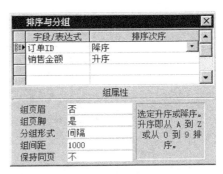

图 9-28 "排序与分组"对话框

完成"字段/表达式"列的填充以后，将把"排序顺序"设置为"升序"，即从 A 到 Z 或从 0 到 9。如果要改变排序顺序，则可在"排序顺序"列表中选择"降序"，即从 Z 到 A 或从 9 到 0。

2. 在报表中对记录进行分组

Access 报表中的组指的是相关记录的集合。将报表分组以后，不仅相似的记录显示在一起，而且还可为每个组显示概要和汇总信息，从而提高报表的可读性。在报表中最多可按 10 个字段或表达式进行分组。

当需要对数据进行分组时,先选定要设置分组属性的字段或表达式,然后在"组属性"框架中进行组级别的设置。

(1)"组页眉":设置是否显示该组的页眉。

(2)"组页脚":设置是否显示该组的页脚。

(3)"分组形式":指定对值的分组方式(选择值或值的范围)。可用的选项取决于分组字段的数据类型。如果是按表达式分组,则显示对所有数据类型的所有选项。

(4)"组间距":为分组字段或表达式的值指定有效的组间距。

(5)"保持同页":指定是否在一页中打印组的所有内容。

【注】 如果要创建一个组级别并设置其他分组属性,必须将"组页眉"或"组页脚"设置为"是"。

3. 按文本字段分组记录

在按文本字段分组记录时,按以下两种情况设置"分组形式"和"组间距"属性。

(1)"分组形式"设为"每一个值",则包含与字段或表达式中相同值的记录。此时"组间距"的属性值为1。

(2)设为"前缀字符",则包含与字段或表达式中前 n 个相同字符的记录。此时"组间距"属性可以设置为对分组字段值有效的任何数字。

图9-29是按文本字段分组记录的报表的例子。该报表的排序与分组设置如表9-1所示。其中,"排序与分组"框的"字段/表达式"列第一行中的"产品名称",将产品按产品名称的第一个字母进行分组;第二行中的"产品名称"在每个字符下按产品名称的字符顺序对记录进行排序。

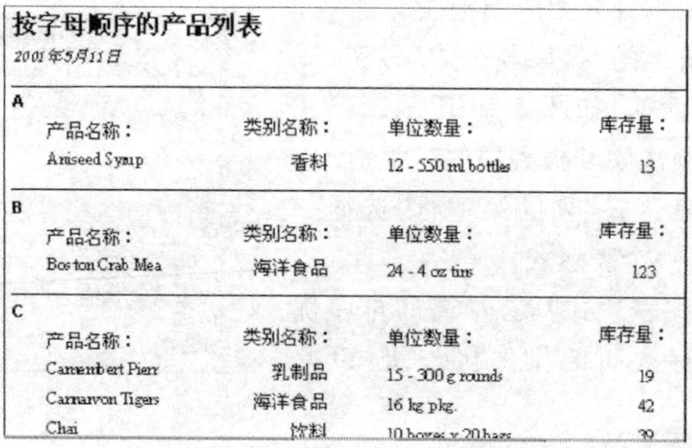

图9-29 按文本字段分组记录的报表示例

表9-1 按文本分组的报表的组属性设置

字段/表达式	排序顺序	组页眉	组页脚	分组形式	组间距	保持同页
产品名称	升序	是	是	前缀字符	1	整个组
产品名称	升序	否	否	每一个值	1	否

【注】 要在组标题下打印各组的第一个字符,可使用 Left 函数。

4. 按日期/时间字段分组记录

当按日期/时间字段分组记录时，可按以下几种情况设置“分组形式”属性。

- 每一个值：字段或表达式中相同值的记录。
- 年：同一历法年中的日期。
- 季：同一历法季度中的日期。
- 月：同一月份中的日期。
- 周：同一周中的日期。
- 日：同一天中的日期。
- 时：同一小时中的时间。
- 分：同一分钟中的时间。

对“组间距”属性可按以下两种情况设置。

(1) 如果“分组形式”设为“每一个值”，则可将“组间距”属性设置为对分组字段或表达式值有效的任何数字。

(2) 如果“分组形式”属性设置为除“每一个值”之外的所有选项，则可将“组间距”属性设置为对分组字段或表达式值有效的任何数字。

图 9-30 是按日期/时间段分组记录的报表的例子。该报表的排序与分组设置如表 9-2 所示。其中，“排序与分组”框的“字段/表达式”列第一行中的“发货日期”按年份对记录进行分组，第二行中的“发货日期”将每年的记录按季度进行分组。

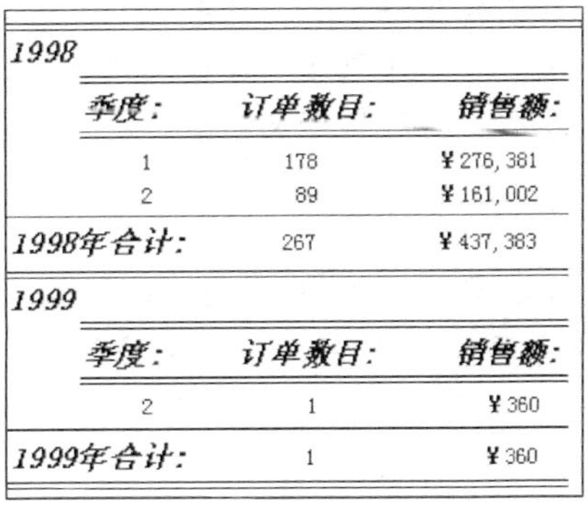
1998
季度: 订单数目: 销售额:
1 178 ¥276,381
2 89 ¥161,002
1998年合计: 267 ¥437,383
1999
季度: 订单数目: 销售额:
2 1 ¥360
1999年合计: 1 ¥360

图 9-30 按日期/时间字段分组示例

表 9-2 按日期/时间分组的报表的组属性设置

字段/表达式	排序顺序	组页眉	组页脚	分组形式	组间距	保持同页
发货日期	升序	是	是	年	1	所有的组
发货日期	升序	否	否	季	1	否

【注】 要打印年或季度而不是特定的日期，可以使用 DatePart 函数。要统计已发货的订单数，可使用 Count 函数。

5. 按自动编号字段、货币字段或数字字段对记录进行分组

当按自动编号字段、货币字段或数字字段对记录进行分组时，按以下几种情况设置“分组形式”属性和“组间距”属性。

(1) 若“分组形式”属性设为“每一个值”，则“组间距”的属性值为 1。

(2) 若“分组形式”属性设为“间隔”(位于指定间隔中的值)，则“组间距”属性可以设置为对分组字段或表达式值有效的任何数值。

(3) Access 从 0 开始对自动编号、货币和数字字段进行分组。例如，当“分组形式”属

性设置为"间隔","组间距"属性设置为 5 时,Access 将按如下方式对记录分组:0～4、5～9、10～14 等。

9.3.3 在报表中应用计算

在打印或预览报表时,有时希望既要有详细信息,又要有汇总信息。因此,在报表中除了需要给出明细信息外,有时还需要给出每个组或整个报表的汇总信息。

1. 创建计算控件

文本框以及其他具有"控件来源"属性的控件,如列表框、组合框等,都可以用做显示计算数值的控件。创建计算控件的步骤如下:

(1) 在报表"设计"视图中打开相应的报表。

(2) 单击工具箱中要作为计算控件的控件按钮,然后单击报表上要放置控件的位置。

(3) 如果控件是文本框,则可以直接在控件中输入表达式。例如

＝[单价]＊0.80

(4) 先选定控件,然后单击工具条上的"属性"按钮,打开控件的属性窗口。然后可采用下列两种方法在其"控件来源"属性框中输入表达式。

① 直接在"控件来源"属性框中输入表达式。

【注】 如果在"控件来源"属性框中,需要更多空间来输入表达式,应按 Shift＋F2 键来打开"显示比例"框。

② 单击"生成器"按钮 ⸬⸬ 来打开"表达式生成器",生成所需的表达式。

输入表达式时要注意以下两点:

- 如果将表达式直接输入到计算控件中,要确保其前缀带有一个等号(＝)标志,否则 Access 将不能正确解释表达式,并显示错误信息或参数对话框。

- 对于带有格式的数据,一个常见问题是当前显示值是未格式化的十进制值。要纠正这种错误,应单击控件,弹出其属性窗口,然后调整格式属性来纠正其值。

【注】 如果是以查询为基础的窗体,则要将表达式放入查询中,而不是放入计算控件中。

2. 计算控件的总计值

合计函数 Sum 用来计算包含在指定查询字段中一组值的总计,它的语法是:

Sum(字符串表达式)

Sum 函数中的"字符串表达式"可以是包含要计算的数据的一个字段,也可以是根据某一字段中的数据来执行计算的一个表达式。Sum 函数的运算对象可包括表中的字段名、常数或函数。函数可以是内在的,也可以是用户自定义的,但不能是 SQL 合计函数。Sum 函数忽略包含 Null 字段的记录。

例如,计算产品的"单价"和"件数"字段的合计的语句为

Select Sum([单价]∗[件数]) As[总值] From[订单明细]

在使用合计函数(如 Sum)或域合计函数(如 Dsum)计算总计值时,不能在 Sum 函数中使用计算控件的名称;而必须在计算控件中重复该表达式。例如

=Sum([件数]∗[单价])

不过,如果在其查询中有一个计算字段,例如

=总值:[件数]∗[单价]

则可在 Sum 函数中使用该字段的名称,例如

=Sum([总值])

3. 使用合计函数的表达式

下面是可以在报表(窗体)中使用的合计函数的表达式的几个例子。
(1) 求"运货费"的平均值

=Avg([运货费])

(2) 求"订单 ID"控件中的记录数

=Count([订单 ID])

(3) 求"数量"和"价格"的乘积总和

=Sum([数量]∗[价格])

(4) 求销售百分比,即"销售额"与所有"销售额"的总和的比值

=[销售额]/Sum([销售额]∗100)

【注】 如果控件的格式属性设置为"百分比",则不必包含"∗100"。
(5) 求当"供应商"的"供应商 ID"字段值等于活动窗体上的"供应商 ID"控件值时,"联系人姓名"的字段值

=Dlookup("[联系人姓名]","[供应商]","[供应商 ID]"=Forms![供应商 ID]")

(6) 求"订单"表中"客户 ID"字段值为 RATTC 时,"订单金额"字段值的总和

=DSum("[订单金额]","[订单]","[客户 ID]='RATTC'")

4. 计算一个记录的总计

在报表中计算一个记录的总和步骤如下:
(1) 在设计视图中打开相应的报表。
(2) 将计算文本框添加到"主体"节中。
(3) 选中该文本框,然后单击工具条上的"属性"按钮,弹出"属性"窗口。

(4) 按以下方法之一输入表达式。

① 在"控件来源"属性框中,输入适当的表达式。

② 单击"生成器"按钮,然后使用表达式生成器创建表达式。

【注】 如果报表是基于查询的,则可将表达式放在报表所基于的查询中,以改善报表的运行速度;而且在计算记录组的总和时,也便于在合计函数中使用计算字段的名称。

5. 计算一组记录或所有记录的总计值

在报表中计算一组记录或所有记录的总计值(或平均值)的步骤如下:

(1) 在设计视图中打开相应的报表。

(2) 按以下位置将计算文本框添加到一个或多个节中。

① 如果要计算记录组的总计值(平均值),则将文本框添加到组页眉或组页脚中。

② 如果要计算报表中所有记录的总计值(平均值),则将文本框添加到报表页眉或报表页脚中。

(3) 选中该文本框,然后单击工具条上的"属性"按钮,弹出属性窗口。

(4) 按以下方法之一输入表达式。

① 在"控件来源"属性框中,输入使用 Sum 函数计算总计值,或用 Avg 函数计算平均值的表达式。

② 单击"生成器"按钮,然后使用表达式生成器创建表达式。

在报表中计算一个、一组或全部记录的总计值的例子如图 9-31 所示。

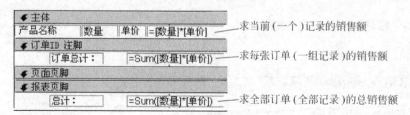

图 9-31　报表中求一个、一组或全部记录的总计

6. 计算运行总和

计算运行总和的报表既可以计算在整个报表中递增的运行总和,也可以计算在每个组内递增,但在每组开始时重置为 0 的运行总和。设计步骤如下:

(1) 在设计视图中打开相应的报表。

(2) 按以下位置将计算文本框添加到一个或多个节中。

① 如果要计算随着每个记录而增加的运行总和,可将绑定文本框或计算文本框添加到"主体"节中。

② 如果要计算随着每组记录而增加的运行总和,可将绑定文本框或计算文本框添加到组页眉或组页脚中。

(3) 选中该文本框,然后单击工具条上的"属性"按钮,弹出"属性"窗口。

(4) 根据所需的运行总计类型,设置"运行总和"属性。

① 工作组之上：在每个更高的组级别中由 0 重新开始。

② 全部之上：累计到报表末尾。

【注】 将"运行总和"属性设置为"全部之上"时，可以在报表页脚中重复总计，只需要在报表页脚中创建一个文本框，并将其"控件来源"属性设置为计算运行总和的文本框名称即可，例如"＝[订单数量]"。

例如，在图 9-32 中，右边是两个绑定到"分类汇总"字段的列，其"运行总和"属性分别设置为"工作组之上"和"全部之上"。相应的报表如图 9-33 所示。其中，在"全部之上"列中的值将一直累加到表的末尾。每次开始新的组时，"工作组之上"列中的值都将被重置为 0。

图 9-32　求运行总和报表的设计视图　　　图 9-33　报表中显示的运行总和

7. 计算百分比

在报表中添加计算百分比功能的步骤如下：

(1) 在设计视图中打开相应的报表。

(2) 添加用于计算记录总计、组总计和报表总计的文本框。

(3) 在适当的节中添加计算百分比的文本框。

① 要计算每个项目对组总计或报表总计的百分比，可将控件放在"主体"节中。

② 要计算每组项目对报表总计的百分比，可将控件放在组页眉或组页脚中。

如果报表中包含了多个组级别，则应将文本框放在需要计算百分比的组级别的页眉或页脚中。

(4) 确保选中该文本框，然后单击工具条上的"属性"按钮，弹出属性窗口。

(5) 在"控件来源"属性框中，输入要用较大的总计值除较小的总计值的表达式。例如，用"报表总计"控件的值去除"每日总计"控件的值的表达式，也可以使用表达式生成器创建该表达式。

(6) 将文本框的"格式"属性设置为"百分比"。

9.3.4　报表的打印和预览

创建报表的目的常常是制作文件，如工作中的年终总结等。报表一般都要打印出来。为了保证打印出来的报表合乎要求且外观精美。使用打印预览功能，可以在打印报表之前显示打印页面,以便发现问题、进行修改。

在打印或预览报表之前,最好先检查一下页面设置情况。

1. 报表的页面设置

页面设置即设置报表的页边距、打印方向、列的布局等。进行页面设置的步骤如下:

(1) 以任何视图方式打开报表。

(2) 选择"文件"菜单的"页面设置"命令,弹出"页面设置"对话框,如图 9-34 所示。

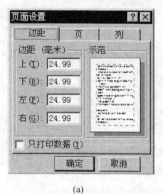
(a)

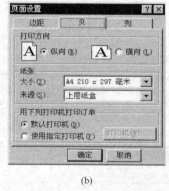
(b)

(c)

图 9-34 "页面设置"对话框

(3) 分别在 3 个不同的选项卡中进行设置。

① "边距"选项卡: 设置页边距,并确认是否只打印数据。

② "页"选项卡: 设置打印方向、页面大小和打印机型号。

③ "列"选项卡: 只设置报表(窗体和宏)的列数、大小和列的布局。

(4) 单击"确定"按钮。

因为 Access 可以保存报表页面设置选项的设置值,所以对每个报表的页面设置选项只需要设置一次。

【注】 设置默认的打印页边距的方法为选择"工具"菜单的"选项"命令,弹出"选项"对话框,在其"常规"选项卡的"打印边距"选项组中指定要作为默认值的页边距。

2. 预览报表

预览指在屏幕上查看数据打印时的外观。有两种类型的预览窗口,即打印预览和版面预览。

- 打印预览: 在报表、窗体、表或模块中都可使用。
- 版面预览: 只可在报表的设计视图中使用。它提供了报表基本布局的快速查看,但可能不包含报表的全部数据。

1) 预览报表的页面版面

通过版面预览窗口可以快速核对报表的页面布局,因为 Access 只是使用从表中或通过查询得到的数据来显示报表版面。如果要审阅报表中的实际数据,就可以使用打印预览。

进行版面预览的方法是：在报表设计视图中，单击工具条上"视图"按钮右侧的箭头，在拉出的列表中选择"版面预览"项。如果是基于参数查询的报表，就不必输入任何值，只要单击"确定"按钮即可。因为选择"版面预览"按钮，Access 将会忽略该参数。如果要在页间切换，可以使用"打印预览"窗口底部的定位按钮。

2）预览报表中的数据

如果要在设计视图中预览报表，则单击工具条上的"打印预览"按钮。如果要在数据库窗口中预览报表，则先选择需要预览的报表，然后单击工具条上的"打印预览"按钮。如果要在页间切换，可以使用打印预览窗口底部的定位按钮。

3）以不同的缩放比例预览报表

选择"视图"菜单的"显示比例"项，在其子菜单中选择合适的显示比例，也可在工具条上的组合框中选择显示比例。如果选中"适当"，Access 将根据窗口大小来调整显示页的最佳缩放比例。将鼠标指向报表，当鼠标变为放大镜时单击即可在设置的缩放比例和"适当"选项之间切换。

4）同时预览两页以上的报表内容

如果要浏览两页或两页以上的报表内容，可以按"预览"方式打开报表（或其他对象），然后单击工具条上的"两页"按钮或"多页"按钮。选择了"多页"显示方式以后，可以用拖动的方法选定要显示的页数，也可单击"单页"按钮转入单页显示。

3. 使用"打印"对话框打印报表

第一次打印报表之前，最好检查一下页边距、页方向和其他页面设置的选项。

Access 中提供了多种打印报表的方法。使用打印对话框打印报表的步骤如下：

（1）在数据库窗口中选定报表，或在"设计视图"、"打印预览"或"版面预览"中打开相应的报表。

（2）选择"文件"菜单的"打印"命令，弹出"打印"对话框。

（3）在"打印"对话框中进行设置。

① 在"打印机"框中，指定打印机的型号。

② 在"打印范围"框中，指定打印所有页或者确定打印页的范围。

③ 在"份数"框中，指定复制的份数和是否需要对其进行分页。

（4）单击"确定"按钮，即开始打印。

【注】 单击工具条上的"打印"按钮，可在不激活对话框的情况下打印报表。

4. 使用快捷方式打印报表

如果为报表创建了快捷方式，也可以直接使用快捷方式图标打印报表。

1）创建快捷方式

在数据库窗口中选定要打印的报表，右键单击，并选择快捷菜单中的"创建快捷方式"对话框，如图 9-35 所示。在"位置"框内输入快捷方式的存放位置，可使用"浏览"按钮帮助查找。单击"确定"按钮，即可开始打印。

2）使用快捷方式打印报表

右键单击快捷方式，并选择弹出菜单中的"打印"命令，即可开始打印。将快捷方式拖动到桌面的打印机图标上，或者拖动到打印机文件夹中，也可以打印报表。

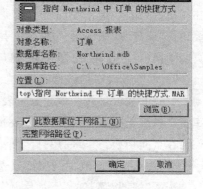

图 9-35　"创建快捷方式"对话框

5. 将报表的每个记录、组或节打印在单独的页上

如果要使报表的每个记录都独占一页，可将主体节的"强制分页"属性设置为"节后"。如果要使每个组都独占一页，可将组页眉的"强制分页"属性设置为"节前"，或者将组页脚的"强制分页"属性设置为"节后"。设置步骤如下：

（1）在报表的设计视图中打开相应的报表。

（2）双击节选定器打开属性表。

（3）按以下几种情况设置"强制分页"属性。

① "无"：默认值，在当前页打印该节。

② "节前"：在新的一页中打印该节。

③ "节后"：在新的一页中打印下一节。

④ "节前和节后"：在新的一页中打印该节，并在下一个新页中打印下一节。

9.3.5　报表导出为其他数据形式

报表的主要用途是打印出来，分发给需要这些信息的人。但也可以将其导入到另一种软件环境，如 Word、Excel 等之中。在其他环境中，可以进行一些在 Access 中不便甚至不可能的操作。另外，如果想要其他人能够查看报表但又无法确定他们是否有 Access 时，还可以将报表存为快照格式或 Web 页形式。

1. 以快照方式保存报表

报表快照是 Access 数据库中新增加的功能。通过报表快照可以在 Access 的开发环境之外浏览、打印或发布报表。可以使用快照浏览器或使用 Web 浏览器（如 IE 等）浏览和打印报表，也可以使用电子邮件程序来传递发布报表。

一个报表快照就是一个文件，它以 snp 为扩展名。如果要在 Access 数据库中输出或发送某一报表，可以将其导出为报表快照文件进行操作。报表快照是报表对象的副本，它保存着 Access 报表中所有设计和嵌入的对象，但不允许用户编辑。使用报表快照的优点是，无须安装 Access 即可查看报表。

以快照方式保存报表的方法如下：

（1）在数据库窗口中选定报表对象，或打开报表。

（2）选择"文件"菜单的"导出"命令，弹出"导出"对话框，如图 9-36 所示。

图 9-36　报表导出对话框

(3) 在"保存类型"组合框中选择 Snapshot Format 项,在"文件名"组合框中选择或输入文件名,在"保存位置"组合框中选择存储位置。然后,单击"保存"按钮,这时,屏幕上将显示"正在打印",表明 Access 正在将报表输出为报表快照文件。

导出完毕后,这时在屏幕上将出现快照浏览器窗口,如图 9-37 所示。

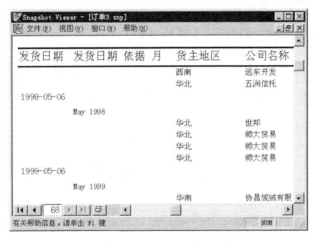

图 9-37　快照浏览器

使用快照浏览器可以方便地预览或打印报表快照,而且和在 Access 数据库中打印的报表完全相同。

2. 以 Web 页保存报表

如果感到报表快照过于麻烦,可考虑将 Access 报表存储为 HTML 格式。这样,任何用户都可通过 Web 浏览器直接看到它。存储为 Web 页的方法是:

选择"文件"菜单的"导出"命令,然后在"报表导出"对话框的"保存类型"组合框中选择 HTML Document 项。

应该注意的是,Access 将报表的每一页作为单独的 HTML 文档存储,在每页的底部都有一套基本的导航控件,以便跳转到首页、末页、前一页或后一页。

3. 使用电子邮件发送报表

除了使用 Web 浏览器方式之外，也可以通过电子邮件发送报表。方法如下：

（1）在电子邮件中使用快照浏览控件，将报表快照嵌入到电子邮件中。只能使用支持 Active X 控件的电子邮件程序，如 Microsoft Outlook 或 Microsoft Exchange 等。

（2）在 Access 中，可以直接将报表导出为报表快照，使用电子邮件发出。这项操作可以使用 Access 中的 SendObject 等宏来完成。

4. 报表导出到 Word

在打开一个报表时，Access 的"工具"菜单中便会出现一个 Office 链接子菜单。选择其中的"用 MS Word 发布"项，Access 将会创建一个 .rtf 格式的文件，然后自动在 Word 中打开它。

在许多情况下，导出的文档与原来的报表格式会有差别。为了得到最后结果，还要进行大量的编辑工作。

5. 报表导出到 Excel

可以按照导出到 Word 中的相同步骤将报表导出到 Excel，也可以在"报表导出"对话框的"保存类型"组合框中选择 Microsoft Excel 2000 项导出。

Access 创建新的 .xls 文档，并在 Excel 中直接打开。在原来报表中的分组将以大纲形式在 Excel 工作表中出现。当工作表中的数据可用后，即可进行数据分析、创建图表等各种操作。

9.4　创建数据访问页

作为在 Access 中查看和操作 Internet 和 Intranet 数据的特殊 Web 页，数据访问页提供了基于 Web 创建驻留在浏览器内的 Access 数据库解决方案，从而将共享企业信息的能力与在桌面环境中管理数据的能力结合在一起。使用 Access，能够轻松地分发具有自定义主题和外观的数据条目 HTML 页。

9.4.1　数据访问页的定义与类型

数据访问页是 Access 新增加的一种对象。它是一种特殊类型的网页，允许用户在 IE 5 上查看和使用来自 Access 数据库（.mdb）、SQL Server 数据库以及其他数据源（如 Excel 等）的数据。数据访问页使用 HTML 代码、HTML 内部控件和一组称为 Microsoft Office Web Components 的 Active X 控件来显示网页上的数据。与其他 Access 数据库对象，如表单和报表不同，数据访问页不保存在文件系统中，也不包括在 Web 服务器上的 Access 数据库（.mdb）或 Access 工程文件（.adp）内，而是保存在外部的独立文件(.htm)中。

1. 何时使用数据访问页

每个 Access 数据库对象都是为特定目的而设计的。表 9-3 列举了几种数据库对象的适用范围。

表 9-3　按日期/时间分组的报表的组属性设置

任务/目的	窗体	报表	报表快照	数据访问页
在 Access 数据库或 Access 项目中输入、编辑和输出	是	否	否	是
通过 Internet 或 Intranet 在 Access 数据库或 Access 项目之外输入、编辑和交互处理活动数据,用户应有 Microsoft Office 许可权,但不必安装 Office	否	否	否	是
分布式打印数据	可能	是	是	可能
通过电子邮件发布数据	否	否	是,静态数据	是,动态数据

2. 设计不同类型的数据访问页

可以在 Access 的"页设计视图"中设计数据访问页。它是独立的文件,保存在 Access 之外;但在创建该文件时,Access 会在数据库窗口中自动为其添加一个快捷方式。设计数据访问页与设计窗体和报表类似,也要使用字段列表、工具箱、控件、"排序与分组"对话框等,但在设计方式以及与数据访问页的交互方式上,数据访问页与窗体和报表有显著的差异。页的设计方法按其用途而有所不同。

(1) 交互式报表:经常用于合并和分组保存在数据库中的信息,然后发布数据的总结。例如,可用一个页来发布开展业务的每个地区的销售业绩。交互式报表也提供用于排序和筛选数据的工具条按钮,但不能在这种页上编辑数据。

使用展开指示器可以获取一般的信息汇总,如所有地区的列表以及它们的销售总额等,也可以得到每个地区各自销售额的特定细节。

(2) 数据输入:用于查看、添加和编辑记录。

(3) 数据分析:包含一个数据透视表列表。它与 Access 的数据透视表窗体或 Excel 的数据透视表报表很像,允许重新组织数据,并以不同的方式分析数据。这种页可以包含一个图表,以便分析趋势、发现模式以及比较数据库中的数据;还可以包含一个电子表格,可以在其中输入和编辑数据,并像在 Excel 中一样使用公式进行计算。

3. 在 IE 中使用数据访问页

如果将数据访问页直接与数据库连接,则当用户在 IE 浏览器中显示数据访问页时,所看到的就是该页的副本。这样,对所显示的数据进行的任何筛选、排序和其他改动,包括在数据透视表或电子表格中进行的改动,都将只影响该页的副本。但是,对数据本身的改动,如修改值、添加或删除数据等,都保存在基本数据库中,查看该页的所有用户都可使用这些数据。

单击记录浏览工具条中的"帮助"按钮 ?,可以得到如何在 IE 中操作该页的帮助。

所显示的帮助文件自动包含在发布时带有记录浏览工具条的数据访问页中。如果删除了记录浏览工具条,或者取消了该工具条上的"帮助"按钮,则数据访问页的设计者应该为使用该页的用户提供使用帮助。

4. 在 Access 中使用数据访问页

除了可以在 IE 中使用数据访问页之外,还可以在 Access 的"页"视图中操作数据访问页。对于在数据库应用程序中使用的窗体和报表,数据访问页是一个补充。当决定是否设计数据访问页、窗体或报表时,应该考虑到要完成的任务的实际情况。

单击"页视图"工具条上的"帮助"按钮,将显示 Access 帮助,从而可获得如何在页视图中操作页的帮助。单击记录浏览工具条上的"帮助"按钮 **?** ,可以得到如何在 IE 中操作该页的帮助。如前所述,这个帮助文件自动包含在与一个记录浏览工具条一起发布的数据访问页中。用户可以删除只在 Access 中使用的页中的"帮助"按钮,也可以修改这个按钮,以提供自定义的帮助信息。

9.4.2 创建数据访问页的步骤

在 Access 中,可以使用多种方法来创建数据访问页。

(1) 使用"自动创建数据页"向导。使用该向导时,只需要选择一个记录源,向导便可使用该记录源中的所有字段自动创建纵栏式的数据访问页。

(2) 使用"数据页向导"。创建过程中,向导会询问与创建页有关的记录源、字段、布局和格式等方面的问题,并根据用户的回答和选择来创建页。

(3) 将已有的 Web 页放入数据访问页中,或不用向导,在页的设计视图中创建和完善数据访问页。

创建数据访问页的步骤包括分析数据、输入和编辑数据、制作投影和预览数据等。

1. 分析数据

可以使用数据透视表来分析数据,因为它允许用户按不同的方式来重组数据。可以将一个数据透视表与数据库中的数据绑定,或者使用来自 Excel 工作表中的数据。可以使用数据透视表作为数据访问页上的惟一控件,也可以与其他控件一样使用。

如果是在一个未分组的页上使用数据透视表,则可将数据透视表控件及其他控件放在正文中或者放在节中。

如果在一个分组的数据访问页中使用数据透视表,则可以实现:

(1) 将数据透视表和绑定控件放在节中。

(2) 确保数据透视表具有最低的组级别。

(3) 如果数据透视表是一节中的惟一控件,则可删除或隐藏数据透视表所在的组级别的浏览节。

(4) 确保将"排序和分组"对话框中的"数据页大小"属性设置为1。

2. 输入和编辑数据

创建数据访问页后,在数据访问页中可以输入、编辑和删除数据库中的数据。如果是为了输入数据而创建数据访问页,则应记住以下几点:

(1) 使用各种控件,例如文本框、列表框、组合框(下拉列表框)、选项组、单选钮和复选框等。

(2) 将控件放在正文或节中。如果不使用节,则可删除之。

(3) 只创建一个组级别。"排序和分组"对话框将只列出一个分组记录源。

(4) 确保将"排序和分组"对话框中的"数据页大小"属性设置为1。

使用电子表格组件创建一个电子表格,以便对记录中的字段进行一种或几种计算。可以在电子表格中显示计算得到的值,或者隐藏电子表格并在绑定 HTML 控件中显示计算得到的值。

(5) 通过定制记录浏览工具条,决定用户如何使用数据访问页。

(6) 如果要编辑具有一对多关系的表中的数据,可以创建一个与关系中"一"方表绑定的页,并且创建一个与"多"方表绑定的数据访问页。然后使用"插入超级链接"对话框创建两个数据访问页之间的连接。如果要在页上显示来自两个页的数据,可以使用一个 HTML 编辑器,如 FrontPage 来创建框架。

3. 制作图表或电子表格

可以使用图表组件创建一个图表,以分析趋势、显示模式并且比较数据库中的数据,或者使用一个电子表格控件,在其中输入和编辑数据,并且像在 Excel 中一样进行某些计算。

(1) 如果是在未分组的数据访问页中使用一个电子表格控件,则可将该控件和其他控件放在正文中,或者放在节中。

(2) 如果是在分组的数据访问页中使用一个电子表格控件,则可将该控件和其他数据库中的字段绑定的控件放在节中。可以在任何组级别中使用电子表格控件。

(3) 对于包含电子表格控件的节,确保将"排序和分组"对话框中的"数据页大小"属性设置为1。

4. 预览数据

数据访问页可以使用户有选择地与大量数据进行交互。通过展开和折叠记录组,用户可以只创建想要查看的数据访问页。在创建分组的页时,应记住以下几点:

(1) 将绑定控件放在节中。

(2) 在最低的组级别中,使用单个控件或数据透视表显示详细记录。

(3) 删除记录浏览条中不需要的按钮。

如果要在 IE 中更快地加载数据访问页,应该做到:

- 使用绑定 HTML 控件,而不要使用文本框。
- 对于所有组级别,将"默认展开"属性设置为"否"。

- 将“排序和分组”对话框中的“数据页大小”属性设置为一个较低的值,而不要设置为较高的值或设为“全部”。该属性确定了在页的一个分组中所显示的记录数,其值越小,记录显示得越快。

9.4.3 自动创建数据访问页

创建数据访问页有以下 4 种方法。

(1) 自动创建数据访问页:只需要选择数据源,即可自动创建简单的数据访问页。

(2) 使用向导创建数据访问页:向导按用户所提供的信息,如数据源记录、字段、设计以及格式等,来创建数据访问页。

(3) 在数据访问页的设计视图中创建数据访问页:在设计视图中,既可以创建新的数据访问页,也可以对已有的数据访问页进行编辑修改。

(4) 利用已有的 Web 页创建数据访问页。

【注】 在创建数据访问页,或打开已有的数据访问页之前,应该确保已经安装了 Web 页浏览器 IE 5.0。

自动创建,即使用“自动创建数据页”向导来创建数据访问页,是最简单的一种创建方法。使用这种向导可以创建包含表、查询或视图中所有字段(存储图片的字段除外)和记录的数据访问页。

例 9-7 自动创建数据访问页。

(1) 在数据库窗口中,切换到“页”选项卡,然后单击数据库窗口工具条的“新建”按钮,则显示“新建数据访问页”对话框,如图 9-38 所示。

(2) 选择对话框中的“自动创建数据页:纵栏式”项。其意义为在创建完成的数据访问页中,每个字段都以左侧带有附加标签的形式出现在单独的行上。

(3) 单击包含要建立页所需的数据的表、查询或视图,如“产品”表,然后单击“确定”按钮。所生成的页如图 9-39 所示。

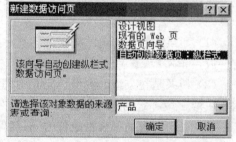

图 9-38 “新建数据访问页”对话框

页中包括了显示所选定的表中的每个字段的文本框控件以及附带的标签控件。最下面的记录浏览工具条用于在记录之间移动、对记录进行排序和筛选,以及获取帮助等。

在使用“自动创建数据页”向导生成数据访问页时,Access 自动在当前文件夹中将页存储为 HTML 文件,并且在数据库窗口中为页添加一个快捷方式。将鼠标指针放在数据库窗口相应的快捷方式上,将显示 HTML 文件的路径。

Access 将默认主题应用到页。如果没有默认主题,则将使用“直边”主题。对于生成的结果页,还可以在设计视图中进行修改。

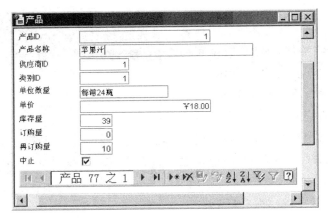

图 9-39　生成的数据访问页

9.4.4　使用数据访问页向导

使用"数据页向导"创建数据访问页时,可以在一定程度上定制数据访问页。在创建的过程中,可以选择数据源、字段、记录的排序与分组。

(1)数据源:选择数据库中的表或查询。

(2)字段:选择多个表或查询中的字段。

(3)记录的排序与分组:选择按一个或多个字段的升序或降序排列记录,也可以选择按某字段来分组记录。

例 9-8　使用"数据页向导"创建数据访问页。

(1)在数据库窗口的"页"选项卡中,可按以下两种方法启动"数据页向导"。

① 选择"使用向导创建数据访问页"项。

② 单击"设计"按钮,弹出"新建数据访问页"对话框(见图 9-38),选择列表中的"数据页向导"项,并单击"确定"按钮。数据页向导启动之后,弹出它的第一个对话框,如图 9-40 所示。

(2)可按以下两种方法指定在创建数据访问页时所需要的表/查询。

① 在"数据页向导"的第一个对话框的"表/查询"组合框中选择表或查询的名称,并将"可用字段"列表中的某些字段放入"选定的字段"列表中。

图 9-40　"数据页向导"的第一个对话框

② 如果是用上一步的第二种方法启动"数据页向导",也可在"新建数据访问页"对话框(见图 9-38)的"请选择对象数据的来源表或查询"框中,选择表或查询的名称。

本例中选择罗斯文示例数据库的"产品"表,并选定其中的"产品名称"、"单价"和"订货量"3 个字段。

选定了表或查询，以及其中的字段之后，单击"下一步"按钮，弹出"数据页向导"的第二个对话框，如图 9-41 所示。

（3）在对话框中添加分组级别。必要时，可单击其中的"分组选项"按钮，在弹出的对话框中设置"组级字段"和分组间隔。在本例中选择"产品名称"。选定之后，单击"下一步"按钮，弹出"数据页向导"的第三个对话框，如图 9-42 所示。

图 9-41 "数据页向导"的第二个对话框

（4）在对话框中进行记录的排序设置，然后单击"下一步"按钮，弹出"数据页向导"的第四个对话框。

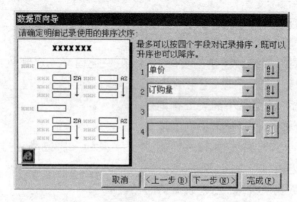

图 9-42 "数据页向导"的第三个对话框

（5）在对话框中为数据访问页指定标题。在本例中输入"订货量"作为数据访问页的名称，然后单击"完成"按钮。所生成的数据访问页如图 9-43 所示。

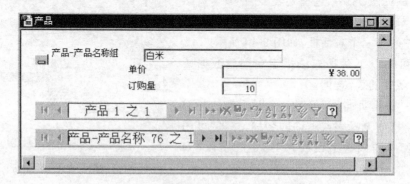

图 9-43 使用向导生成的数据访问页

在建立的分组浏览数据访问页中，包含了两种状态下的记录浏览工具条，一种是组记录浏览工具条，另一种是记录展开后出现的组内记录浏览工具条。

9.4.5　在设计视图中创建数据访问页

Access 提供了 3 种有关数据访问页的视图,即设计视图、数据页视图和 IE 视图。创建和使用数据访问页时,经常要在这 3 种视图之间切换。

1．打开数据访问页设计视图

在数据库窗口的"页"选项卡中,可用以下两种方法进入如图 9-44 所示的页"设计视图"。

图 9-44　数据访问页的设计视图

（1）选择"在设计视图中创建数据访问页"项。

（2）单击"设计"按钮,弹出"新建数据访问页"对话框（见图 9-38）,选择列表中的"设计视图"项,并单击"确定"按钮。

2．数据访问页设计视图的组成

数据访问页的设计视图主要由以下 3 部分组成。

1）数据访问页的设计窗口

设计窗口是创建和修改数据访问页的主要位置,是数据访问页的设计母板。窗口中的节用来显示和分组数据。在设计窗口中,并没有数据访问页的页眉和页脚的概念。

2）数据访问页的工具条

与数据访问页相关的工具条包括"格式（页）"工具条和"页设计"工具条。后者所包含的按钮大体上可分为以下两类。

（1）常规按钮:字段列表、工具箱、排序与分组、属性、数据库。

（2）专用于数据访问页的按钮:视图、电子邮件、升级、降低、按表格分组。

3) 数据访问页的工具箱

在数据访问页的工具箱中,包括了专门用于数据访问页,而以前在窗体和报表中所没有的控件。这些控件是绑定的 HTML、滚动文本、扩展、记录漫游、Office 数据透视表、Office 图表、Office 电子表格、绑定的动态链接、超级链接、图像的超级链接、影片。

3. 在设计视图中创建"数据访问页"

（1）打开数据访问页的设计视图。

（2）可按以下两种方法指定在创建数据访问页时所需要的表或查询。

① 单击"页设计"工具条的"字段列表"按钮,弹出"字段列表"框,如图 9-45 所示。

在"字段列表"框中将显示数据库中所有的表和查询,以便将其中的字段添加到数据访问页中。可以同时使用多个表或查询中的字段。

② 如果是用上一步的第二种方法进入了页设计视图,也可在"新建数据访问页"对话框（见图 9-38）的"请选择对象数据的来源表或查询"框中,选择表或查询的名称。此时,单击"确定"按钮,则一起显示图 9-44 所示的页的"设计视图"和图 9-45 所示的"字段列表"框。

（3）在列表中选定某个表或查询,可用下列几种方法将"数据库"页中列举的某些字段添加到页的设计视图中。

① 右键单击表或查询名,并选择弹出菜单中的"添至 Web 页"项,则表或查询中的所有字段将添加到页中。

图 9-45 "字段列表"框

② 展开表或查询（单击列表中的 ➕ 标记）,然后将相应的字段拖放到设计视图中。

③ 展开表或查询,双击要添加的字段名。

④ 展开表或查询,选定要添加的字段名,并单击字段列表框中的"添加到页"按钮。

添加了绑定字段的控件之后,数据访问页上同时添加记录浏览工具条。如果创建的是分组浏览的页,则会包含两种工具条,一种是组记录浏览工具条,另一种是组内记录浏览工具条。

9.5 数据访问页的设计与使用

本节介绍设计数据访问页的技巧、使用数据访问页来更新数据库中数据的方法,以及如何将数据访问页连接到数据库的操作。

9.5.1 设计数据访问页

如果对创建的数据访问页不满意,可以在页的设计视图中进一步完善设计。例如,设置页或页上的节、控件等属性,重新为页定义主题,添加、删除或更改页眉、页脚或其他节的设置。

1. 设置页和页元素的属性

1）设置页、节或控件的属性

在设计视图中打开要设置属性的数据访问页、节或控件。单击工具条上的"属性"按钮，弹出"属性"窗口，其标题栏中显示了所选对象的名称。

2）设置数据访问页的文档属性

数据访问页的文档属性包括文件信息、标题、主题、作者和日期与时间等。在数据访问页的"属性"窗口中可设置数据访问页的文档属性。

（1）"常规"页：设置数据访问页的文件名、文件类型、大小、位置等属性。在 Access 中，这些属性都是只读的。

（2）"摘要信息"页：显示并设置主题、标题、作者、类别、关键词等。该页上的信息可更好地标识数据访问页，其中的"超级链接基础"设置用于创建基础的超级链接路径，该路径附加到相关的"超链接地址"属性设置值的起始处。

（3）"统计信息"页：显示并设置当前活动页创建的日期与时间、上一次修改的日期与时间以及修改者等。

（4）"内容"页：包含标题和链接字符串。

（5）"自定义"页：显示用户输入的自定义属性。

2. 设置页的主题

主题是项目符号、字体、水平线、背景图像和其他数据访问页元素的设计元素和颜色方案的统一体。主题有助于方便地创建专业化设计的数据访问页。

将主题应用于数据访问页时，将会自定义数据访问页中的以下元素：正文和标题样式、背景色或图形、表边框颜色、水平线、项目符号、超链接颜色以及控件等。

选择"格式"菜单的"主题"命令，弹出"主题"对话框，如图 9-46 所示。

通过在可用的主题列表中选择主题，然后在"主题示例"框中查看样本数据访问页元素的显示情况，可以在应用主题之前进行预览。在应用"主题"对话框中的主题之前，还可设置一些选项，如给文本和图形应用较亮的颜色，使特定的主题图形变为活动的图形，对数据访问页应用背景等。

安装 Access 之后，硬盘上便会有大量的主题。如果安装了 FrontPage 98，则可以使用 FrontPage 的主题。另外，还可从 WWW 上下载很多附加的主题。

图 9-46 "主题"对话框

3. 使用节

节是数据访问页的一部分。例如页眉、页脚或主体节等。在数据访问页中，可以选择在节中按相对或绝对位置放置控件及其他元素。这样，相对放置的控件当在"页"视图或IE中浏览时，控件就会适当移动以适合窗口的大小。由于数据访问页的默认方式是按绝对位置放置控件，因此即使在窗口重新调整大小后，其位置也不会改变。

4. 使用标题和文本

在数据访问页中可以显示标题或其他文本。

打开数据访问页的设计视图，将显示"单击此处并输入标题文字"和"单击此处并输入正文文字"的占位文本。如果要添加标题，只需要单击前一种占位文本，并输入标题文本即可。如果要添加标题或其他文本，则单击后一种占位文本，并输入其他文本。

使用"格式"工具条上的按钮，可以改变文本的字体、字号以及文本的其他特性。

(1) 选定文本，并单击"编号"或"项目符号"按钮，可以将数据访问页中文本的格式分别设置为项目符号或编号列表。

(2) 选定文本，并单击"增加缩进量"或"减小缩进量"按钮，可以增加或减小数据访问页中的文本缩进量。

使用页视图或IE查看数据访问页时，占位文本不会显示。要删除占位文本，使得在设计视图中也不显示它，只需要在设计视图中打开数据访问页，单击占位文本，再按Delete键即可。

9.5.2 输入数据的数据访问页

使用数据访问页作为数据输入项时，类似于用来输入数据的窗体，可以输入、编辑和删除数据库中的数据。此外，也可以在Access数据库之外使用数据访问页，通过Internet或Intranet来更新数据。

1. 设计视图中的数据输入项页

图9-47显示了在Access的设计视图中打开的查看产品数据访问页。该页可以输入和更新罗斯文数据库的"产品"表中的数据。

1) 正文

正文是数据访问页的基本组成部分。可以使用正文来显示信息性文本、绑定数据的控件和节。默认情况下，正文中的文字、节和其他元素的位置是相对的。也就是说，元素以在HTML源文件中同样的顺序一个接一个地输出。正文中元素的位置是由前面的内容来决定的。当在页视图或IE中查看时，正文中的内容会自动调整为适合Web浏览器的大小。

2) 节

使用节可以显示文字、数据库中的数据以及工具条。节中控件和其他元素的位置在默认情况下是绝对的。也就是说，每个控件或元素的位置相对节的顶端和左边坐标而言是固定的。节中拥有绝对位置的控件，即使浏览器调整大小时也会保持同样的位置。

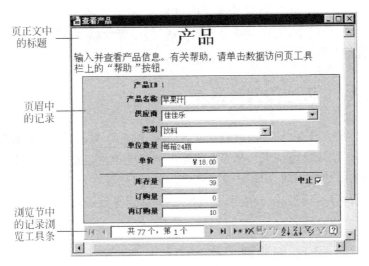

图 9-47　查看产品数据访问页

用于数据输入项的页中的节有两种代表性的类型：组页眉节和记录浏览节。在数据输入项页中，只能使用一个组级别，组页脚节不可用，但是可以使用一个标题节。

（1）组页眉：用于显示数据和计算结果值。

（2）记录浏览：用于显示组级别的记录浏览控件。一个组的记录浏览节出现在组页眉节之后，在记录浏览节中不能放置绑定控件。

（3）标题节：用于显示文本框和其他控件的标题。标题节出现在组页眉节的前面，在标题节中不能放置绑定控件。

数据访问页中的每个组级别都有一个记录源。该记录源的名字显示在用于组级别的每个节的节栏中。

2．页视图或 IE 中的数据输入项页

图 9-48 显示了在 Access 的页视图或 IE 浏览器中打开的 View Products 数据访问

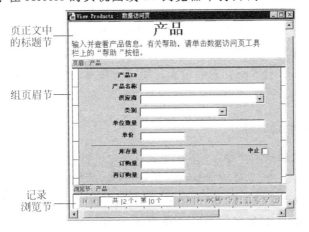

图 9-48　数据访问页

页。在仅有一个组级别,且在数据访问页中仅显示一个记录的页时,可以输入和编辑数据。如果只显示一个记录,可在页设计视图中将"排序与分组"对话框中组级别的"数据页大小"属性设置成"1"。

9.5.3 将 Web 页连接到数据库

创建数据访问页或在 Access 中打开非 Access 创建的 Web 页时,如果没有打开的数据库,则提示用户输入连接信息。如果在提示时未指定连接信息,可以在打开页之后再指定,否则,数据库中的数据将不能绑定到页上。另外,创建了一个在其 ConnectionString 属性中存储着数据库原始位置的数据访问页之后,如果更改了数据库的位置,就需要更改页的连接信息。

1. 数据访问页的数据来源

数据访问页从 Access 数据库或 SQL Server 数据库(6.5 以上版本)中取得数据。如果要设计的页使用来自这些数据库中的数据,则该页必须连接到该数据库。如果已经打开了一个 Access 数据库或已经连接到 SQL Server 数据库的 Access 项目,则所创建的数据访问页自动连接到当前数据库,并将其路径存储在该页的 ConnectionString 属性中。当用户在 IE 中浏览该页或在页视图中显示该页时,通过使用在 ConnectionString 属性中定义的路径,显示来自基础数据库中的当前数据。

如果数据库是在本地驱动器上,则在设计数据访问页时,Access 将使用本地路径,这意味着数据库对其他用户是不可访问的。因此,有必要将要使用的数据库移动或复制到一个可访问的网络位置上,以便其他用户可以访问该路径。当数据库处于网络共享状态时,可使用 UNC(uniform naming convention)地址打开该数据库。如果在页设计完成后要移动或复制数据库,则必须更新 ConnectionString 属性中的路径,以指明新的位置。

【注】 UNC 是网络计算机中命名文件的一种方法。它可在网上的任一计算机上,用相同的路径名访问指定的计算机上的文件。

当数据访问页连接到数据库时,字段列表中的"数据库"页显示包含所有数据库中可用的表或查询的文件夹,可从这些记录源中将数据添加到数据访问页中。如果数据库图标上有一个红色的"×"且不能查看它下面的任何文件夹,则要将数据访问页连接到数据库上以继续页的设计。

2. 连接数据库的操作

在数据访问页的设计视图中,连接数据库的操作步骤如下:

(1) 单击工具条上的"字段列表"按钮,显示"字段列表"框。

(2) 右键单击位于字段列表的"数据库"页中的列表左上角顶部的数据库图标。

(3) 选择快捷菜单的"连接…"命令,在图 9-49 所示的对话框中,指定要为数据访问页使用的数据库的连接信息。

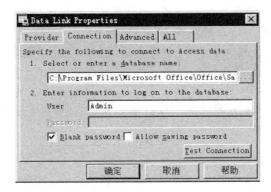

图 9-49　数据连接属性对话框

在创建数据访问页或在 Access 中打开非 Access 创建的 Web 页时,如果已经打开了 Access 数据库或 Access 项目,页将自动连接到所打开的数据库,且将连接信息存储在该页的 ConnectionString 属性中。在数据访问页的属性表中,可以直接更改该属性来设置数据库的连接信息。

3. 数据连接属性对话框的设置

使用 Data Link Properties(数据连接属性)对话框的 Connection(连接)页,可以指定如何连接到 Access 数据库。该页中要设置的项如下:

(1) Select or enter a database name(选择或输入数据库名)。

在文本框中输入想要访问的 Access 数据库(.mdb)文件名。如果要查找文件,可以单击文本框右侧的 ⬛ 按钮,在弹出的"选择 Access 数据库"对话框中查找。

(2) Enter information to log on to the database(输入登录数据库的信息)。

① User(用户):当登录到数据源时,输入用户的标识号来验证身份。

② Password(口令):当登录到数据源时,输入密码来验证身份。

③ Blank password(清除口令):启用指定的提供者,返回一个连接串的空白密码。

④ Allow saving password(允许保存口令):允许用连接串来保存密码。密码是否包含在连接串中,取决于应用程序的功能。

(3) 测试连接。单击该按钮,将连接指定的数据源,并给出测试连接是否成功的信息。

习　题

1. 报表和数据访问页的数据输出功能有什么不同?

2. 简述并比较窗体和报表的形式和用途。

3. 在 Access 数据库的对象:窗体、报表和数据访问页中,哪些主要是用做输入数据的?哪些主要是用做输出数据的?

4. 作为查阅和打印数据的一种方法,与表和查询相比,报表具有哪些优点?

5. 创建报表的方式有哪几种?各有哪些优缺点?

6. 使用报表向导,创建一个基于"教学管理"数据库中的"成绩查询"查询的报表。

7. 使用图表向导,创建一个基于"教学管理"数据库中的"成绩查询"查询的、包含"各科目平均成绩"图表的报表。

8. 报表分节有什么意义?如果设计视图中的报表只有主体节,那么应怎样添加其他节?

9. 怎样为报表指定记录源?

10. 创建基于"教学管理"数据库的"学生成绩单报表"及其"标明不及格成绩"的子报表。

11. 在第6题中创建的报表之上进行以下操作:

(1) 使用"自动套用格式"。

(2) 改变字体和字号。

(3) 添加背景图片。

12. 在第10题创建的"学生成绩单报表"中添加完成以下功能的控件:

(1) 求每个学生的总平均成绩。

(2) 求全体学生各门课的成绩。

13. 什么是报表快照?报表快照有什么功能?

14. 数据访问页有哪几种类型?

15. 数据访问页的存储与其他数据库对象有什么不同?

16. 如何预览数据访问页?

17. 创建数据访问页的方式有哪几种?各有哪些优缺点?

18. 使用"数据页向导",创建一个基于"教学管理"数据库的、关于学生成绩的数据访问页,该页以"成绩查询"为数据源,并使用其中的"科目"字段进行分组。

19. 在设计视图中,创建一个基于"教学管理"数据库的"学生成绩"页,该页以"成绩查询"作为数据源,按照"姓名"字段进行分组,并使用汇总函数计算每个学生的总成绩。

参 考 文 献

[1] 杨德元主编.软件人员水平考试辅导.北京:清华大学出版社,1988
[2] 李广弟.FoxBASE 与关系数据库原理.北京:北京航空航天大学出版社,1997
[3] 王珊,陈红.数据库原理及应用.北京:清华大学出版社,2000
[4] Leonhard E B W 著.中文 Office 2000 开发使用手册.潇湘工作室译.北京:机械工业出版社,1999
[5] 向中凡,孟文,黄勤珍.Access 2000 实用操作与技巧.西安:西安电子科技大学出版社,2000
[6] Elmasri R,Navathe S B 著.数据库系统基础(第三版).邵佩英、张坤龙等译.北京:人民邮电出版社,2002
[7] 格兰特 J 著.数据库逻辑导论.古新生,顾学春译,沈钧毅校.西安:西安交通大学出版社,1989

图书资源支持

感谢您一直以来对清华大学出版社图书的支持和爱护。为了配合本书的使用，本书提供配套的资源，有需求的读者请扫描下方的"书圈"微信公众号二维码，在图书专区下载，也可以拨打电话或发送电子邮件咨询。

如果您在使用本书的过程中遇到了什么问题，或者有相关图书出版计划，也请您发邮件告诉我们，以便我们更好地为您服务。

我们的联系方式：

地 址：北京市海淀区双清路学研大厦 A 座 701

邮 编：100084

电 话：010-83470236 010-83470237

资源下载：http://www.tup.com.cn

客服邮箱：tupjsj@vip.163.com

QQ：2301891038（请写明您的单位和姓名）

用微信扫一扫右边的二维码,即可关注清华大学出版社公众号。

科技传播·新书资讯

电子电气科技荟

资料下载·样书申请

书圈